计算机专业“十三五”规划教材

Linux 系统管理与配置教程

主　编　甘　宏　宋剑杰　蔚治国
副主编　吴小峰　牟奇春　李　杨
　　　　曾凌峰　熊登峰

北京希望电子出版社
Beijing Hope Electronic Press
www.bhp.com.cn

内 容 简 介

本书以学生能够完成中小企业建网、管网的任务为出发点，以工作过程为导向，以工程实践为基础，注重工程实训和应用，是为高职院校学生量身定制的教材。本书根据网络工程实际工作过程所需要的知识和技能归纳出 12 个教学项目，主要包括：网络服务项目规划与平台部署、管理 Linux 系统服务器、配置 Linux 系统网络、配置与管理 Samba 服务器、配置与管理 DHCP 服务器、配置与管理 DNS 服务器、配置与管理 NFS 网络文件系统、配置与管理 Web 服务器、配置与管理 FTP 服务器、配置与管理电子邮件服务器、配置防火墙与代理服务器和配置与管理 VPN 服务器。

本书既可以作为应用型本科院校、职业院校计算机应用专业和网络技术专业理论与实践一体化教材使用，也可以作为 Linux 系统管理和网络管理方面的学习指导书。

图书在版编目（CIP）数据

Linux 系统管理与配置教程 / 甘宏，宋剑杰，蔚治国主编. -- 北京 ：北京希望电子出版社，2019.7（2023.8 重印）

ISBN 978-7-83002-696-7

Ⅰ. ①L… Ⅱ. ①甘… ②宋… ③蔚… Ⅲ. ①Linux 操作系统 Ⅳ. ①TP316.85

中国版本图书馆 CIP 数据核字（2019）第 128182 号

出版：北京希望电子出版社
地址：北京市海淀区中关村大街 22 号
中科大厦 A 座 10 层
邮编：100190
网址：www. bhp. com. cn
电话：010-82626270
传真：010-62543892
经销：各地新华书店

封面：赵俊红
编辑：全　卫
校对：薛海霞
开本：787mm×1092mm　1/16
印张：21.5
字数：538 千字
印刷：廊坊市广阳区九洲印刷厂
版次：2023 年 8 月 1 版 2 次印刷

定价：59. 80 元

前　言

“Linux 系统管理与服务器配置”是计算机应用技术专业的核心课程。Linux 是高性能、开放源代码的操作系统，拥有广泛的网络应用领域。该门课程讲授 Linux 作为网络操作系统的应用、配置与管理技术，使学生掌握网络服务器配置的技能和方法，能够进行服务器的日常维护和远程管理，旨在培养计算机应用领域的 Linux 网络技术人才。本书特点如下：

（1）“任务驱动，项目导向”的工学结合教材。本书集项目教学与拓展实训为一体，按照项目描述→需求分析→项目目标→相关知识→项目设计与准备 →项目实施→企业实战与应用→故障排除→“拓展实训的梯次组织内容。

全书按照课程教学改革思路进行教材的编写，以学生能够完成中小企业建网、管网的任务为出发点，以工作过程为导向，以工程实践为基础，注重工程实训，是为高职院校学生量身定制的教材。

（2）本书的核心理念是“适合的就是最好的”。让学生“读得懂、学得会、用得上”是这本书要达到的目的。本书针对高职教育培养目标，在培养学生的技能操作和技术应用能力上下功夫，高职教育特色鲜明。本书涵盖的内容全面、详尽，涉及到了实际工作中 Linux 各种服务的配置和应用，这些服务包括 DHCP 服务、DNS 服务、NFS 服务、Samba 服务、Web 服务、电子邮件服务、FTP 服务、代理服务和 VPN 服务等，信息量大，学生通过对本书的学习，可以掌握各种常用服务器的配置和使用方法。

（3）结构合理、内容新颖、实践性强，既注重基础理论又突出实用性。 本书力求体现教材的系统性、先进性和实用性，根据职业教育的特点，针对中小型网络实际应用特点，编写 Linux 组网技术课程的实用型教材。减少枯燥难懂的理论，重点对网络服务的搭建、配置与管理进行全面细致的讲解，对理论知识和原理介绍浅显易懂，注重理论联系实际，突出工程实践案例的实训指导介绍。

（4）基于实际工作经验，实训内容强调工学结合，专业技能培养实战化。在专业技能的培养中，突出实战化要求，贴近市场，贴近技术。所有拓展实训项目都源于编著者的工作经验和教学经验。对于复杂设备的实训则采用虚拟的实训网络环境，实训项目重在培养学生分析实际问题和解决实际问题的能力。

本书是学校教师与企业工程师共同策划编写的一本工学结合教材（学院立项教材），由中山大学南方学院的甘宏、湖南科技职业学院的宋剑杰和兰州职业技术学院的蔚治国担任主编，由南通航运职业技术学院的吴小峰、成都职业技术学院的牟奇春和李杨、罗定职业技术学院的曾凌峰，以及湖南软件职业学院的熊登峰担任副主编。广州捷正数码网络科技有限公司参与审订大纲并编写了全部实训内容。本书编著者在网络工程建设和网络管理工作方面，积累了较为深厚的理论知识和丰富的实践经验，本书是对这些理论和经验的一次总结与升华。本书的相关资料和售后服务可扫描封底微信二维码或登录网址www.bjzzwh.com 下载获得。

由于编著者水平有限，书中难免有疏漏之处，恳请广大读者批评指正。

编者

目 录

项目一　网络服务项目规划与平台部署

项目描述

某企业因业务需要，决定升级企业服务器。企业网络管理员为了确保对于服务器的稳定性和安全性要求，决定为服务器安装 Linux CentOS 7 操作系统。系统安装完成后，熟悉 Linux CentOS 7 用户界面，搭建网络服务平台。

能力目标

- 能根据企业需求合理规划和设计企业网络信息服务总体方案
- 能正确安装与设置 Linux 网络信息服务平台
- 具备 Linux 字符界面下基本操作与系统管理的能力

相关知识

企业内部网基本知识

随着 WWW 服务的日益增加和浏览器的广泛使用，计算机技术人员开始考虑将成熟可靠的 Internet（互联网）技术，特别是 WWW 服务与企业内部的局域网结合起来，于是，一种特殊的内部网络 Intranet 出现了。

Intranet 又称企业内部网，是在企业的局域网内部采用了互联网技术而得名的。事实上，Intranet 指的是私人、企业或企业内部网络上为用户提供信息的任何使用 TCP/IP 的网络。例如，企业安装的 Web 服务器可以在内部员工之间发布企业业务信息、销售图表及其他的公共文档，企业员工使用 Web 浏览器可以获取其他员工发布的信息。

因此，Intranet 对内可提供一个灵活、高效、快速、廉价、可靠的信息交流、信息共享和企业管理的理想环境，对外又可以全面展示企业形象、宣传和发布产品信息、保持与客户的密切联系，真正实现企业管理的电子化、科学化和自动化，大大提高工作效率。

1997年年初，正当Intranet热潮到来之际，Extranet又成为最火爆的新概念之一。Extranet一词来源于Extra和Network，可译为企业外部网。Extranet是一种以最简单、最安全、最有效的形式扩展Intranet的解决方案。企业外部网可从看作是企业网络的一部分，它使用防火墙技术隔离企业的保密信息，使得那些企业的重要客户和贸易合作伙伴能获取以前只供内部网员工使用的重要信息。Intranet关心的主要问题是如何组织企业内部的信息、信息交流和信息共享，而Extranet主要关心的是如何保证核心信息数据的安全。

在企业内部网络中，网络服务器是网络环境下为客户提供某种服务的专用计算机，其规划是否合理，将会直接影响到整个网络的性能，进而影响整个网络架构项目的成败。规划网络服务器除了要考虑硬件选型、IP地址规划等问题外，还要合理选择网络服务器操作系统平台。主流的服务器操作系统主要有Linux、UNIX、Windows和NetWare等，而对于中小企业网络来说，目前使用最多的莫过于Linux操作系统。

项目实施

任务一　网络服务项目规划

一、项目背景与需求分析

广州捷正数码网络科技公司是一家中小型民营企业，公司总部设在广州，设有行政部、开发部、财务部、销售部等部门，计划于近期在深圳组建分公司。近几年来，随着公司的迅速发展，公司规模不断扩大，员工数量已从早期的十几人增加至目前的200多人，总部的工作站数量已有近150台，预计分公司的工作站数量有50多台，部分员工使用笔记本式计算机。预计在未来3～5年内，这个数字还会大幅增加。

目前公司总部已建设好局域网络，各个局域网通过100M光纤接入Internet，分公司在建设初期只是通过ADSL Modem接入Internet。该公司迫切希望通过信息化建设项目的实施，将分散的IT基础结构整合成一个完善的企业级网络，员工不仅可以通过整合后的平台进行便利的信息沟通，实名访问互联网，而且还可以透明地访问所有的公司资源。该企业网络要支持远程访问，使上海分公司的员工能通过VPN访问总公司的各服务器，实现共享资源。

当然，这一切要在确保安全的前提下实现，同时还要便于管理，满足不断扩展的网络需求，具体需求如下。

（1）使用全新的x86架构服务器，系统平台为Linux。

（2）统一规划各服务器IP地址，客户端能够动态获取IP地址。

（3）架构多个 Web 站点，实现企业信息的共享、交流与沟通。

（4）能够方便、安全地实现企业文件资源管理和共享。

（5）为每位员工配置邮箱，员工之间可以互通电子邮件。

（6）支持企业网络的远程访问，实现总部与分部协同办公。

（7）充分考虑企业信息特别是电子商务的安全，防范病毒和非法入侵。

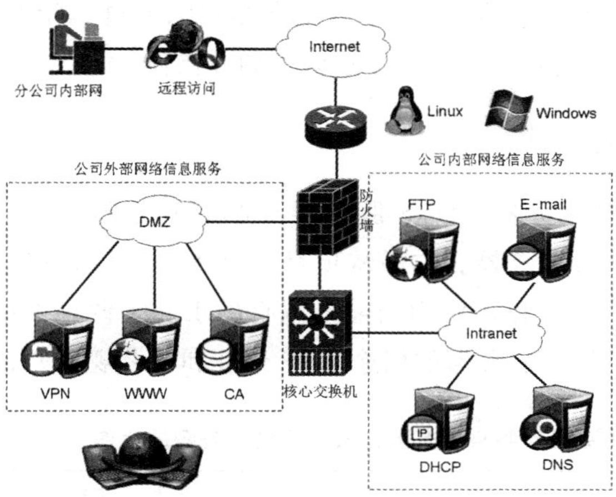

图 1-1　广州捷正数码网络科技有限公司网络信息服务项目的网络拓扑结构

二、项目拓扑结构设计

根据对企业信息化建设的需求分析，设计广州捷正数码网络科技有限公司网络信息服务项目的网络拓扑结构，如图 1-1 所示的结构是一个典型企业网络信息服务项目的拓扑结构。其中，DMZ 是 demilitarized zone 的缩写，俗称非军事化隔离区。DMZ 是一个位于内网和外网之间的特殊区域，一般用于放置公司对外开放的服务器，如 Web 服务器、VPN 服务器、CA 服务器等。事实上，DMZ 就是一个网络，但是为什么需要 DMZ 这个单独的网络，而不把这些服务器直接放在公司的内网中呢？从技术的可能性上来说，被开放的服务器放在内网中也是可以的，但这样做并非最佳选择，因为内网中还有其他的计算机，这些计算机和对外发布的服务器在安全设置上并不相同。例如，有些服务器并不开放给外网用户访问，财务人员使用的计算机会要求有更严格的安全防护。如果把对外开放的服务器与这些计算机一起放置在内网中，对访问控制权限的设置是不利的，一旦对外发布的服务器出现安全问题，有可能危及内网中其他计算机的安全。因此，比较安全的解决方法是把对外开放的服务器放置在一个单独的隔离网络中，管理员可以针对隔离网络进行有别于内网的安全配置，这样更有利于提高企业网络的安全性。

由于本书的重点是让学生掌握各种常规网络服务的基本配置与管理，因此，作为学习项目，适用于项目分组方式的“理实一体”教学模式，在有限的实训条件下，也可以把上述网络信息服务项目的拓扑结构做如下简化。

(1) 仍然把 Web 服务器、VPN 服务器、CA 服务器与其他服务器一起放置在同一个网络(即企业内网)中。

(2) 分公司网络目前尚未正式搭建,可以考虑只让个别员工利用 ADSL Modem 上网,通过公司 VPN 服务器访问总公司内部网络。

(3) 如果没有配置专门的防火墙设备,总部也可只通过 ADSL Modem 上网,使用单网卡实现 VPN 服务,有许多小型企业也确实如此操作。

三、网络服务器规划

公司安装有 DHCP 服务器、DNS 服务器、Web 服务器、FTP 服务器、E-mail 服务器、VPN 服务器、CA 服务器。本书从项目二至项目八就是将这 7 个网络服务器的每一个服务器作为一个子项目,使用当前最流行的 Linux 两种网络服务平台,分步实施配置与管理。公司各网络服务器的用途及 IP 地址和域名规划如表 1-1 所示。

表 1-1　广州捷正数码网络科技有限公司各网络服务器的用途及 IP 地址和域名规划

服务器	用　途	IP 地址	域　名
DHCP	为总部局域网内的工作站分配 IP 地址、网关和 DNS 等信息	192.168.1.1	
DNS	解析公司的域名	192.168.1.1	dns.xinyuan.com
Web	对外发布公司的新闻、公告、产品信息等	192.168.1.2	www.xinyuan.com
FTP	提供文件传输服务,让公司员工可以下载各种公司内部的文件和资料	192.168.1.4	ftp.xinyuan.com
E-mail	提供公司员工之间相互收发电子邮件的服务	192.168.1.3	mail.xinyuan.com
VPN	提供虚拟专用网服务,实现总部与分公司互连互通,使总部与分公司就像一个大的内部局域网一样	192.168.1.2	
CA	数字证书认证中心(Certification Authority,CA)主要负责产生、分配并管理所有参与网上交易的实体所需的身份认证数字证书	192.168.1.2	

学生可以根据项目所针对的企业需求,考虑分组实训的条件,对企业网络信息服务项目进行规划和设计,并撰写项目规划书。如果各项目组所拥有的服务器数量不够,还可以进一步把多个不同的网络服务架设在同一台服务器上。在后续项目二至项目八每个网络服务器配置项目实施完成后,都要求撰写一份项目实施报告。简化的项目规划书和项目实施报告格式参见附录二。

在各个网络服务器配置项目实施之前,本项目首先对 Linux 网络服务平台进行部署。

任务二　部署企业级 Linux

一、Linux 简介

1. Linux 的起源

在 20 世纪 70 年代，UNIX 操作系统的源程序大多是可以任意传播的。Internet 的基础协议 TCP/IP 就产生于那个年代。在那个时期，人们在创作各自的程序中享受着从事科学探索、创新活动所特有的那种激情和成就感。那时的程序员，并不依靠软件的知识产权向用户收取版权费。

1979 年，AT&T 宣布了 UNIX 的商业化计划，随之出现了各种二进制的商业 UNIX 版本。于是就兴起了基于二进制机读代码的“版权产业”（copyright industry），使软件业成为一种版权专有式的产业，围绕程序开发的那种创新活动被局限在某些骨干企业的小圈子里，源码程序被视为核心“商业机密”。这种做法一方面催生了大批商业软件，极大地推动了软件业的发展，诞生了一批软件巨人；另一方面，由于封闭式的开发模式，也阻碍了软件业的进一步深化和提高。

1984 年，Richard Stallman 面对程序开发的封闭模式，发起了一项关于国际性源代码开放的所谓牛羚（GNU）计划（gnu 是产自南非的像牛一样的大羚羊，故称牛羚），力图重视 20 世纪 70 年代基于源代码公开进行开发的美好时光。为了保护源代码公开的程序库不会再度受到商业性的封闭式利用，他制定了一项 GPL 条款，称为 Copyleft 版权模式。GNU 是 Gnu's Not Unix 的缩写，类似于 UNIX 并且是自由软件的完整操作系统，即 GNU 系统，后来将各种使用 Linux 为核心的 GNU 操作系统都称为 GNU Linux。

1987 年 6 月，Richard Stallman 完成了 11 万行源代码公开“编译器”（GNU gcc），为国际性源代码公开做出了极大的贡献。

1989 年 11 月，M. Tiemann 以 6000 美元开始创业，打造了专注于经营 Cygnus Support（天鹅座支持公司）源代码的开放计划（注意，Cygnus 中隐含着 GNU 的 3 个字母）。Cygnus 是世界上第一家也是最终获得成功的一家专营源代码程序的商业公司。Cygnus 的“编译器”是最优秀的，它的客户有许多是一流 IT 企业，包括世界上最大的微处理器公司。

1991 年 11 月，Linus Torvalds 编写了一个小程序，取名为 Linux，发布在 Internet 上。他表达了一个愿望，希望借此开发出一个操作系统的“内核”来。出乎意料的是，Linux 刚一发布在 Internet 上，便受到广大“牛羚”计划追随者们的喜爱，他们将

Linux 加工成了一个功能完备的操作系统，称作 GNU Linux。

1995 年 1 月，Bob Young 创立了 Red Hat（红帽）公司，它以 GNU Linux 为核心，集成了 400 多个源代码公开的程序模块，开发出 Red Hat Linux，被称为“Linux 发行版”，并在市场上出售。这在经营模式上是一个创举。Bob Young 宣称：“我们从不想拥有自己的‘版权专有’技术，我们卖的是‘方便’（给用户提供支持和服务），而不是自己的‘专有技术’。”源代码开放程序，极大地推动了 Linux 的普及和应用。

1998 年 2 月，以 Eric Raymond 为首的一批年轻的“老牛羚骨干分子”终于认识到 GNU Linux 体系产业化道路的本质并非是自由哲学，而是市场竞争的驱动，因此创办了 Open Source Initiative（开放源代码促进会），树起了“复兴”的大旗，在 Internet 世界里展开了一场历史性的 Linux 产业化运动。以 IBM 和 Intel 为首的一大批国际性重量级 IT 企业对 Linux 产品及其经营模式的投资及全球性技术支持，促进了基于源代码开放模式的 Linux 产业的兴起，也有人称其为开放源代码（open source）现象。

1999 年初始，IBM 宣布与 Red Hat 公司建立伙伴关系，以确保 Red Hat 在 IBM 计算机上正确运行。同年 3 月，第一届 Linux World 大会召开，标志 Linux 时代的来临。IBM、Compaq 和 Novell 宣布投资 Red Hat 公司，以前一直对 Linux 持否定态度的 Oracle 公司也宣布投资。5 月，SGI 公司宣布向 Linux 移植其先进的 XFS 文件系统。对于服务器来说，高效可靠的文件系统是不可或缺的，SGI 的慷慨移植再一次帮助 Linux 确立了在服务器市场的专业性地位。7 月，IBM 启动对 Linux 的支持服务并发布了 Linux DB2，从此结束了 Linux 得不到支持服务的历史，这可以被视作 Linux 真正成为服务器操作系统一员的重要里程碑。

2000 年初始，Sun 公司在 Linux 的竞争压力下宣布 Solaris 8 降低售价。2 月，Red Hat 发布了嵌入式 Linux 的开发环境，Linux 在嵌入式行业的潜力逐渐被发掘出来。4 月，拓林思公司宣布推出中国首家 Linux 工程师认证考试，从此使 Linux 操作系统管理员的水准可以得到权威机构的资格认证，此举大大激发了国内 Linux 爱好者的学习热情。伴随着国际上的 Linux 热潮，国内的联想和联邦推出了“幸福 Linux 家用版”。同年 7 月，中科院与新华科技合作开发“红旗 Linux”，此举让更多的国内个人用户认识到了 Linux 这个操作系统的存在。11 月，Intel 与 Xteam 合作，推出基于 Linux 的网络专用服务器，此举结束了 Linux 单向顺应硬件商硬件驱动开发的历史。

2001 年 1 月，Linux 2.4 版内核发布，进一步提升了 SMP 系统的扩展性，同时它也集成了很多用于支持桌面系统的特性：USB、PC 卡（PCMCIA）的支持，内置的即插即用等功能。

2002 年是 Linux 企业化的一年。2 月，微软公司迫于美国各州政府的压力，宣布扩大公开代码行动，这成为 Linux 开源有史以来影响的最为深刻的一次事件。3 月，内核开发者宣布新的 Linux 支持 64 位的计算机。

2003 年 12 月，Linux 2.6 版内核发布，相对于 2.4 版内核，2.6 版内核在对系统的支持上有了很大的变化。这些变化包括以下几个方面。

（1）更好地支持大型多处理器服务器，特别是采用 NUMA 设计的服务器。

（2）更好地支持嵌入式设备，如手机、网络路由器或者视频录像机等。

（3）对鼠标和键盘指令等用户行为的反应更加迅速。

（4）对块设备驱动程序做了彻底更新，如与硬盘和 CD 光驱通信的软件模块。

归纳起来，Linux 发展的重要事件如下。

1991 年，Linus Torvalds 公开了 Linux 内核。

1993 年，Linux 1.0 版发行，Linux 转向 GPL 版权协议。

1994 年，Linux 的第一个商业发行版 Slackware 问世。

1996 年，美国国家标准技术局的计算机系统实验室确认 Linux 1.2.13 版（由 Open Linux 公司打包）符合 POSIX 标准。

1999 年，Linux 的简体中文发行版问世。

2001 年，Linux 2.4 版内核发布。

2003 年，Linux 2.6 版内核发布。

2. Linux 的特点

目前 Linux 已经成为主流的操作系统之一。Linux 操作系统之所以在短短几年之内就得到了迅猛发展和不断完善，这与 Linux 具有的良好特性是分不开的。Linux 可以支持多用户、多任务环境，具有较好的实时性和广泛的协议支持。同时，Linux 操作系统在服务器、嵌入式等方面获得了长足的发展，在系统兼容性和可移植性方面也有上佳的表现，并在个人操作系统方面有着大范围的应用，这主要得益于其开放性。Linux 可以广泛应用于 x86、Sun Sparc、Digital、Alpha、MIPS、PowerPC 等平台。

相对于其他操作系统，Linux 操作系统以其系统简明、功能强大、性能稳定以及扩展性和安全性高而著称，其主要特性可以归纳为以下几个方面。

（1）开放性。开放性是指系统遵循世界标准规范，特别是遵循开放互连（OSI）国际标准。凡遵循国际标准所开发的硬件和软件，都能彼此兼容，可方便地实现互连。

（2）多用户。多用户是指系统资源可以被不同用户各自拥有，即每个用户对自己的资源，如文件、设备等都有特定的权限，互不影响。

（3）多任务。多任务是现代操作系统最主要的一个特点。它指计算机同时执行多个程序，且各个程序的运行互相独立。Linux 调度每一个进程平等地使用 CPU。由于 CPU 的处理速度非常快，从 CPU 中断一个应用程序的执行到 Linux 调度 CPU 再次运行这个程序之间只有很短的时间延迟，以至于用户感觉不到，所以从宏观上看好像多个应用程序在并行运行，而微观上看 CPU 是由多个应用程序轮流使用的。

（4）良好的用户界面。Linux 向用户提供了两种界面：用户界面和系统调用。其中用户界面又有字符界面和图形界面两种。Linux 的传统用户界面是字符界面 Shell。它具有很强的程序设计能力，用户可方便地将多条 Shell 命令逻辑地组织在一起，编写成可以独立运行的 Shell 程序。Linux 还为用户提供了图形用户界面。它利用鼠标、菜单、窗口、滚动条等手段，给用户呈现了一个直观的、易操作的、交互性强的友好图形化界面。系统调用是提供给用户在编程时可直接调用的命令，为用户提供了低级、高效率的服务。

（5）设备独立性。设备独立性也称设备无关性，是指操作系统把所有的外部设备统一当成文件来看待，只要安装这些外部设备的驱动程序，任何用户都可以像使用文件一样，操纵和使用这些设备，而不必知道它们具体的存在形式。Linux 是一种具有设备独立性的操作系统，它的内核具有高度适应能力，而且用户还可以修改内核源代码，以适应不断新增的各种外部设备。

（6）丰富的网络功能。完善的内置网络和通信功能是 Linux 优于其他操作系统的一大亮点，其他操作系统不包含如此紧密与内核相结合的联网功能，也没有内置这些连接特性的灵活性。Linux 提供完善、强大的网络功能主要体现在 3 个方面。第一是支持 Internet。Internet 是在 UNIX 基础上建立并发展起来的，而 Linux 为用户免费提供了大量支持 Internet 的软件。用户使用 Linux 可以轻松地实现网上浏览、文件传输和远程登录等功能，而且 Linux 可以作为服务器提供 WWW、FTP 和 E-mail 等服务。第二是文件传输。用户能通过一些 Linux 命令完成内部信息或文件的传输。第三是远程访问。Linux 不仅允许进行文件和程序的传输，也能为系统管理员和技术人员提供访问其他系统的窗口，使得技术人员能够有效地为多个系统服务，即使那些系统相距很远。

（7）可靠的系统安全。Linux 采取了许多安全技术措施，包括对读、写操作进行权限控制，带保护的子系统，审计跟踪和核心授权等，这为网络多用户环境中的用户提供了必要的安全保障。

（8）良好的可移植性。可移植性是指操作系统从一个平台转移到另一个平台后仍然能按其自身方式运行的能力。Linux 能够在微型计算机到大型计算机的多种硬件平台，如拥有 x86、Sparc 和 Alpha 等处理器的平台上运行。良好的可移植性为运行 Linux 的不同计算机之间提供了准确而有效的通信手段，而无须增加特殊或昂贵的通信接口。此外，Linux 还是一种嵌入式操作系统，可以运行在掌上电脑、机顶盒或游戏机上。Linux 2.4 内核就已完全支持 Intel 64 位芯片架构，并支持多处理器技术，使系统性能大大提高。

3. Linux 的版本

Linux 的版本有内核版本和发行版本两种。严格说来，Linux 本身实际上只定义了一个操作系统内核，这个内核由 kernel. org 负责维护。不同的企业和组织在此基础上开发了一系列辅助软件，打包发布自己的发行版本。要在 Linux 环境下进行程序开发，首先要选择合适的 Linux 发行版本和 Linux 的内核。

Linux 的发行版本众多，但都建立在同一个内核基础之上。表 1-3 列出了几款较常用的发行版本及其主要特点。

表 1-3　常用 Linux 发行版本及特点

版本名称	网址	特点	软件包管理器
Debian Linux	www. debian. org	开放的开发模式，并且易于进行软件包升级	apt
Fedora Core	www. redhat. com	拥有数量庞大的用户、优秀的社区技术支持，并且有许多创新	up2date（rpm） yum（rpm）
CentOS	www. centos. org	将商业的 Linux 操作系统 RHEL（Linux CentOS 7）进行源代码编译后分发，并在 RHEL 基础上修正了不少已知的 bug	rpm
SUSE Linux	www. suse. com	专业的操作系统，易用的 YaST 软件包管理系统开放	YaST（rpm）， 第三方 apt（rpm） 软件库（repository）
Mandriva	www. mandriva. com	操作界面友好，使用图形配置工具，有庞大的社区进行技术支持，并支持 NTFS 分区	rpm
KNOPPIX	www. knoppix. com	可以直接在 CD 上运行，具有优秀的硬件检测和适配能力，可作为系统的急救盘使用	apt
Gentoo Linux	www. gentoo. org	高度的可定制性，使用手册完整	portage
Ubuntu	www. ubuntu. com	优秀易用的桌面环境，基于 Debian 的不稳定版本构建	apt

内核是 Linux 操作系统的心脏，是运行程序和管理硬件设备的核心程序。Linux 内核开发历经 20 多年的时间，目前其架构已十分稳定。

Linux 内核编号采用的形式为：主版本号 . 次版本号［. 补丁号］。其中，次版本号为偶数表示发布版本，奇数表示测试版本。例如，内核版本 2.6.26，表示是第 2 主版本、第 6 次版本（发布版本）、第 26 个补丁包。

目前的 Linux 发行版本都已采用 3. x 版本的内核，但仍有大量用户使用的是 2.6 版本内核的 Linux 操作系统。除 Linux 内核外，一个典型的 Linux 发行版还包括一些 GNU 程序库和工具、命令行 Shell、图形界面的 X Linux 系统和相应的桌面环境，如 KDE 或 GNOME，并包含数千种办公套件、编译器、文本编辑器、科学工具等应用软件。

二、安装 Linux

本书中的 Linux 服务器配置部分以 Linux CentOS 7 为蓝本，并对 FC6 及 FC8 中的一些不同点做出说明。

1. 安装前的准备工作

开始安装 Linux CentOS 7 之前，应该先收集以下一些信息。

（1）计算机上是否已安装其他操作系统，是否让 Linux 与这些操作系统并存。

（2）硬盘的数量和大小。

（3）内存的大小。内存的大小将直接影响系统的性能。

（4）光驱的型号与接口类型。目前市面上的光驱一般分为 SCSI 和 IDE 两种。

（5）鼠标的类型（PS/2、USB 或 COM）、品牌、型号。

（6）显卡的型号。最好能够知道显卡所使用的显示芯片名称和显卡内存的大小。

（7）显示器的型号、规格。

（8）所使用的网卡是否被支持。如果不支持则应准备好驱动程序。

Linux 提供了从硬盘、网络驱动器或 CD-ROM 安装等多种安装方式。在安装过程中，Linux 将试图探测硬件，若是无法准确识别硬件设备，则必须手工输入相应的信息。下面将介绍从 CD-ROM 安装 Linux 的过程，为此应准备 Linux CentOS 7 的 3 张安装光盘，并准备好设置网络时用到的 IP 地址、子网掩码、默认网关和 DNS 域名服务器地址等信息。

2. 硬盘分区

安装 Linux CentOS 7 首先要做的就是硬盘分区。至于如何划分，用户可根据自身具体需要而定。如果打算在某个硬盘上只安装 Linux，事情就简单得多。如果要将 Linux 安装在已预先安装有其他操作系统的硬盘上，或是准备把各种操作系统一起安装到同一个硬盘上，就需要做一些比较复杂硬盘分区工作。可用的硬盘分区工具有 DOS 环境下的 FDISK、Linux 安装过程中的磁盘分区、光盘附带的免费 FIPS 程序以及 Partition Magic（PQmagic）等分区软件。其中前两种可检查、创建和删除分区，但不可以从别的分区获得空间，因此只可用于当硬盘有足够的空间供 Linux 使用的情况。而后两种程序具有可获取空间的功能，当硬盘上没有足够的空间供 Linux 使用时，可使用它们从主 DOS 分区和逻辑分区中获取空间安装 Linux。

3. 安装 Linux CentOS 7

步骤 1　将光驱设为第一启动盘，放入第一张安装光盘后重新启动计算机，将会出现如图 1-19 所示的界面。

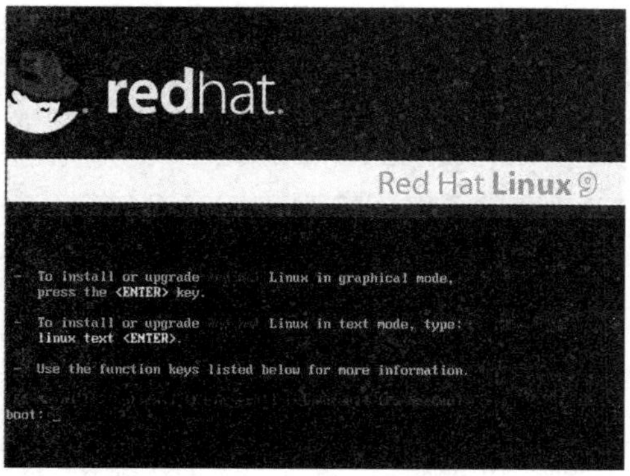

图 1-19　光盘启动安装 LinuxCentOS 7 界面

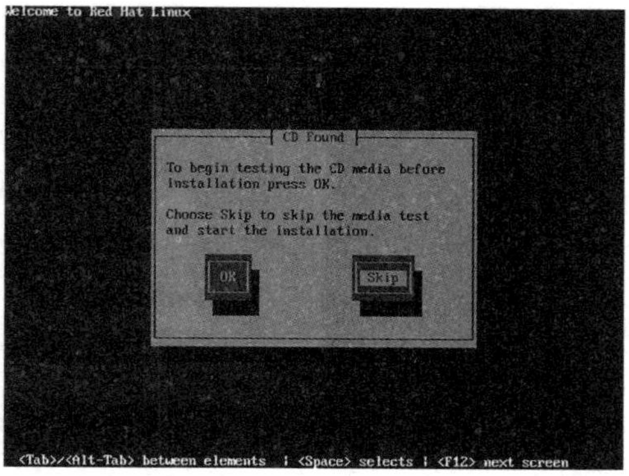

图 1-20　光盘检测

步骤 2　按 Enter 键后将出现如图 1-20 所示的界面。若选择【OK】按钮，将开始检测安装光盘；若选择【Skip】按钮，则不检测。这里选择【Skip】按钮，即可进入 Linux CentOS 7 图形安装模式的欢迎界面，如图 1-21 所示。

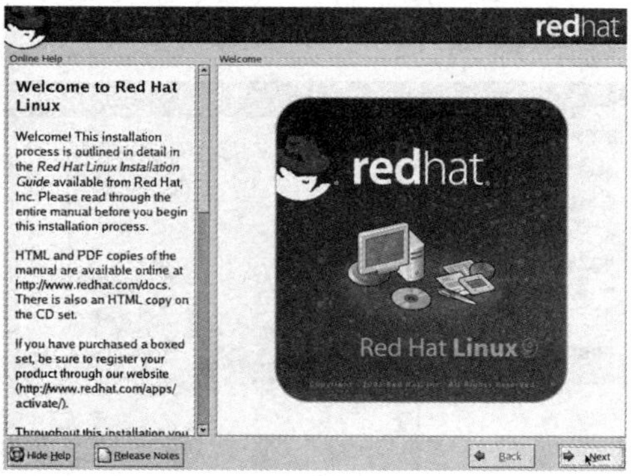

图 1-21　欢迎界面

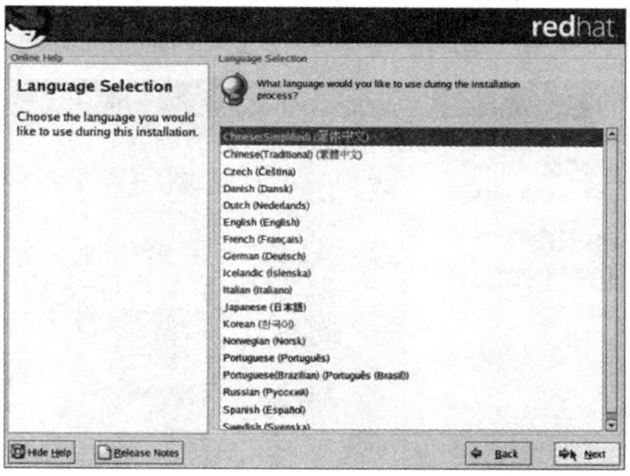

图 1-22　选择安装向导使用的语言

步骤 3　在欢迎界面中，单击【Hide Help】按钮将关闭帮助文本和介绍，单击【Release Notes】按钮可显示发行注记，单击【Next】按钮将出现如图 1-22 所示的界面。

步骤 4　要注意，这里选择的是安装向导使用的语言，而不是系统所用的语言。选择“Chinese（Simplified）（简体中文）”，单击【Next】按钮，显示如图 1-23 所示的界面。

步骤 5　选择键盘类型。一般的键盘多为美式键盘（U. S. English），选择后单击【下一步】按钮，显示如图 1-24 所示的界面。

图 1-23 【键盘配置】界面

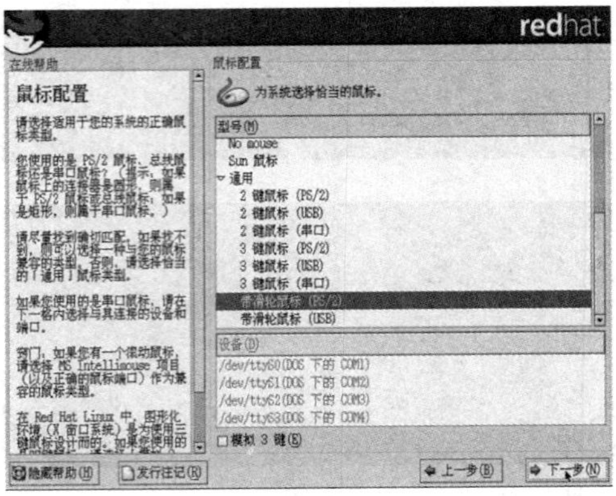

图 1-24 【鼠标配置】界面

步骤 6　选择鼠标类型。通常使用默认选择即可，单击【下一步】按钮，显示如图 1-25 所示的界面。

步骤 7　选择安装类型。由于本书中 Linux 充当服务器平台，因此选中【服务器】单选按钮，单击【下一步】按钮，显示如图 1-26 所示的界面。

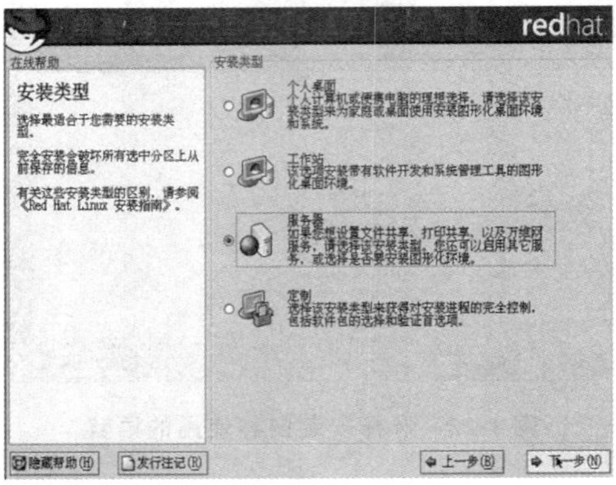

图 1-25 【安装类型】界面

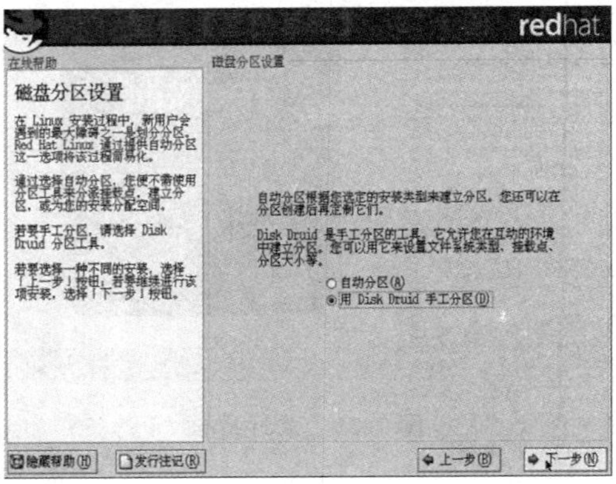

图 1-26 【磁盘分区设置】界面

步骤 8　硬盘分区设置。选择磁盘分区方法是十分关键的设置步骤，操作错误会丢失硬盘中原有的数据，使用时要格外小心。如果选中【自动分区】单选按钮，则包含 3 个选项：删除系统中所有的 Linux 分区，删除系统内的所有分区，保存所有分区使用现有的空闲空间。如果硬盘中已安装了 Widows 等其他操作系统，则应选中【用 Disk Druid 手工分区】单选按钮。

安装 Linux 所需两个最根本的分区是以“/”和 swap 为挂载标志的。前者为 Linux 固有文件系统所处的位置，称为根目录；后者为 Linux 所必须用到的 swap 分区，作为虚拟内存的交换分区。这里，选中【用 Disk Druid 手工分区】单选按钮，单击【下一步】按钮，显示如图 1-27 所示的界面。

注意：在 Linux 中，整个存储系统只有一个根（“/”），即用于安装 Linux 文件的根分区。而所有其他硬盘分区、光盘、U 盘等都作为一个独立的文件系统挂载在这个根目录下的某级子目录（即挂载点），而没有“盘”的概念。另外，Linux 系统可以在任何一个磁盘上开辟指定的空间作为虚拟内存；而在 Linux 中，虚拟内存的交换空间是给定一个独立的特殊分区，即 swap 分区，因此在安装 Linux 时需要设定其大小，通常根据需要给定实际物理内存的 1～2 倍。

步骤 9　添加分区。【磁盘设置】界面列出了硬盘的分区情况，单击【新建】按钮，将显示如图 1-28 所示的对话框。【挂载点】选根分区“/”即可，【文件系统类型】选 ext3，【大小】可以在选中【固定大小】单选按钮后，输入以 MB 为单位的数值，最后单击【确定】按钮。

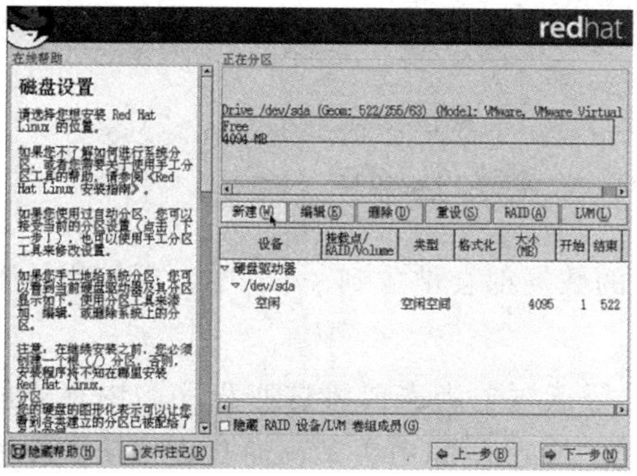

图 1-27　【磁盘设置】界面

图 1-28　【添加分区】对话框——新建根分区

单击【新建】按钮，创建 swap 分区，只是 swap 分区是一个特殊的分区，【挂载点】不用选，【文件系统类型】选 swap 即可，如图 1-29 所示。

swap 交换分区的调整对 Linux 服务器，特别是 Web 服务器的性能至关重要，有时可以克服系统性能瓶颈。swap 的原理是一个较复杂的问题，这里只做简单的介绍。

现代操作系统都实现了“虚拟内存”这一技术，不但在功能上突破了物理内存的限制，使程序可以进行大于实际物理内存的空间。更重要的是，虚拟内存是隔离每个进程的安全屏障，使每个进程都不受其他程序的干扰。swap 的作用可以简单描述为：当系统的物理内存不够用的时候，就需要将其中的一部分空间释放出来，以供当前运行的程序使用。那些被释放的空间可能来自一些很长时间没有操作的程序，其数据将被临时保存到 swap 空间，等到那些程序要运行时，再从 swap 空间将保存的数据恢复到内存中。

这样，系统总是在物理内存不够时就进行 swap 交换。

图 1-29 【添加分区】对话框——新建 swap 分区

当然，并不是所有从物理内存中交换出来的数据都会被放到 swap 中，有相当一部分数据是被系统直接交换到文件系统中的。

例如，有的程序会打开一些文件并对其进行读写，当需要将这些程序的内存空间交换出去时，就没有必要将打开的文件数据放到 swap 空间中去了，而是直接将其存放到磁盘的文件里。如果是读文件操作，内存数据会被直接释放，下次需要时再从文件系统恢复；如果是写文件操作，只需将变化的数据保存到文件中即可。但对于那些用 malloc 和 new 函数生成的对象数据则不同，它们需要 swap 空间，因为它们在文件系统中没有相应的"储备"文件，因此被称作"匿名"内存数据。这类数据还包括堆栈中的一些状态和变量数据等。所以说 swap 空间是"匿名"数据的交换空间。

用户还可以再次单击【新建】按钮，创建一个或多个用户分区，如同 Linux 系统中的 D 盘、E 盘一样，其挂载点可以由用户指定，在创建最后一个分区时通常只需选中【使用全部可用空间】单选按钮即可，如图 1-30 所示。

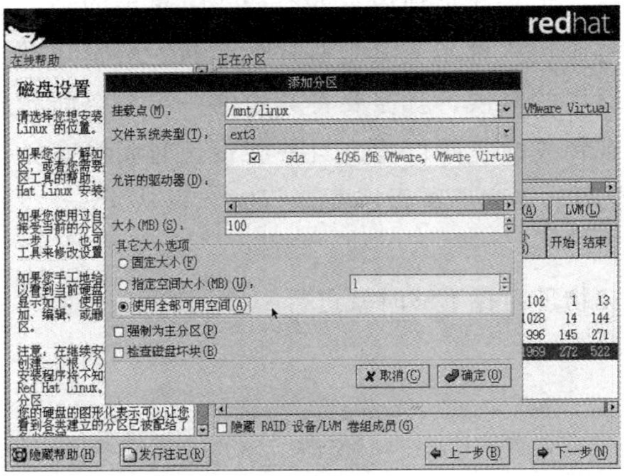

图 1-30 【添加分区】对话框——新建用户分区

另外，许多用户还会创建一个 boot 分区，专门用于存放 Linux 引导所需要的文件。该分区所占磁盘空间很小，默认为 100MB 左右，其【挂载点】选中/boot，【文件系统类型】选中 ext3 即可。分区创建完成后，显示如图 1-31 所示的分区结果。单击【下一步】按钮，显示如图 1-32 所示的界面。

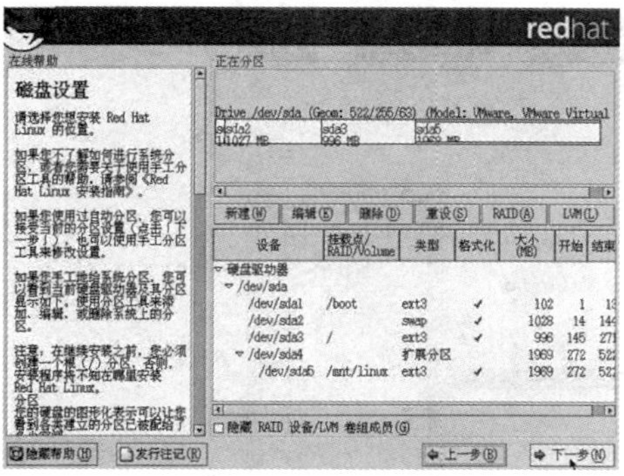

图 1-31　分区结果

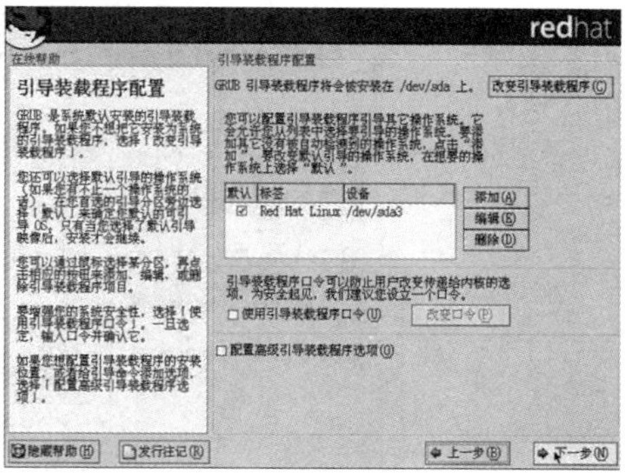

图 1-32　【引导装载程序配置】界面

步骤 10　在【引导装载程序配置】界面中，默认情况下将系统引导信息写到硬盘主引导扇区。可通过单击【改变引导装载程序】按钮进行引导程序的选择。如果在安装 Linux 之前系统中已经存在 Linux 操作系统，那么图中列出的启动菜单将会有两项：DOS 和 Red Hat Linux，前面复选框被选中的是开机默认启动的系统。如果要修改启动菜单上显示的系统标签名称，可单击【编辑】按钮来修改，例如：将 DOS 改为 Linux；将 Red Hat Linux 改为 Linux CentOS 7。

步骤 11　单击【下一步】按钮进入【网络配置】界面。在【网络配置】界面中，如果用户知道所在网络的参数，可以单击【编辑】按钮，在弹出的【编辑接口 eth0】对话框中输入 IP 地址和子网掩码，并选中【引导时激活】复选框，单击【确定】按钮，如图 1-33 所示。选中【手工设置】单选按钮，输入网关和 DNS 地址。如果用户不清楚具体配置，也可以在【网络配置】界面中，直接单击【下一步】按钮，进入如图 1-34 所示的界面，待安装完 Linux 进入系统后，再进行网络配置。

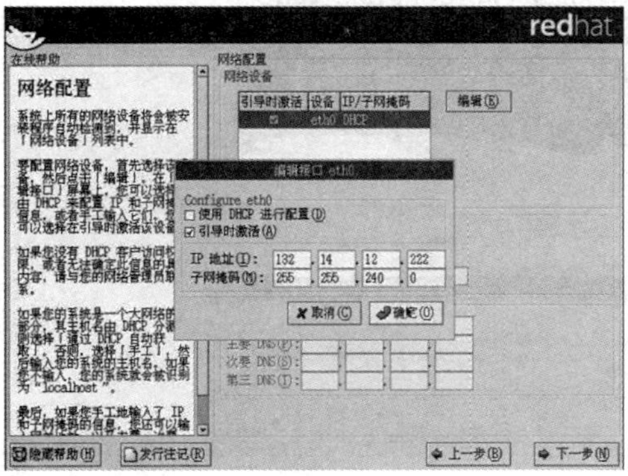

图 1-33　【网络配置】界面

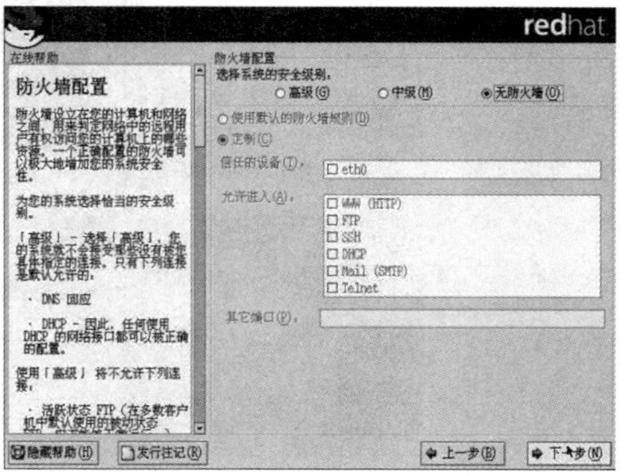

图 1-34　【防火墙配置】界面

步骤 12　在【防火墙配置】界面中，防火墙配置一般选【中级】即可。如果用户对防火墙配置比较熟悉，也可以选中【定制】单选按钮，然后在【允许进入】列表框中，选择防火墙允许进入的网络服务。最后，单击【下一步】按钮，出现如图 1-35 所示的界面。

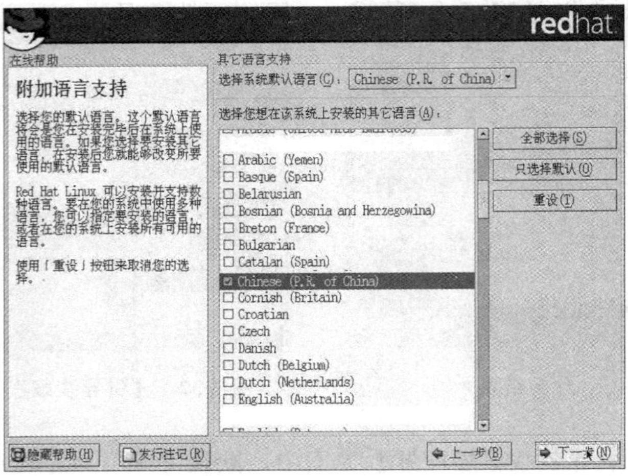

图 1-35　【附加语言支持】界面

步骤 13　【附加语言支持】界面用来选择系统默认语言，一般应选择 Chinese (P. R. of China)，即简体中文，否则进入系统后只能显示英文。如果是在安装完系统后需要显示简体中文，则还需要另外安装语言支持包。在【选择您想在该系统上安装的其它语言】列表框中，可以同时选择多种语言。单击【下一步】按钮，出现如图 1-36 所示的界面。

图 1-36　【时区选择】界面

步骤 14　在【时区选择】界面中，选择【亚洲/上海】选项，单击“下一步”按钮，出现如图 1-37 所示的界面。

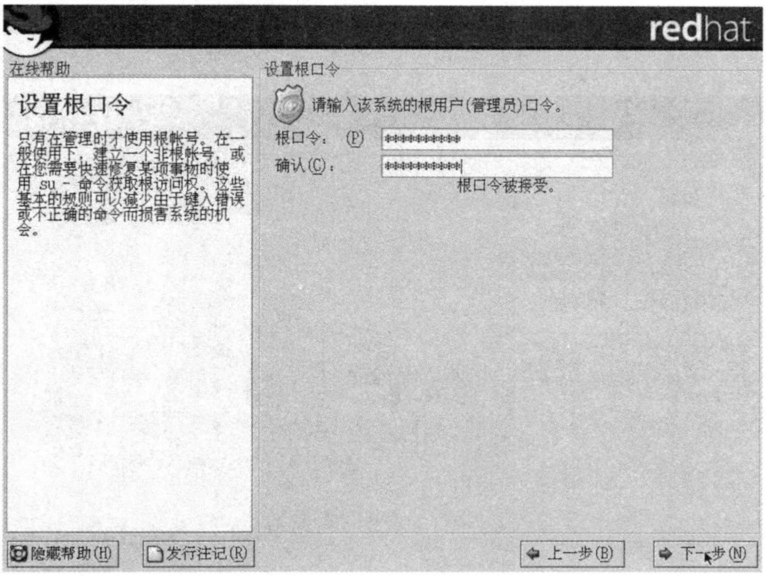

图 1-37　【设置根口令】界面

步骤 15　设置根口令，即设置 root 管理员密码。root 账号在系统中具有最高权限，它相当于 Linux 系统中的 Administrator。输入并确认根口令后，单击“下一步”按钮，出现如图 1-38 所示的界面。

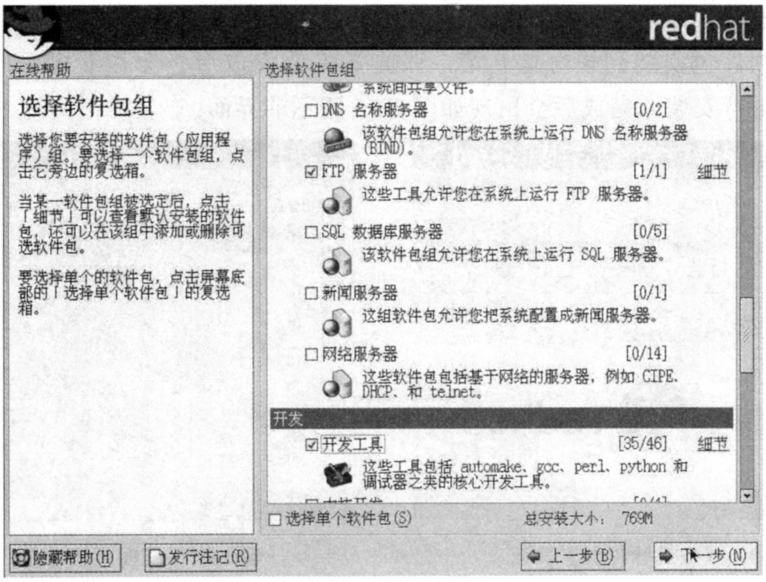

图 1-38　【选择软件包组】界面

步骤 16　选择软件包组。初次接触 Linux 的用户可能不清楚需要安装哪些软件包，可以将列表框右侧的滚动条拉到最下面，选中【全部】复选框，但这样安装会占用较大的磁盘空间，安装过程也较长；对 Linux 较熟悉的用户则可在【选择软件包组】列表框中逐一选择需要的软件包进行安装。选好后单击【下一步】按钮，出现如图 1-39 所示的界面。

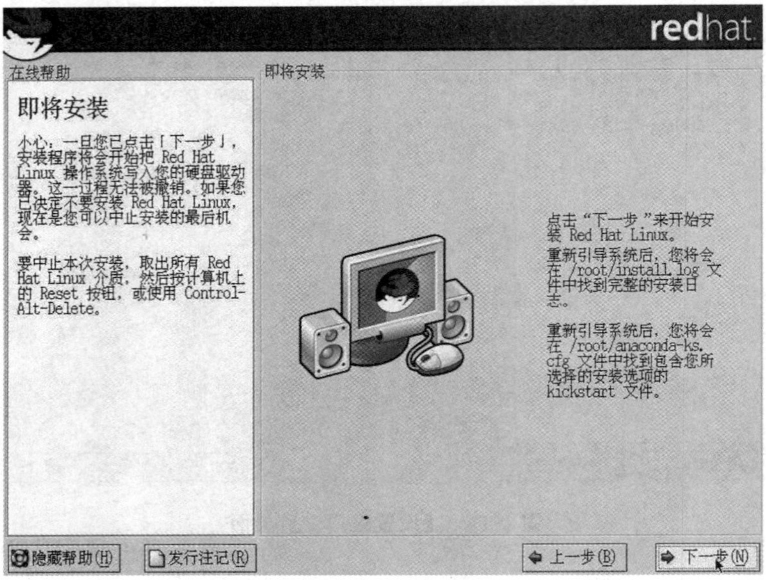

图 1-39 【即将安装】界面

安装向导到此结束，单击【下一步】按钮，出现如图 1-40 所示的界面。一个较为漫长的安装过程从此开始，首先对新建的各个分区文件系统进行格式化，然后将第一张光盘中的软件包安装到根分区。第一张光盘安装完成后，会相继提示插入第二张、第三张光盘进行安装，完成后会出现如图 1-41 所示的界面。

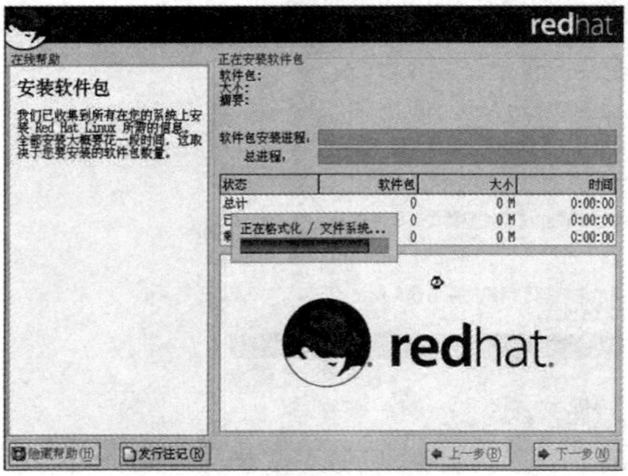

图 1-40 【安装软件包】界面

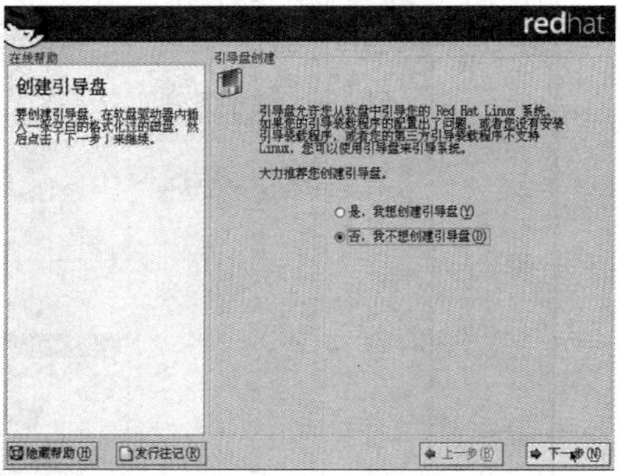

图 1-41 【创建引导盘】界面

步骤 17　创建引导盘。现在软盘已被淘汰不再使用，所以一般选中【否，我不想创建引导盘】单选按钮。单击【下一步】按钮，出现如图 1-42 所示的界面。

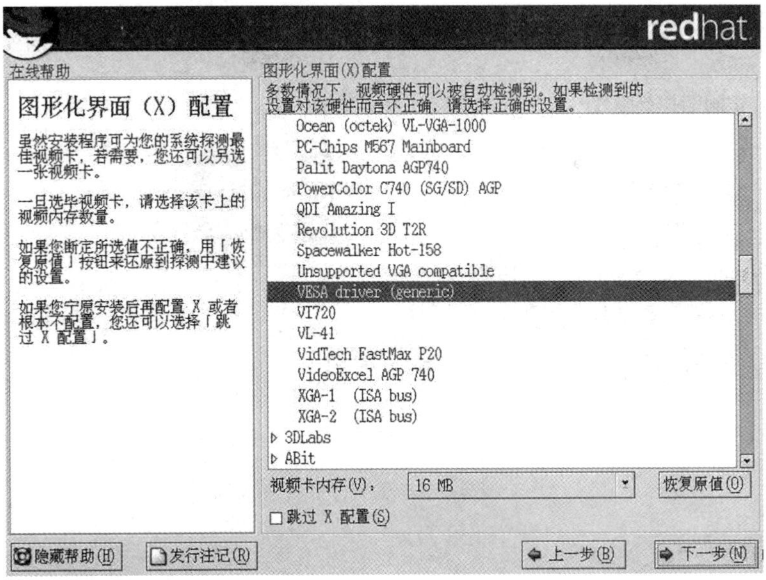

图 1-42　【图形化界面（X）配置】界面

步骤 18　图形化界面（X）配置。核对安装程序检测的显卡型号是否与真实显卡型号相同。如果不同，请选择正确的型号，单击【下一步】按钮，出现如图 1-43 所示的界面。

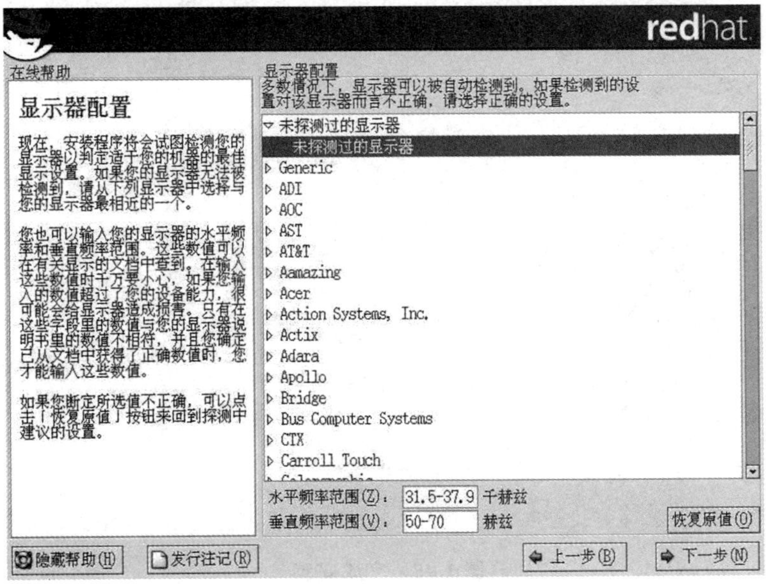

图 1-43　【显示器配置】界面

步骤 19　显示器配置。核对安装程序检测的显示器型号是否与真实显示器型号相同。如果不同，请选择正确的型号，单击【下一步】按钮，出现如图 1-44 所示的界面。

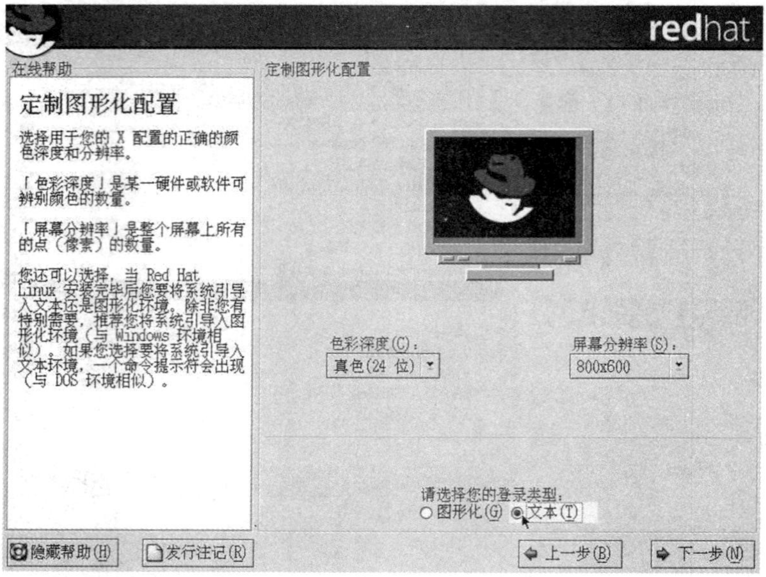

图 1-44 【定制图形化配置】界面

步骤 20 定制图形化配置。选择色彩深度和屏幕分辨率，单击【下一步】按钮，出现如图 1-45 所示的界面。

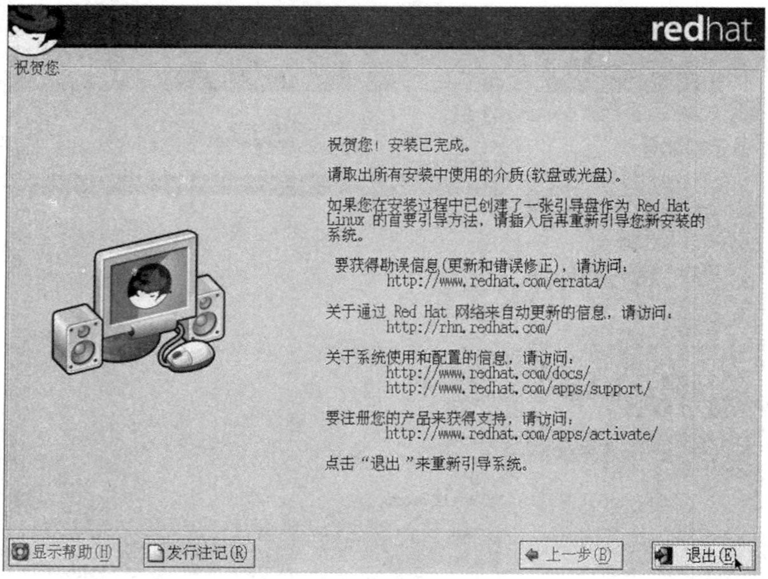

图 1-45 完成安装

步骤 21 安装完成后，取出光盘，单击【退出】按钮，系统将重新启动。重新启动后将首次出现启动选择菜单，如图 1-46 所示。若不选择，10s 后自动进入如图 1-47 所示的界面，要求输入用户名，由于现在系统只有一个管理员账号，因此在输入“root”后按【Enter】键，会提示输入密码，此时输入安装时设定的系统管理员密码

（注意：Linux 字符界面下输入密码时不显示如 * 号之类的任何字符），并按【Enter】键，即可以管理员的身份登录系统。

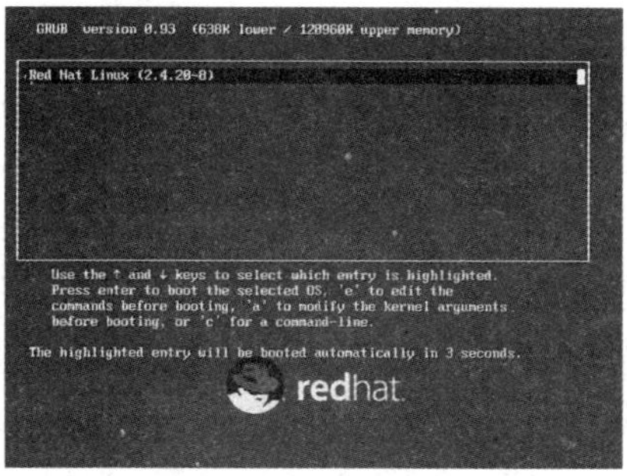

图 1-46　GRUB 启动界面

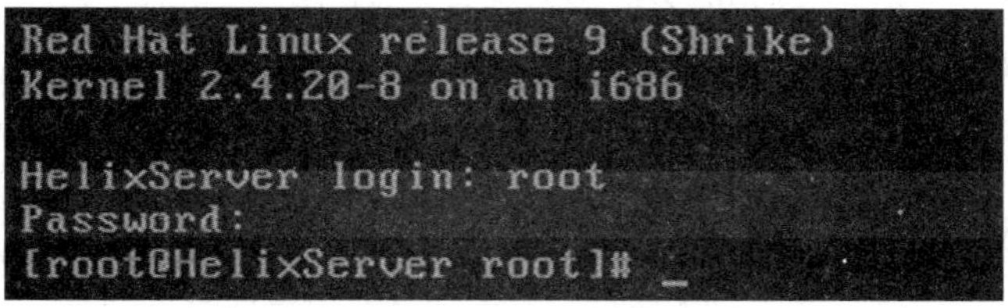

图 1-47　文本登录界面

三、Linux 的引导过程及其设置

1. Linux 的引导过程

（1）从 BIOS 到 Kernel

首先，接通计算机电源，由 BIOS 进行自检，即进行所谓的通电自检（power on self test，POST）。然后，依据 BIOS 设置的引导顺序从硬盘、软盘或 CD-ROM 读入“引导块”。如果 BIOS 中设置的引导顺序是 C 盘在最前面，则把第一个物理硬盘的第 0 柱面、第 0 磁头、第 0 扇区读入内存，该扇区又称为主引导记录（master boot record，MBR），里面存放的是一小段引导程序以及分区表的数据。在使用 Linux 时，执行这段引导程序会把分区表里标记为 Active 的分区（称为活动分区）的第一个扇区（存放着操作系统的引导代码）读入内存并跳转到那里开始执行。而在用 LILO（Linux loader）或 GRUB（grand unified boot loader）引导工具引导 Linux 时，有以下两种选择。

把 LILO 或 GRUB 安装在 MBR。这时就由 BIOS 直接把 LILO 或 GRUB 代码调入内存，然后跳转执行 LILO 或 GRUB 代码。即 BIOS→LILO 或 GRUB→Kernel。

把 LILO 或 GRUB 安装在 Linux 分区，并把 Linux 分区设为 Active。这时，BIOS 调入的是 Linux 下的 MBR 代码，然后由这段代码来调入 LILO 或 GRUB 的代码（位于活动分区的第 0 个扇区）。即 BIOS→MBR→LILO（在活动分区的第 0 个扇区）→Kernel。

注意： 主引导记录（MBR）虽然只有512B，但其中包含了十分重要的操作系统引导程序和磁盘分区表，MBR的损坏将会造成无法引导操作系统的严重后果。对于Linux来说，无论使用哪种方式启动，都要保证Kernel放在1024柱面之前，因为在读入及执行MBR时，只能用BIOS提供的INT 13来进行磁盘操作，只有在Kernel引导到内存之后才有读/写1024柱面以后数据的能力。

（2）从Kernel到Login Prompt

首先，进行内核初始化，即由LILO或GRUB引导内核中没有被压缩的部分，以此来引导并解压缩内核的其他部分，并开始初始化硬件和设备驱动程序。然后，内核启动init程序，生成系统的第一个进程（0号进程），即init进程，也就是执行/sbin/init程序。init程序根据/etc/inittab（引导配置文件）来执行相应的脚本，进行系统初始化，如设置键盘、字体、装载模块和设置网络等。

（3）运行/etc/rc.d/rc.sysinit及/etc/rc.d/rc脚本

在根据/etc/inittab中指出的缺省运行级别（如id：3：initdefault:）运行init程序后，将运行/etc/rc.d/rc.sysinit脚本，主要包括基本的系统初始化命令，如激活交换分区、检查并挂上文件系统、装载部分模块等。例如，系统启动进入运行模式3后，/etc/rc.d/rc3.d目录下所有以“S”开头的文件将被依次执行；系统关闭时，离开运行模式3之前所有以“K”开头的文件将被依次执行。

（4）运行/etc/rc.d/rc.local及/etc/rc.d/rc.serial脚本

init在等待/etc/rc.d/rc（其action是wait）执行完毕之后会运行以下2个文件。

rc.local脚本只在运行级别2、3和5之后运行一次，用户可以把需要在引导时运行一次的程序加到该脚本文件中。

rc.serial脚本只在运行级别1和3之后运行一次，以初始化串行端口。

（5）用户登录

最后在虚拟终端上运行/sbin/mingetty，等待用户登录。至此，Linux启动结束。引导后系统处于控制台，用户可以使用以下3种方法来查看引导信息。

- 使用Shift+PgUp组合键翻页查看。
- 任何时候运行dmesg程序查看。
- 浏览/var/log/messages文件内容。

2. 设置启动运行级别

从Linux的引导过程中可以看出，Linux启动后进入字符界面还是图形界面是由/etc/inittab文件指定的。事实上，无论Linux处于字符界面、图形界面还是其他状态，都会被赋予不同的运行级别，这是Linux中设计的一个特殊的概念。

以下是用vim编辑器打开并显示的/etc/inittab文件（已去除注释部分）的内容。

```
# vim/etc/inittab
id: 3: initdefault:
```

```
si:: sysinit: /etc/rc.d/rc.sysinit
l0: 0: wait: /etc/rc.d/rc 0
l1: 1: wait: /etc/rc.d/rc 1
l2: 2: wait: /etc/rc.d/rc 2
l3: 3: wait: /etc/rc.d/rc 3
l4: 4: wait: /etc/rc.d/rc 4
l5: 5: wait: /etc/rc.d/rc 5
l6: 6: wait: /etc/rc.d/rc 6
ud:: once: /sbin/update
ca:: ctrlaltdel: /sbin/shutdown-t3-r now
pf:: powerfail: /sbin/shutdown-f-h + 2 " Power Failure; System
Shutting Down"
pr: 12345: powerokwait: /sbin/shutdown-c " Power Restored;
Shutdown Cancelled"
1: 2345: respawn: /sbin/mingetty tty2
2: 2345: respawn: /sbin/mingetty tty3
3: 2345: respawn: /sbin/mingetty tty4
4: 2345: respawn: /sbin/mingetty tty5
5: 2345: respawn: /sbin/mingetty tty6
x: 5: respawn: /etc/X11/prefdm-nodaemon
```

/etc/inittab 文件中的每一行包括 4 个域：id：runlevels：action：command，其中各域的功能如下。

- id：配置行标识。用单个或两个字符序列来作为本行的标识，它在此文件中是唯一的，某些记录必须使用特定的 code 才能正常工作。
- runlevels：运行级别（或称系统状态）。Linux 的 init 程序分为两种：UNIX System V 和 BSD init。RedHat 发行版使用的 UNIX System V，其运行级别为 0—6，各运行级别及其含义如表 1-4 所示。

表 1-4 运行级别及其含义

运行级别	含 义
0	halt，即完全关闭系统
1	单用户模式，系统设置为最小配置，只允许超级用户访问整个多用户文件系统
2	多用户模式，但不支持 NFS，若不连接网络，则与运行级别 3 相同
3	完全多用户模式，允许网络上的其他系统进行远程文件共享

续表

运行级别	含　义
4	未使用
5	图形模式，即启动 XLinux 系统和 xdm 程序
6	reboot，即重新引导系统

- action：动作。即在某一特定运行级别下执行 command 命令可能的动作或方式，有 initdefault、respawn、wait、once、boot、bootwait、sysinit、powerwait、powerfail、powerokwait、ctrlaltdel、kbrequest 共 12 种。
- command：给出相应记录行要执行的命令。

由此可以看出，上述配置中 id：3：initdefault：行表示了启动 Linux 后，系统将进入多用户字符模式。如果希望启动 Linux 后，系统直接进入多图形模式，只需将该行中的“3”改为“5”，然后保存文件，重新启动计算机即可。

注意：/etc/rc. d/init. d 目录下存放了进入 0～6 各个运行级别需要执行的所有脚本，而每个运行级别各自需要执行的脚本是以符号链接文件的形式，分别存放在对应的/etc/rc. d/rc0. d～/etc/rc. d/rc6. d 目录下，这些符号链接文件均指向/etc/rc. d/init. d 目录下相应的某个脚本。因此，inittab 文件中标识为 10～16 的 7 个配置行分别表示系统在进入 0～6 号运行级别时，将等待（wait）执行该运行级别所对应目录下的所有脚本，直至全部执行完毕。标识为 ud 的配置行表示每次（once）进入任何一个运行级别都要执行命令 update，该进程每隔 30 s 会把缓冲区的内容回写一次（同步），以防止系统崩溃或突然掉电造成的数据丢失和损坏。

Linux 是一个真正的多用户操作系统，它允许同时打开 6 个字符终端和 1 个图形终端以接受多个不同用户登录，也允许同一个用户在不同终端上进行多次登录。如果用户已登录到某个字符终端下，要切换到另一个字符终端，可以按 Alt＋F1～F6 组合键，要切换到图形终端，则可以按 Alt＋F7 组合键；但从图形终端切换到某个字符终端，则需要按 Ctrl＋Alt＋F1～F6 组合键。

3. 设置 GRUB

（1）引导工具 LILO 和 GRUB 简介

引导程序是驻留在磁盘 0 个扇区（例如硬盘的 MBR）的程序。在启动过程中，检测了系统之后，如果系统被设置为从 MBR 引导，BIOS 会将控制权交给 MBR，而驻留在 MBR 中的程序就是引导程序，它负责将控制权传递给操作系统，以完成启动过程。Linux 提供了 LILO 和 GRUB 两种引导工具。

引导工具 LILO。LILO 是 Linux 自带的一个优秀的引导管理器，使用它可以很方便地引导一台计算机上的多个操作系统。它并不依赖于某一特定文件系统，能够从软盘和硬盘中引导 Linux 内核映像，当然它也能够引导其他操作系统。在 GRUB 出现之前，LILO是Linux引导程序的最佳选择。

引导工具GRUB。GRUB是比LILO新的一个功能强大的多重启动管理器，专门处理Linux与其他操作系统共存的问题。它可以引导的操作系统有Linux、OS/2、Linux系列、Solaris、FreeBSD和NetBSD等，其优势在于能够支持大硬盘、开机画面和菜单式选择，并且在分区位置改变后不必重新配置，使用非常方便。较新的各Linux发行版本大多采用GRUB作为默认的引导程序。

（2）设置默认引导的操作系统和延迟时间

步骤1　编辑GRUB配置文件/boot/grub/grub.conf（menu.lst文件是其符号链接）。

```
# vim/boot/grub/grub.conf
default= 0                              # 指出默认操作系统，0表示Linux
timeout= 10                             # 设置超时时长为10s
splashimage= (hd0, 7) /boot/grub/splash.xpm.gz
                                        # 开机画面文件所在路径和名称
title Red Hat Linux (2.4.20-8)          # 菜单项上所显示的选项
root (hd0, 7)                           # 第1个硬盘的第8个分区
kernel/boot/vmlinuz-2.4.20-8 ro root= LABEL= /  # 只读方式载入的内核
initrd/boot/initrd-2.4.20-8.img
                                        # 初始化Linux映像文件，并设相应的参数
titleLinux XP
rootnoverify (hd0, 0)                   # 第1个硬盘的第1个分区
chainloader+ 1                          # 装入1个扇区的数据，再把引导权交给它
```

步骤2　在安装有多个操作系统的计算机上，如果希望改变启动菜单上默认引导的操作系统，可以修改第1行default的值；如果要修改启动菜单出现后，在用户不做任何操作的情况下，延长多少时间自动引导默认操作系统，可以修改第2行timeout的值。修改完毕后，保存配置文件，重新启动计算机即可。

（3）在GRUB控制台下设置Linux根分区和GRUB的安装位置

步骤1　执行grub命令。执行grub命令后进入GRUB控制台。

```
# grub
grub>
```

步骤2　指出成为GRUB根分区的硬盘分区，在这个分区上的/boot/grub目录下要有stage1和stage2两个文件。命令如下。

```
grub> root (hd0, 7)
```

步骤 3 决定在哪里安装 GRUB，命令如下。

```
grub> setup (hd0)        # 指定安装到 MBR，即指定整个硬盘而不必指定分区
grub> setup (hd0, 4)     # 指定安装到/dev/hda5 的引导记录中
```

步骤 4 退出控制台。命令如下。

```
grub> quit
```

任务三 部署 Linux 服务器环境

Linux 操作系统安装完成后，要将系统部署为 Linux 服务器环境。在动手配置各种网络服务之前，还需要做一些准备工作，如检查网络服务软件包是否已安装。如果未安装则需要做相应的安装，还有对网络环境进行一般的联网配置等。

一、检查和安装网络服务软件包

本书中需要在 Linux 环境下配置的网络服务有很多，如 DHCP、DNS、Web、FTP、E-mail 等，在进行这些服务器配置之前，要先检查相应的网络服务是否已经被安装。如果没有安装则需要挂载光驱进行安装。这里仅以 DNS 服务（服务名为 named，软件包名为 bind）为例，说明检查和安装的步骤，其他网络服务的检查和安装请读者自行完成。

步骤 1 检查 DNS 服务是否被安装。命令如下。

```
# rpm-qa| grep bind                    //检查是否已安装 bind 软件包
```

执行上述命令后，如果已安装 DNS 服务，则会显示出几个名称上有“bind”的软件包名。若无显示内容，则表明 DNS 服务的软件包未被安装。

步骤 2 安装 DNS 服务有关的软件包。命令如下。

```
# mount/dev/cdrom/mnt/cdrom            //将第 2 张安装光盘插入光驱后挂载
```

```
# cd/mnt/cdrom/RedHat/RPMS                              //进入光盘的 RPM 包目录
# rpm-ivh bind-utils-9.2.1-16.i386.rpm
                                            //安装 named 服务器下列软件包
# rpm-ivh bind-9.2.1-16.i386.rpm
# rpm-ivh redhat-config-bind-1.9.0-13.noarch.rpm
# rpm-ivh caching-nameserver-7.2-7.noarch.rpm
```

二、配置网络

在 Linux 中，与网络环境相关的配置文件及其用途如表 1-5 所示。

表 1-5　与网络环境相关的配置文件及其用途

文　件	描　述
/etc/hosts	列出主机名、IP 地址及远程主机和它们的 IP 地址
/etc/networks	域名和网络地址的映射
/etc/host. conf	用于主机名字解析
/etc/resolv. conf	列出域名服务器的名称、IP 地址和远程主机所在域的域名
/etc/protocols	设定主机使用的协议以及各个协议的协议号
/etc/services	设置可用的网络服务和它们使用的端口
/etc/HOSTNAME	包含系统的主机名称（包括完整的域名）
/etc/conf. modules	定义各种启动时加载的模块参数（包括网卡配置信息）
/etc/sysconfig/network	指定服务器上的网络配置信息
/etc/inetd. conf	inetd 是监视网络请求的守护进程，该配置文件用于告诉 inetd 监听哪些网络端口，为每个端口启动哪个服务
/etc/sysconfig/network-scripts/ifcfg-ethN	包含第 N 块网卡的配置信息
/etc/hosts. allow 和 hosts. deny	定义允许和禁止使用 telnet、ftp 等服务
/etc/securetty	规定“root”用户可以从哪个 TTY 设备登录

1. 设置主机名和域名

方法 1 修改文件/etc/HOSTNAME，该文件含主机名称，如 www.gzjz.com。

方法 2 修改文件/etc/sysconfig/network，典型的文件内容如下。

```
NETWORKING=yes                          //是否激活网络
HOSTNAME=www.xinyuan.com                //主机名
DOMAINNAME="xinyuan.com"                //域名
FORWARD_IPV4=false                      //是否开启 IPV4 转发功能
```

2. 设置网络参数

方法 1　使用 ifconfig 命令。注意，使用该命令只能对网络参数做临时配置，当计算机重新启动后，相应的参数配置丢失。例如：

```
ifconfig eth0 192.168.1.11 netmask 255.255.255.0 broadcast 192.168.1.255
```

方法 2　使用网络配置工具/bin/netcfg，执行下列命令后打开文本界面进行设置。

```
# netcfg
```

注意：在 FC Linux 中已取消 netcfg 命令。可以使用一个设置公用程序 setup，它以文本菜单操作方式提供 X 配置、时区配置、系统服务、网络配置、键盘配置、防火墙配置、验证配置等多种配置功能。这些配置功能又都可以使用不同的命令直接进入相应的文本菜单界面来实现，例如，使用 system-config-network 命令可进入网络配置界面；使用 system-config-keyboard 命令可进入键盘配置界面等。

方法 3　修改网络接口配置文件 ifcfg-eth0，这是最常用的永久设置方法。只要系统安装时网卡被自动识别并安装驱动程序，即可查看到/etc/sysconfig/network-scripts/ifcfg-eth0 文件。该文件一般包含以下内容。

```
# Intel Corporation 82545EM Gigabit Ethernet Controller (Copper)
TYPE=Ethernet                           //网卡类型
DEVICE=eth0                             //网卡接口名称
HWADDR=00:0C:29:13:5D:74                //网卡设备 MAC 地址
ONBOOT=yes                              //系统启动时是否自动加载
BOOTPROTO=static
                  //启用动态地址协议，static：静态协议，dhcp：动态协议
```

```
IPADDR= 192.168.1.11                                //网卡 IP 地址
NETMASK= 255.255.255.0                              //网卡网络地址
GATEWAY= 192.168.1.254                              //网卡网关地址
BROADCAST= 192.168.1.255                            //网卡广播地址
```

编辑上述文件，修改参数后保存文件，使用下列命令重新启动网络服务。

```
#  service network restart                  //重启网络服务，或者使用：
# /etc/init.d/network reload
Shutting down interface eth0:                                  [OK]
Shutting down loopback interface:                              [OK]
Bringing up loopback interface:                                [OK]
Bringing up interface eth0:                                    [OK]
```

方法 4　手工修改文件/etc/rc.d/init.d/inet。该文件是启动 TCP/IP 网络服务的配置文件，作用是设置域名、建立路由启动服务进程。可以把 ifconfig 命令放在该文件中配置网卡。

3. 网关路由器的设置

方法 1　使用 route 命令进行临时配置。例如：

```
#  route add default gw 192.168.1.254 eth0
```

方法 2　使用网络配置工具/bin/netcfg 或 setup 进行配置。

方法 3　手工修改文件/etc/rc.d/init.d/inet，把 route 命令放在该文件中配置网关路由。

4. 设置域名服务器地址

方法 1　使用网络配置工具/bin/netcfg 或 setup 进行配置。

方法 2　手工修改文件/etc/resolv.conf，在该文件中可以配置域名服务器。例如：

```
n ameserver 192.168.1.1
```

项目总结

Intranet 又称企业内部网，是 Internet 技术在企业内部的应用。换句话说，任何使用 TCP/IP 为用户提供信息的私人、企业或企业内部的网络都可称之为 Intranet。

本书以广州捷正数码网络科技有限公司网络信息服务项目为案例，在公司组建的局域网基础上，架设较为完善的、符合企业需求的网络服务，这也是企业信息化建设的重要组成部分。要完成一个实际的企业网络信息服务项目，首先应了解项目背景，并对项目需求进行广泛深入的调研和科学细致的分析；然后根据需求分析，对项目拓扑结构以及网络服务器的域名、IP 地址、使用的操作系统平台等进行合理的规划、设计和部署，并形成项目文档，即撰写项目规划书。这些是本项目的核心工作内容，接下来就按照项目规划所需的 7 个网络服务，作为 7 个子项目（本书项目二-项目八）进行具体的方案设计和组织实施。

在具体配置各项网络服务之前，应先在服务器上部署后续所需的操作系统平台，包括操作系统的安装、网络环境的设置、网络服务组件或角色的安装等。如果读者接触 Linux 较少，则建议先阅读附录 1，熟悉 Linux 管理所必需的基础知识及基本操作，为后面的项目实施做好铺垫。

项目练习

一、简答题

1. 什么是 Intranet？

2. 目前主流的网络服务器操作系统有哪些？

3. 什么是 DMZ？你认为在企业内部网中设置 DMZ 这个单独的网络有什么好处？

5. Linux 操作系统具有哪些特点？请列举你所了解的 Linux 发行版本。

6. 安装 Linux 时默认且必须创建的两个分区是什么分区？分别说出它们的用途。

7. 从用户角度来说，你认为 Linux 的文件系统与 Linux 的文件系统有什么不同？

8. 简述 Linux 的引导过程，并说明运行级别的含义。

9. 在 Linux 中，用于设置 IP 地址、子网掩码和默认网关等网络参数的配置文件是哪个？用于设置 DNS 服务器地址的配置文件是哪个？

二、训练题

1. 建议全班分为多个项目组，每个项目组由 5～7 名同学组成，推荐 1 名同学担任项目执行经理的角色，其他项目组成员可分别担任信息技术顾问、安全评估顾问、系统管理员等角色。要求各项目组在本地走访一家中小型企业（若条件不允许，也可以虚拟一家公司），对该企业网络信息服务的项目需求进行调研、分析、规划和设计，并按照附录 2 中简化的文档格式，撰写项目规划书。

2. 各项目组成员将自己的计算机安装成 FC Linux 双系统，并根据项目总体规划，合理配置网络参数。

项目二　管理 Linux 系统服务器

项目描述

某公司组建的基于 Linux 网络操作系统的办公网络，需要进行用户和组群的管理，需要进行文件权限管理、磁盘管理。

能力目标

- 了解用户和组群配置文件
- 熟练掌握 Linux 下用户的创建与维护管理
- 熟练掌握 Linux 下组群的创建与维护管理
- 熟悉用户账户管理器的使用方法

相关知识

用户账户信息和组群信息分别存储在用户账户文件和组群文件中。

一、用户账户文件

1. /etc/passwd 文件

在 Linux 系统中，所创建的用户账户及其相关信息（密码除外）均放在/etc/passwd 配置文件中。用 vi 编辑器打开 passwd 文件，内容格式如下：

```
root: x: 0: 0: root: /root: /bin/bash
bin: x: 1: 1: bin: /bin: /sbin/nologin
daemon: x: 2: 2: daemon: /sbin: /sbin/nologin
mlx: x: 500: 500: lixinma: /home/mlx: /bin/bash
```

文件中的每一行代表一个用户账户的资料，可以看到第一个用户是 root。然后是一些标准账户，此类账户的 Shell 为/sbin/nologin 代表无本地登录权限。最后一行是由系统管理员创建的普通账户，mlx。passwd 文件的每一行用“:”分隔为 7 个域。每一行各域的内容如下：

用户名：加密口令：UID：GID：用户的描述信息：主目录：命令解释器（登录 Shell）passwd 文件中各字段的含义如表 2-1 所示，其中少数字段的内容是可以为空的，但仍需使用“:”进行占位来表示该字段。

表 2-1 passwd 文件字段说明

字段	说明
用户名	用户账号名称，用户登录时所使用的用户句
加密口令	用户口令，出于安全性考虑，现在已经不使用该字段保存口令，而用字母“x”来填充该字段，真正的密码保存在 shadow 文件中
UID	用户号，惟一表示某用户的数字标识
GID	用户所属的私有组号，该数字对应 group 文件中的 GID
用户描述信息	可选的关于用户全名、用户电话等描述性信息
主目录	用户的宿主目录，用户成功登录后的默认目录
命令解释器	用户所使用的 Shell，默认为“/bin/bash”

2. /etc/shadow 文件

由于所有用户对/etc/passwd 文件均有读取权限，为了增强系统的安全性，用户经过加密之后的口令都存放在/etc/shadow 文件中。/etc/shadow 文件只对 root 用户可读，因而大大提高了系统的安全性。shadow 文件的内容形式如下：

```
root: $1 $rRetvF5m $e3X1HGNncwP9DxRSNHMxr/: 13757: 0:
99999: 7:::
bin: * : 13734: 0: 99999: 7:::
mlx: $1$ xOojnJBE$ P1t.wluVYU4rLMpFYD6LY.: 13734: 0: 99999: 7:::
```

shadow 文件保存投影加密之后的口令以及与口令相关的一系列信息，每个用户的信息在 shadow 文件中占用一行，并且用“:”分隔为 9 个域，各域的含义如表 2-2 所示。

表 2-2　shadow 文件字段说明

字段	说明
1	用户登录名
2	加密后的用户口令
3	从 1970 年 1 月 1 日起，到用户最近一次口令被修改的天数
4	从 1970 年 1 月 1 日起，到用户可以更改密码的天数，即最短口令存活期
5	从 1970 年 1 月 1 日起，到用户必须可以更改密码的天数，即最长口令存活期
6	口令过期前几天提醒用户更改口令
7	口令过期后几天账户被禁作
8	口令被禁用的具体日期（相对日期，从 1970 年 1 月 1 日至禁用时的天数）
9	保留域，用于功能扩展

3. /etc/login. defs 文件

建立用户账户时会根据/etc/login. defs 文件的配置设置用户账户的某些选项。该配置文件的有效设置内容及中文注释如下所示。

```
//用户邮箱目录

MAIL_ DIR/var/spool/mail
MAIL_ FILE. mail

//账户密码最长有效天数

PASS_ MAX_ DAYS 99999

//账户密码最短有效天数

PASS_ MIN_ DAYS 0

//账户密码的最小长度

PASS_ MIN_ LEN 5

//账户密码过期前提前警告的天数
```

```
PASS_ WARN_ AGE 7
```

//用 useradd 命令创建账户时自动产生的最小 UID 值

```
UID_ MIN 500
```

//用 useradd 命令创建账户时自动产生的最大 UID 值

```
UID_ MAX 60000
```

//用 groupadd 命令创建组群时自动产生的最小 GID 值

```
GID_ MIN 500
```

//用 groupadd 命令创建组群时自动产生的最大 GID 值

```
GID_ MAX 60000
```

//如果定义的话，将在删除用户时执行，以删除相应用户的计划作业和打印作业等

```
USERDEL_ CMD/usr/sbin/userdel_ local
```

//创建用户账户时是否为用户创建主目录

```
CREATE_ HOMEyes
```

二、组群文件

组群账户的信息存放在/etc/group 文件中，而关于组群管理的信息（组群口令、组群管理员等）则存放在/etc/gshadow 文件中。

1. /etc/group 文件

group 文件位于“/etc”目录，用于存放用户的组账户信息，该文件的内容任何用户都可以读取。每个组群账户在 group 文件中占用一行，并且用“:”分隔为 4 个域。每一行各域的内容如下：

组群名称：组群口令（一般为空）：GID：组群成员列表

group 文件的内容形式如下：

```
root: x: 0: root
bin: x: 1: root, bin, daemon
daemon: x: 2: root, bin, daemon
mlx: x: 500:
```

group 文件的组群成员列表中如果有多个用户账户属于同一个组群，则各成员之间以“,”分隔。在/etc/group 文件中，用户的主组群并不把该用户作为成员列出，只有用户的附属组群才会把该用户作为成员列出。例如用户 mlx 的主组群是 mlx，但/etc/group 文件中组群 mlx 的成员列表中并没有用户 mlx。

2. /etc/gshadow 文件

/etc/gshadow 文件用于存放组群的加密口令、组管理员等信息，该文件只有 root 用户可以读取。每个组群账户在 gshadow 文件中占用一行，并以“:”分隔为 4 个域。每一行中各域的内容如下：

组群名称：加密后的组群口令：组群的管理员：组群成员列表

gshadow 文件的内容形式如下：

```
root::: root
bin::: root, bin, daemon
daemon::: root, bin, daemon
mlx:!::
```

文件系统（file system）是磁盘上有特定格式的一片区域，操作系统利用文件系统保存和管理文件。

三、文件系统基础

文件系统（file system）是磁盘上有特定格式的一片区域，操作系统利用文件系统保存和管理文件。不同的操作系统需要使用不同的文件系统，为了与其他操作系统兼容，通常操作系统都支持很多种类型的文件系统。例如 Linux 2003 操作系统，推荐使用的文件系统是 NTFS，但同时兼容 FAT 等其他文件系统。

Linux 使用 ext2/ext3 文件系统。在 Linux 中，存储数据的各种设备都属于块设备。

对于磁盘设备，通常在0磁道第一个扇区上存放引导信息，称为主引导记录（MBR），该扇区不属于任何一个分区，每个分区包含许多数据块，可以认为是一系列块组的集合。在磁盘分区上建立ext2/ext3文件系统后，每个块组的结构如图2-1所示。

超级块	块组描述符	块位图	索引节点位图	索引节点表	数据块

图2-1　ext文件系统结构

ext文件系统结构的核心组成部分是超级块，索引节点表和数据块。超级块和块组描述符中包含关于该块组的整体信息，例如索引节点的总数和使用情况、数据块的总数和使用情况以及文件系统状态等。每一个索引节点都有一个唯一编号，并且对应一个文件，它包含了针对某个具体文件的几乎全部信息，例如文件的存取权限、拥有者、建立时间以及对应的数据块地址等，但不包含文件名称。在目录文件中包含文件名称以及此文件的索引节点号。索引节点指向特定的数据块，数据块是真正存储文件内容的地方。

Red Hat Linux是一种兼容性很强的操作系统，它能够支持多种文件系统，要想了解其支持的文件系统类型，在Linux CentOS 7中通过命令“ls/lib/modules/2.6.9.5.EL/kernel/fs”可以查看Linux系统所支持的文件系统类型。下面简单介绍Linux常用的几种文件系统。

1. ext文件系统

ext文件系统在1992年4月完成。称为扩展文件系统，是第一个专门针对Linux操作系统的文件系统。ext文件系统对Linux的发展发挥了重要作用，但是在性能和兼容性方面有很多缺陷，现在已很少使用。

2. ext2与ext3文件系统

ext2文件系统是为解决ext文件系统的缺陷而设计的可扩展的高性能文件系统，也被称为二级扩展文件系统。ext2文件系统是在1993年发布的，设计者是Rey Card。它在速度和CPU利用率上都有突出优势，是GNU/Linux系统中标准的文件系统，支持256个字节的长文件名，文件存取性能很好。

ext3是ext2的升级版本，兼容ext2。ext3文件系统在ext2的基础上增加了文件系统日志记录功能，被称为日志式文件系统。该文件系统在系统因出现异常断电等事件而停机重启后，操作系统会根据文件系统的日志快速检测并恢复文件系统到正常的状态，可以缩短系统的恢复时间，提高数据的安全性。

从Red HatLinux7.2版本开始，默认使用的文件系统格式就是ext3。日志文件系统是目前Linux文件系统发展的方向，除了ext3之外，还有reiserfs和jfs等常用的日志文件系统。

3. swap文件系统

swap文件系统是Linux的交换分区所采用的文件系统。在Linux中使用交换分区管理内存的虚拟交换空间。一般交换分区的大小设置为系统物理内存的2倍。在安装

Linux操作系统时，必须建立交换分区，并且其文件系统类型必须为swap。交换分区由操作系统自行管理。

4. vfat 文件系统

vfat文件系统是对DOS、Linux操作系统下的FAT16和FAT32文件系统的统称。Red Hat Linux支持FAT16和FAT32格式的分区，也可以创建和管理FAT分区。

5. NFS 文件系统

NFS即网络文件系统，用于UNIX系统间通过网络进行文件共享，用户可以把网络中NFS服务器提供的共享目录挂载到本地目录下，可以像访问本地文件系统一样访问NFS文件系统中的内容。

6. ISO 9660 文件系统

ISO 9660是光盘所使用的标准文件系统，Linux系统对该文件系统有很好的支持，不仅能读取光盘中的内容而且还支持光盘刻录功能。

四、Linux文件系统目录结构

Linux的文件系统是采用阶层式的树状目录结构，在该结构中的最上层是根目录"/"，在根目录下再建立其他的目录。虽然目录的名称可以定制，但是某些特殊的目录名称表示重要的功能，因此不能随便将它们改名以免造成系统的错误。

在Linux安装时，系统会建立一些默认的目录，每个目录都有其特殊的功能，表2-3是这些目录的简介。

表 2-3 Linux中的默认目录功能

目录	说明
/	Linux文件的最上层目录
/bin	binary的缩写，存放用户的可运行程序，如ls、cp等，也包含其他的Shell，如bash和csh等
/boot	该目录存放操作系统启动时所需的文件及系统的内核文件
/dev	接口设备文件目录，例如hda表示第一个IDE硬盘
/etc	该目录存放有关系设置与管理文件
/etc/X11	该目录是X-Window System的设置目录
/home	普通用户的主目录，或FTP站点目录
/lib	仅包含运行/bin和/sbin目录中的二进制文件时，所需的共享函数库（library）
/mnt	各项设备的文件系统安装（mount）点

续表

目录	说明
/media	光盘、软盘等设备的挂载点
/opt	第三方应用程序的安装目录
/proc	目前系统内核与程序运行的信息，和使用 ps 命令看到的内容相同
/root	超级用户的主目录
/sbin	是 system binary 缩写，该目录存入的是系统启动时所需运行的程序，如 lilo 和 swapon 等
/tmp	临时文件的存放位置
/usr	存入用户使用的系统命令和应用程序等信息
/var	variable 的编写，具有变动性质的相关程序目录，如 log、spool 和 named 等

项目设计与准备

当服务器安装完成后，需要对用户账户和群组进行管理，对文件权限、RAID、LVM 逻辑卷、磁盘配额等内容进行管理。

在进行本单元的教学与实验前，需要做好如下准备：

（1）已经安装好的 LINUX CENTOS 7 AS。

（2）LINUX CENTOS 7 AS 安装光盘或 ISO 镜像文件。

（3）VMware 5.0 以上虚拟机软件。

（4）设计教学或实验用的用户及权限列表。

项目实施

任务一 管理用户账户

用户账户管理包括新建用户、设置用户账户口令和用户账户维护等内容。

一、新建用户

在系统新建用户可以使用 useradd 或者 adduser 命令。useradd 命令的格式是：

u seradd [选项] < username>

useradd 命令有很多选项，如表 2-4 所示。

表 2-4 useradd 命令选项

选项	说明
-c comment	用户的注释信息
-d home _ dir	指定用户的主目录
-e expire _ date	禁用账号的日期，格式为：YYYY-MM-DD
-f inactive _ days	设置账户过期多少天后，用户账户被禁用。如果为 0，账户过期后将立即被禁用。如果为－1，账户过期后，将不被禁用
-g initial _ group	用户所属主组群的组群名称或者 GID
-G group-list	用户所属的附属组群列表，多个组群之间用逗号分隔
-m	若用户主目录不存在则创建它
-M	不要创建用户主目录
-n	不要为用户创建用户私人组群
-p passwd	加密的口令
-r	创建 UID 小于 500 的不带主目录的系统账号
-s shell	指定用户的登录 shell，默认为/bin/bash
-u UID	指定用户的 UID，它必须是唯一的，且大于 499

【例 2-1】新建用户 user1，UID 为 510，指定其所属的私有组为 mlx（mlx 组的标识符为 500)，用户的主目录为/home/user1，用户的 Shell 为/bin/bash，用户的密码为 123456，账户永不过期。

```
[root@ CENTOS 7~ ] #  useradd-u 510-g 500-d/home/user1-s/bin/bash-p
123456-f-1 user1
[root@ CENTOS7~ ] #  tail-1/etc/passwd
user1: x: 510: 500:: /home/user1: /bin/bash
```

如果新建用户已经存在，那么在执行 useradd 命令时，系统会提示该用户已经存在：

```
[root@ CENTOS7~ ] #  useradd user1
useradd: user user1 exists
```

二、设置用户账户口令

（1）passwd 命令

指定和修改用户账户口令的命令是 passwd。超级用户可以为自己和其他用户设置口令，而普通用户只能为自己设置口令。passwd 命令的格式：

```
passwd [选项] [username]
```

passwd 命令的常用选项如表 2-5 所示。

表 2-5 passwd 命令选项

选项	说明
-l	锁定（停用）用户账户
-u	口令解锁
-d	将用户口令设置为空，这与未设置口令的账户不同。未设置口令的账户无法登录系统，而口令为空的账户可以
-f	强制用户下次登录时必须修改口令
-n	指定口令的最短存活期
-x	指定口令的最长存活期
-w	口令要到期前提前警告的天数
-i	口令过期后多少天停用账户
-s	显示账户口令的简短状态信息

【例 2-2】假设当前用户为 root，则下面的两个命令分别为：root 用户修改自己的口令和 root 用户修改 user1 用户的口令。

```
//root 用户修改自己的口令，直接用 passwd 命令回车即可
[root@ CENTOS7~ ] #  passwd
Changing password for user root.
New UNIX password:
Retype new UNIX password:
passwd: all authentication tokens updated successfully.
//root 用户修改 user1 用户的口令
[root@ CENTOS7~ ] #  passwd user1
Changing password for user user1.
```

```
New UNIX password:
Retype new UNIX password:
passwd: all authentication tokens updated successfully.
```

注意： 普通用户修改口令时，passwd 命令会首先询问原来的口令，只有验证通过才可以修改。而 root 用户为用户指定口令时，不需要知道原来的口令。为了系统安全，用户应选择包含字母、数字和特殊符号相组合的复杂口令，且口令长度应至少为 6 个字符。

（2）chage 命令

要修改用户账户口令，也可以用 chage 命令实现。chage 命令的常用选项如表 2-6 所示。

表 2-6　chage 命令选项

选项	说明
-l	列出账户口令属性的各个数值
-m	指定口令最短存活期
-M	指定口令最长存活期
-W	口令要到期前提前警告的天数
-I	口令过期后多少天停用账户
-E	用户账户到期作废的日期
-d	设置口令上一次修改的日期

【例 2-3】设置 user1 用户的最短口令存活期为 6 天，最长口令存活期为 60 天，口令到期前 5 天提醒用户修改口令。设置完成后查看各属性值。

```
[root@ CENTOS7~ ] # chage-m 6-M 60-W 5 user1
[root@ CENTOS7~ ] # chage-l user1
Minimum: 6
Maximum: 60
Warning: 5
Inactive: -1
Last Change: 9月 01, 2007
Password Expires: 10月 31, 2007
Password Inactive: Never
Account Expires: Never
```

三、维护用户账户

(1) 修改用户账户

管理员用 useradd 命令创建好账户之后，可以进行 usermod 命令来修改 useradd 的设置。

两者的用法几乎相同。例如要修改用户 user1 的主目录为/var/user1，把启动 Shell 修改为/bin/tcsh，可以用如下操作：

```
[root@ CENTOS7~ ] # usermod-d/var/user1-s/bin/tcsh user1
[root@ CENTOS7~ ] # tail-l/etc/passwd
user1: x: 510: 500:: /var/user1: /bin/tcsh
```

(2) 禁用和恢复用户账户

有时需要临时禁用一个账户而不删除它。禁用用户账户可以用 passwd 或 usermod 命令实现，也可以直接修改/etc/passwd 或/etc/shadow 文件实现。

例如，暂时禁用和恢复 user1 账户，可以使用以下三种方法实现：

方法一：使用 passwd 命令

//使用 passwd 命令禁用 user1 账户，利用 tail 命令查看可以看到被锁定的账户密码栏前面会加上“!”

```
[root@ CENTOS7~ ] # passwd-l user1
[root@ CENTOS7~ ] # tail-1/etc/shadow
user1:!! $ 1 $ mEK/kTgb $ ZJI3cdfeSD/rsjOXC5sX.0: 13757: 6:
60: 5:::
```

//利用 passwd 命令的-u 选项解除账户锁定，重新启用 user1 账户

```
[root@ CENTOS7~ ] # passwd-u user1
Unlocking password for user user1.
passwd: Success.
```

方法二：使用 usermod 命令

//禁用 user1 账户

```
[root@ CENTOS7~ ] # usermod-L user1
```

//解除 user1 账户的锁定

```
[root@ CENTOS7~ ] # usermod-U user1
```

方法三：直接修改用户账户配置文件

可将/etc/passwd 文件或/etc/shadow 文件中关于 user1 账户的 passwd 域的第一个字符前面加上一个"*"，达到禁用账户的目的，在需要恢复的时候只需删除字符"*"即可。

如果只是禁止用户账户登录系统，可以将其启动 Shell 设置为/bin/false 或者/dev/null。

（3）删除用户账户

要删除一个账户，可以直接编辑删除/etc/passwd 和/etc/shadow 文件中要删除的用户所对应的行，或者用 userdel 命令删除。userdel 命令的格式为：

```
userdel [-r] 用户名
```

如果不加-r 选项，userdel 命令会在系统中所有与账户有关的文件中（例如/etc/passwd，/etc/shadow，/etc/group）将用户的信息全部删除。

如果加-r 选项，则在删除用户账户的同时，还将用户主目录以及其下的所有文件和目录全部删除掉。另外，如果用户使用 E-mail 的话，同时也将/var/spool/mail 目录下的用户文件删掉。

任务二 管理组群

组群管理包括新建组群、维护组群账户和为组群添加用户等内容。

一、维护组群账户

创建组群和删除组群的命令和创建、维护账户的命令相似。创建组群可以使用命令 groupadd 或者 addgroup。

例如，创建一个新的组群，组群的名称为 testgroup，可用如下命令：

```
[root@ CENTOS7~ ] # groupadd testgroup
```

要删除一个组可以用 groupdel 命令，例如删除刚创建 testgroup 组，可用如下命令：

```
[root@ CENTOS7~ ] # groupdel testgroup
```

需要注意的是，如果要删除的组群是某个用户的主组群，则该组群不能被删除。修改组群的命令是 groupmod，其命令格式为：

```
groupmod [选项] 组名
```

常见的命令选项，如表 2-7 所示。

表 2-7 groupmod 命令选项

选项	说明
-g gid	把组群的 GID 改成 gid
-n group-name	把组群的名称改为 group-name
-o	强制接受更改的组的 GID 为重复的号码

二、为组群添加用户

在 Red Hat Linux 中使用不带任何参数的 useradd 命令创建用户时，会同时创建一个和用户账户同名的组群，称为主组群。当一个组群中必须包含多个用户时则需要使用附属组群。在附属组中增加、删除用户都用 gpasswd 命令。gpasswd 命令的格式为：

```
gpasswd [选项] [用户] [组]
```

只有 root 用户和组管理员才能够使用这个命令。命令选项如表 2-8 所示。

表 2-8 gpasswd 命令选项

选项	说明
-a	把用户加入组
-d	把用户从组中删除
-r	取消组的密码
—A	给组指派管理员

例如，要把 mlx 用户加入 testgroup 组，并指派 mlx 为管理员，可以执行下列命令：

三、使用用户管理器管理用户和组群

Linux 系统下的用户管理器类似于 Linux 下的用户帐号管理，使用起来非常方便。在 Linux 图形界面下依次单击【应用程序】｜【系统设置】｜【用户和组群】，打开【用户管理器】窗口，如图 2-2 左图所示。在 Red Hat 用户管理器中默认不显示系统用户，要想看到所有用户信息，需要将菜单栏【首选项】下拉菜单的【过滤系统用户和组群】清除。如图 2-2 右图所示。

```
[root@ CENTOS7~ ] #  gpasswd-a mlx testgroup
Adding user mlx to group testgroup
[root@ CENTOS7~ ] #  gpasswd-A mlx testgroup
```

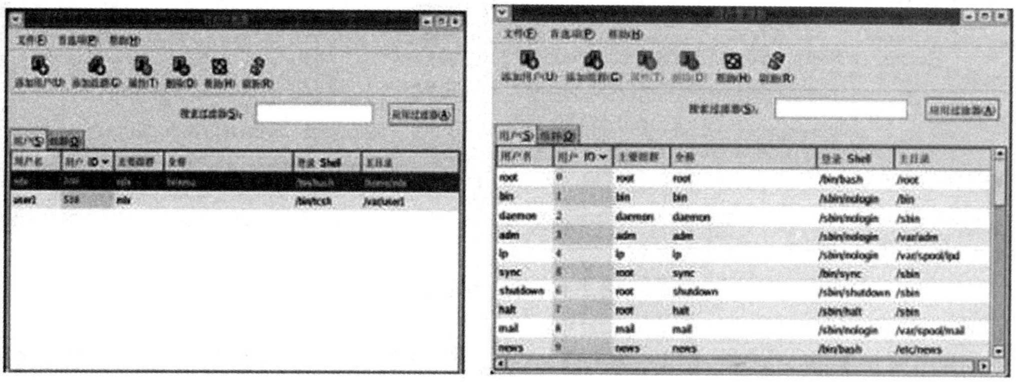

图 2-2　Red Hat 用户管理器

1. 新建用户

单击工具栏中【添加用户】按钮，弹出【创建新用户】窗口，如图 2-3 所示。

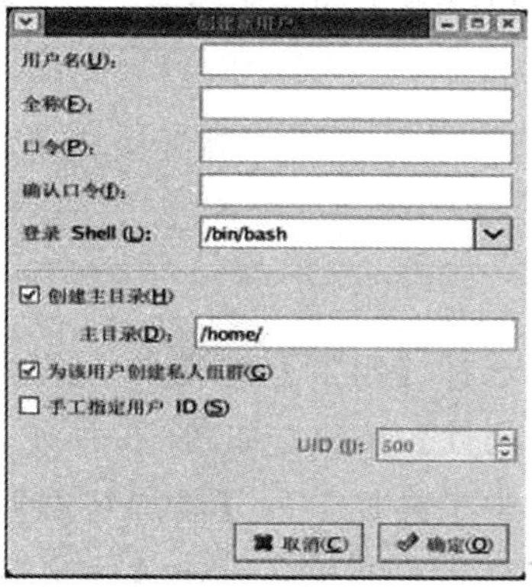

图 2-3　创建新用户窗口

用户名的第一个字符必须是英文字母，并且名称不能与已有的用户名重复；口令和确认口令要一致，注意密码要求至少 6 个字符以上，而且为了安全性考虑，口令应具有一定的复杂性；根据用户的需要选择合适的登录 shell、用户主目录等内容。在图 2-3 所示的窗口中各项信息输入完成后单击【确定】按钮。

2. 修改用户属性

要对系统中已经存在的用户进行修改，可以在【用户管理器】中单击选中用户账户，然后单击工具栏中【属性】按钮，打开【用户属性】窗口进行设置。如图 2-4 所示。

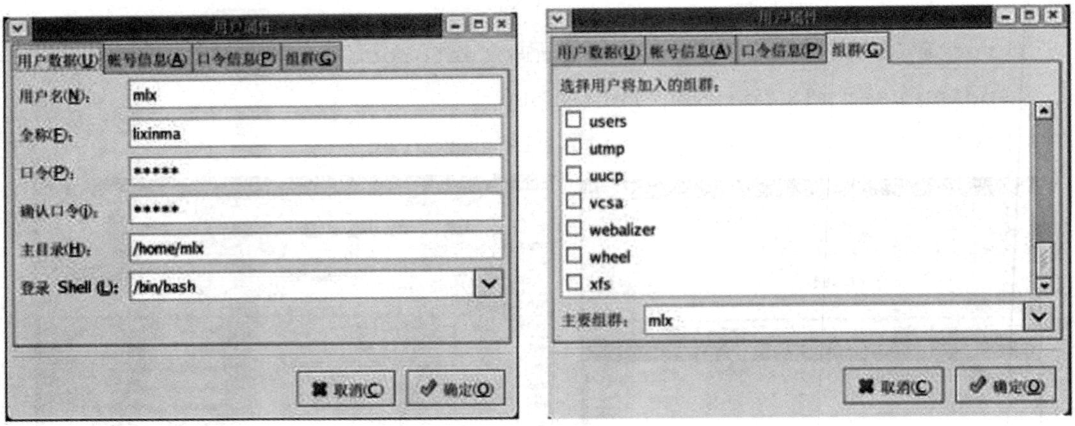

图 2-4　用户属性窗口

【用户属性】窗口包括【用户数据】、【帐号信息】、【口令信息】和【组群】4 个选项卡，默认显示【用户数据】选项卡。

- 用户数据：修改用户的基本信息。
- 帐号信息：设置用户账户被锁定的具体日期。格式为“YYYY-MM-DD”（年—月—日）。
- 口令信息：设置与用户口令有关的时限设置。
- 组群：设置用户所属组群。

要删除现有用户账户，只需选择该用户账户，并单击工具栏上的【删除】按钮即可。

3. 组群管理

在【用户管理器】窗口中选择【组群】选型卡，选择要修改的组，单击工具栏上的【属性】按钮，打开【组群属性】按钮，如图 2-5 所示，从中可以修改该组的属性。

单击【用户管理器】窗口中工具栏上的【添加组群】按钮，可以打开【创建新组群】窗口，在该窗口中输入组群名和 GID，单击【确定】按钮即可创建新组群，如图 2-6 所示。组群的 GID 也可以采用系统的默认值。

要删除现有组群，只需选择要删除的组群，并单击工具栏上的【删除】按钮即可。

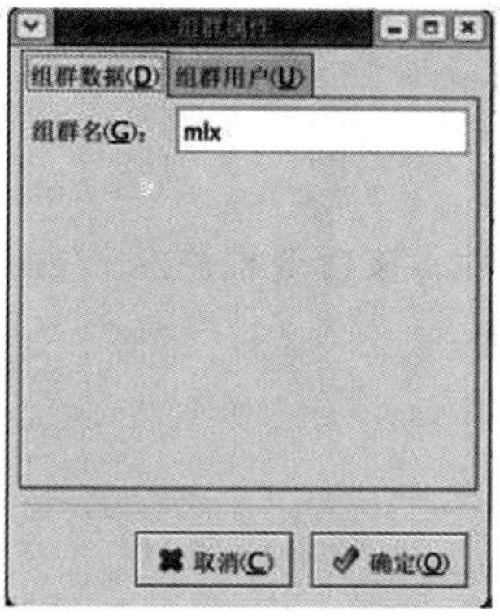

图 2-5 组群属性窗口

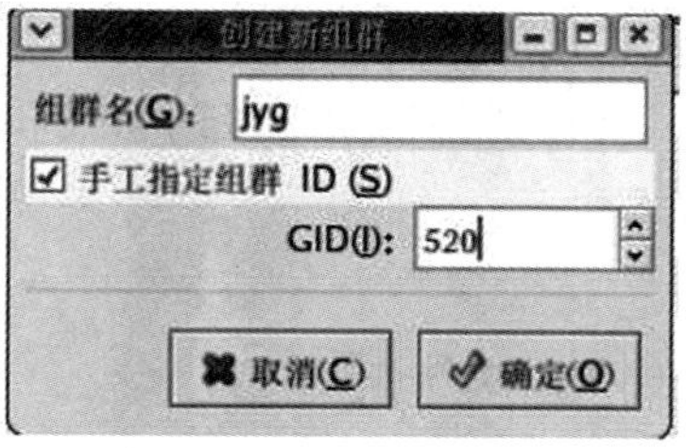

图 2-6 创建新组群窗口

四、常用的账户管理命令

账户管理命令可以在非图形化操作中对账户进行有效管理。

1. vipw

vipw 命令用于直接对用户账户文件/etc/passwd 进行编辑，使用的默认编辑器是 Vi。在对/etc/passwd 文件进行编辑时将自动锁定该文件，编辑结束后对该文件进行解锁，保证了文件的一致性。vipw 命令在功能上等同于 vi/etc/passwd 命令，但是比直接使用 vi 命令更安全。

命令格式如下：

```
[root@ CENTOS7~ ] # vipw
```

2. vigr

vigr 命令用于直接对组群文件/etc/group 进行编辑。在用 vigr 命令对/etc/group 文件进行编辑时将自动锁定该文件，编辑结束后对该文件进行解锁，保证了文件的一致性。vigr 命令在功能上等同于 vi/etc/group 命令，但是比直接使用 vi 命令更安全。

命令格式如下：

```
[root@ CENTOS7~ ] # vigr
```

3. pwck

pwck 命令用于验证用户账户文件认证信息的完整性。该命令检测/etc/passwd 文件和/etc/shadow 文件的每行中字段的格式和值是否正确。命令格式如下：

```
[root@ CENTOS7~ ] # pwck
```

4. grpck

grpck 命令用于验证组群文件认证信息的完整性。该命令检测/etc/group 文件和/etc/gshadow 文件的每行中字段的格式和值是否正确。

命令格式如下：

```
[root@ CENTOS7~ ] # grpck
```

5. id

id 命令用于显示一个用户的 UID 和 GID 以及用户所属的组列表。在命令行输入 id 直接回车将显示当前用户的 ID 信息。

id 命令格式如下：

```
id [选项] 用户名
```

例如，显示 mlx 用户的 UID、GID 信息的实例如下所示：

```
[root@ CENTOS7~ ] #  id mlx
uid= 500 (mlx) gid= 500 (mlx) groups= 500 (mlx)
```

6. finger、chfn、chsh

使用 finger 命令可以查看用户的相关信息，包括用户的主目录、启动 shell、用户名、地址、电话等存放在/etc/passwd 文件中的记录信息。管理员和其他用户都可以用 finger 命令来了解用户。直接使用 finger 命令可以查看当前用户信息。finger 命令格式及实例如下：

```
finger [选项] 用户名
[root@ CENTOS7~ ] #  finger
Login Name Tty Idle Login Time Office Office Phone
root root tty1 4 Sep 1 14: 22
root root pts/0 Sep 1 14: 39 (192.168.1.101)
```

finger 命令常用的一些选项，如表 2-9 所示。

表 2-9 finger 命令选项

选项	说明
-l	以长格形式显示用户信息，是默认选项
-m	关闭以用户姓名查询账户的功能，如不选此选项，用户可以用一个用户的姓名来查询该用户的信息
-s	以短格形式查看用户的信息
-p	不显示 plan（plan 信息是用户主目录下的 plan 等文件）

用户自己可以使用 chfn 和 chsh 命令来修改 finger 命令显示的内容。chfn 命令可以修改用户的办公地址、办公电话和住宅电话等。chsh 命令用来修改用户的启动 Shell。用户在用 chfn 和 chsh 修改个人账户信息时会提示输入密码。例如：

```
[mlx@ CENTOS7~ ] $ chfn
Changing finger information for mlx.
Password:
Name [lixinma]: lixinma
Office []: network
Office Phone []: 123
Home Phone []: 456
Finger information changed.
```

用户可以直接输入 chsh 命令或使用-s 选项来指定要更改的启动 Shell。例如用户 mlx 想把自己的启动 Shell 从 bash 改为 tcsh。可以使用以下两种方法：

```
[mlx@ CENTOS7~ ] $ chsh
Changing shell for mlx.
Password:
New shell [/bin/bash]: /bin/tcsh
Shell changed.
或：
[mlx@ CENTOS7~ ] $ chsh -s/bin/tcsh
Changing shell for mlx.
```

7. whoami

whoami 命令用于显示当前用户的名称。whoami 与命令 id-un 作用相同。

```
[mlx@ CENTOS7~ ] $  whoami
mlx
```

8. su

su 命令用于转换当前用户到指定的用户账户，root 用户可以转换到任何用户而不需要输入该用户口令，普通用户转换为其他用户时需要输入用户口令。例如：

```
[root@ CENTOS7~ ] #  whoami
root
[root@ CENTOS7~ ] #  su mlx//root 用户转换为任何用户都不需要口令
[mlx@ CENTOS7/root] $  whoami
mlx
[mlx@ CENTOS7/root] $  su root//普通用户转换为任何用户都需要提供口令
Password:
[mlx@ CENTOS7/root] $  exit
//使用 exit 命令可以退回到上一次使用 su 命令时的用户 exit
[root@ CENTOS7~ ] #  whoami
root
```

su 命令不指定用户名时将从当前用户转换为 root 用户，但需要输入 root 用户的口令。

9. newgrp

newgrp 命令用于转换用户的当前组到指定的主组群，对于没有设置组群口令的组群账户，只有组群的成员才可以使用 newgrp 命令改变主组群身份到该组群。如果组群设置了口令，其他组群的用户只要拥有组群口令也可以改变主组群身份到该组群。应用实例如下：

```
[root@ CENTOS7~ ] #  id//显示当前用户的 gid
uid= 0 (root) gid= 0 (root) groups= 0 (root), 1 (bin), 2 (daemon), 3 (sys), 4 (adm), 6 (disk), 10 (wheel)
[root@ CENTOS7~ ] #  newgrp mlx//改变用户的主组群
[root@ CENTOS7~ ] #  id
uid= 0 (root) gid = 500 (mlx) groups = 0 (root), 1 (bin), 2 (daemon), 3 (sys), 4 (adm), 6 (disk), 10 (wheel)
```

```
[root@ CENTOS7~ ] # newgrp//newgrp 命令不指定组群时转换为用户的私有组
[root@ CENTOS7~ ] # id
uid= 0 (root) gid= 0 (root) groups= 0 (root), 1 (bin), 2 (daemon), 3 (sys), 4 (adm), 6 (disk), 10 (wheel)
```

使用 groups 命令可以列出指定用户的组群。例如：

```
[root@ CENTOS7~ ] # whoami
root
[root@ CENTOS7~ ] # groups
root bin daemon sys adm disk wheel
```

五、Linux 文件权限管理

在 Linux 中的每一个文件或目录都包含有访问权限，这些访问权限决定了谁能访问和如何访问这些文件和目录。

1. 文件和文件权限概述

文件是操作系统用来存储信息的基本结构，是一组信息的集合。文件通过文件名来惟一的标识。Linux 中的文件名称最长可允许 255 个字符，这些字符可用 A～Z、0～9、.、_、-等符号来表示。与其他操作系统相比，Linux 最大的不同点是没有“扩展名”的概念，也就是说文件的名称和该文件的种类并没有直接的关联，例如 smaple. txt 可能是一个运行文件，而 sample. exe 也有可能是文本文件，甚至可以不使用扩展名。另一个特性是 Linux 文件名区分大小写。例如 sample. txt、Sample. txt、SAMPLE. txt、samplE. txt 在 Linx 系统中代表不同的文件，但在 DOS 和 Linux 平台却是指同一个文件。在 Linux 中，如果文件名以“.”开始，表示该文件为隐藏文件需要使用“ls-a”命令才能显示。

通过设定权限可以从以下三种访问方式限制访问权限：只允许用户自己访问；允许一个预先指定的用户组中的用户访问；允许系统中的任何用户访问。同时，用户能够控制一个给定的文件或目录的访问程度。一个文件或目录可能有读、写及执行权限。当创建一个文件时，系统会自动地赋予文件所有者读和写的权限，这样可以允许所有者能够显示文件内容和修改文件。文件所有者可以将这些权限改变为任何他想指定的权限。一个文件也许只有读权限，禁止任何修改。文件也可能只有执行权限，允许它像程序一样执行。

三种不同的用户类型能够访问一个目录或者文件：所有者、用户组或其他用户。所有者是创建文件的用户，文件的所有者能够授予所在用户组的其他成员以及系统中除所属组之外的其他用户的文件访问权限。

每一个用户针对系统中的所有文件都有它自身的读、写和执行权限。第一套权限控制访问自己的文件权限，即所有者权限。第二套权限控制用户组访问其中一个用户的文件的权限。第三套权限控制其他所有用户访问一个用户的文件的权限，这三套权限赋予用户不同类型（即所有者、用户组和其他用户）的读、写及执行权限，就构成了一个有 9 种类型的权限组。

可以用 ls-l 或者 ll 命令显示文件的详细信息，其中包括权限。如下所示：

```
[root@ CENTOS7~ ] #  ll
total 84
drwxr-xr-x 2 root root 4096 Aug 9 15: 03 Desktop
-rw-r--r--1 root root 1421 Aug 9 14: 15 anaconda-ks. cfg
-rw-r--r--1 root root 830 Aug 9 14: 09 firstboot. 1186639760. 25
-rw-r--r--1 root root 45592 Aug 9 14: 15 install. log
-rw-r--r--1 root root 6107 Aug 9 14: 15 install. log. syslog
drwxr-xr-x 2 root root 4096 Sep 1 13: 54 webmin
```

在上面的显示结果中从第二行开始，每一行的第一个字符一般用来区分文件的类型，一般取值为 d，-，l，b，c，s，p。具体含义为：

- d：表示是一个目录，在 ext 文件系统中目录也是一种特殊的文件。
- -：表示该文件是一个普通的文件。
- l：表示该文件是一个符号链接文件，实际上它指向另一个文件。
- b、c：分别表示该文件为区块设备或其他的外围设备，是特殊类型的文件。
- s、p：这些文件关系到系统的数据结构和管道，通常很少见到。

下面详细介绍一下权限的种类和设置权限的方法。

2. 一般权限

在上面的显示结果中，每一行的第 2～10 个字符表示文件的访问权限。这 9 个字符每 3 个为一组，左边三个字符表示所有者权限，中间 3 个字符表示与所有者同一组的用户的权限，右边 3 个字符是其他用户的权限。

代表的意义如下：

- 字符 2、3、4 表示该文件所有者的权限，有时也简称为 u（user）的权限。
- 字符 5、6、7 表示该文件所有者所属组的组成员的权限。例如，此文件拥有者属于“user”组群，该组群中有 6 个成员，表示这 6 个成员都有此处指定的权限。简称为 g（group）的权限。
- 字符 8、9、10 表示该文件所有者所属组群以外的权限，简称为 o（other）的权限。这 9 个字符根据权限种类的不同，也分为 3 种类型：

- r（read，读取）：对文件而言，拥有读取文件内容的权限；对目录来说，拥有浏览目录的权限。
- w（write，写入）：对文件而言，拥有新增、修改文件内容的权限；对目录来说，拥有删除、移动目录内文件的权限。
- x（execute，执行）：对文件而言，拥有执行文件的权限；对目录来说该用户拥有进入目录的权限。
- -：表示不拥有该项权限。

下面举例说明：

brwxr-r-：该文件是块设备文件，文件所有者拥有读、写与执行的权限，其他用户则拥有读取的权限。

-rw-rw-r-x：该文件是普通文件，文件所有者与同组用户对文件拥有读写的权限，而其他用户仅拥有读取和执行的权限。

drwx-x-x：该文件是目录文件，目录所有者拥有读写与进入目录的权限，其他用户能进入该目录，却无法读取任何数据。

lrwxrwxrwx：该文件是符号链接文件，文件所有者、同组用户和其他用户对该文件都具有读、写和执行权限。

每个用户都拥有自己的主目录，通常在/home目录下，这些主目录的默认权限为rwx-：执行mkdir命令所创建的目录，其默认权限为rwxr-xr-x，用户可以根据需要修改目录的权限。

此外，默认的权限可用umask命令修改，用法非常简单，只需执行umask777命令，便代表屏蔽所有的权限，因而之后建立的文件或目录，其权限都变成000，依此类推。通常root帐号搭配umask命令的数值为022、027和077，普通用户则是采用002，这样所产生的默认权限依次为755、750、700、775。有关权限的数字表示法，后面将会详细说明。用户登录系统时，用户环境就会自动执行rmask命令来决定文件、目录的默认权限。

3. 特殊权限

其实文件与目录设置还有特殊权限。由于特殊权限会拥有一些“特权”，因而用户若无特殊需求，不应该启用这些权限，避免安全方面出现严重漏洞，造成黑客入侵，甚至摧毁系统。

s或S（SUID，SetUID）：可执行文件搭配这个权限，便能得到特权，任意存取该文件的所有者能使用的全部系统资源。请注意具备SUID权限的文件，黑客经常利用这种权限，以SUID配上root帐号拥有者，无声无息地在系统中开扇后门，供日后进出使用。

s或S（SGID，SetGID）：设置在文件上面，其效果与SUID相同，只不过将文件所有者换成用户组，该文件就可以任意存取整个用户组所能使用的系统资源。

T或T（Sticky）：/tmp和/var/tmp目录供所有用户暂时存取文件，亦即每位用户皆拥有完整的权限进入该目录，去浏览、删除和移动文件。

因为 SUID、SGID、Sticky 占用 x 的位置来表示，所以在表示上会有大小写之分。假如同时开启执行权限和 SUID、SGID、Sticky，则权限表示字符是小写的：

```
-rwsr-sr-t1 root root 4096 6 月 23 08：17 conf
```

如果关闭执行权限，则权限表示字符是大写的：

```
-rwSr-Sr-T 1 root root 4096 6 月 23 08：17 conf
```

4. 文件权限修改

在文件建立时系统会自动设置权限，如果这些默认权限无法满足需要，此时可以使用 chmod 命令来修改权限。通常在权限修改时可以用两种方式来表示权限类型：数字表示法和文字表示法。

chmod 命令的格式是：

```
chmod 选项文件
```

· 以数字表示法修改权限

所谓数字表示法是指将读取（r）、写入（w）和执行（x）分别以 4、2、1 来表示，没有授予的部分就表示为 0，再把所授予的权限相加而成。表 2-10 是几个示例。

表 2-10　以数字表示法修改权限的例子

原始权限	转换为数字	数字表示法
rwxrwxr-x	(421)　(421)　(401)	775
rwxr-xr-x	(421)　(401)　(401)	755
rw-rw-r--	(420)　(420)　(400)	664
rw-r--r--	(420)　(400)　(400)	644

例如为文件/mlx/file 设置权限：赋予拥有者和组群成员读取和写入的权限，而其他人只有读取权限。则应该将权限设为 rw-rw-r--，而该权限的数字表示法为 664，因此可以输入下面的命令来设置权限：

```
[root@ CENTOS7mlx] # chmod 664/mlx/file
[root@ CENTOS7mlx] # ll
```

```
total 0
-rw-rw-r--1 root root 0 Sep 1 16: 09 file
```

· 以文字表示法修改访问权限

使用权限的文字表示法时，系统用 4 种字母来表示不同的用户：

◆ u：user，表示所有者。

◆ g：group，表示属组。

◆ o：others，表示其它用户。

◆ a：all，表示以上三种用户。

操作权限使用下面三种字符的组合表示法：

◆ r：read，可读。

◆ w：write，写入。

◆ x：execute，执行。

操作符号包括：

◆ ＋：添加某种权限。

◆ －：减去某种权限。

◆ ＝：赋予给定权限并取消原来的权限。

以文字表示法修改文件权限时，上例中的权限设置命令应该为：

```
[root@ CENTOS7mlx] #  chmod u= rw, g= rw, o= r/mlx/file
```

修改目录权限和修改文件权限相同，都是使用 chmod 命令，但不同的是，要使用通配符“*”来表示目录中的所有文件。

例如，要同时将/mlx 目录中的所有文件权限设置为所有人都可读取及写入，应该使用下面的命令：

```
[root@ CENTOS7mlx] #  chmod a= rw/mlx/*
```

或者

```
[root@ CENTOS7mlx] #  chmod 666/mlx/*
```

如果目录中包含其他子目录，则必须使用“-R”（recursive）参数来同时设置所有文件及子目录的权限。

利用 chmod 命令也可以修改文件的特殊权限。

例如：要设置文件/mlx/file 文件的 SUID 权限的方法为：

```
[root@ CENTOS7mlx] #  chmod u+ s/mlx/file
[root@ CENTOS7mlx] #  ll
total 0
-rwSrw-r--1 root root 0 Sep 1 16: 09 file
```

特殊权限也可以采用数字表示法。SUID、SGID 和 sticky 权限分别为：4、2 和 1。使用 chmod 命令设置文件权限时，可以在普通权限的数字前面加上一位数字来表示特殊权限。

例如：

```
[root@ CENTOS7mlx] #  chmod 6664/mlx/file
[root@ CENTOS7mlx] #  ll
total 0
-rwSrwSr--1 root root 0 Sep 1 16: 09 file
```

5. 文件所有者与属组修改

要修改文件的所有者可以使用 chown 来设置。chown 命令格式如下所示：

```
chown 选项用户和属组文件列表
```

用户和属组可以是名称也可以是 UID 或 GID。多个文件之间用空格分隔。

例如：要把/mlx/file 文件的所有者修改为 test 用户，命令如下：

```
[root@ CENTOS7mlx] #  chown test/mlx/file
[root@ CENTOS7mlx] #  ll
total 0
-rw-rwSr--1 test root 0 Sep 1 16: 09 file
```

chown 命令可以同时修改文件的所有者和属组，用“:”分隔。例如将/mlx/file 文件的所有者和属组都改为 test 的命令如下所示：

```
[root@ CENTOS7mlx] #  chown test: test/mlx/file
```

如果只修改文件的属组可以使用下列命令：

```
[root@ CENTOS7mlx] #  chown: test/mlx/file
```

修改文件的属组也可以使用命令 chgrp。如下所示：

```
[root@ CENTOS7mlx] # chgrp test/mlx/file
```

任务三　使用磁盘管理工具管理磁盘

一、常见的磁盘管理工具

在 Linux 系统安装时，其中有一个步骤是进行磁盘分区。在分区时可以采用 Disk Druid、RAID 和 LVM 等方式进行分区。除此之外，在 Linux 系统中还有 fdisk、cfdisk、parted 等分区工具。

1. fdisk

fdisk 磁盘分区工具在 DOS、Linux 和 Linux 中都有相应的应用程序。在 Linux 系统中，fdisk 是基于菜单的命令。用 fdisk 对硬盘进行分区，可以在 fdisk 命令后面直接加上要分区的硬盘作为参数，例如，对第二块 SCSI 硬盘进行分区的操作如下所示：

```
[root@ CENTOS7~ ] # fdisk/dev/sdb
Command (m for help):
```

在 command 提示后面输入相应的命令来选择需要的操作，输入 m 命令是列出所有可用命令。表 2-11 所示是 fdisk 命令选项。

表 2-11　fdisk 命令选项

命令	功能	命令	功能
a	调整硬盘启动分区	q	不保存更改，退出 fdisk 命令
d	删除硬盘分区	t	更改分区类型
l	列出所有支持的分区类型	u	切换所显示的区分大小的单位
m	列出所有命令	w	把修改写入硬盘分区表，退出
n	创建新分区	x	列出高级选项
p	列出硬盘分区表		

下面以在/dev/sdb 硬盘上创建大小为 500M，文件系统类型为 ext3 的/dev/sdb1 主

分区为例，讲解 fdisk 命令的用法。

(1) 利用如下所示命令，打开 fdisk 操作菜单。

```
[root@ CENTOS7~ ] # fdisk/dev/sdb
Command (m for help):
```

(2) 输入 p，查看当前分区表。从命令执行结果可以看到，/dev/sdb 硬盘并无任何分区。

//利用 p 命令查看当前分区表

```
Command (m for help): p
Disk/dev/sdb: 1073 MB, 1073741824 bytes
255 heads, 63 sectors/track, 130 cylinders
Units= cylinders of 16065* 512= 8225280 bytes
Device Boot Start End Blocks Id System
Command (m for help):
```

以上显示了/dev/sdb 的参数和分区情况。/dev/sdb 大小为 1073MB，磁盘有 255 个磁头，130 个柱面，每个柱面有 63 个扇区。从第四行开始是分区情况，依次是分区名、是否为启动分区、起始柱面、终止柱面、分区的总块数、分区 ID、文件系统类型。/dev/sda1 分区是启动分区（带有 * 号）。起始柱面是 1，结束柱面为 12，分区大小是 96358 块（每块的大小是 1024 个字节，即总共有 100M 左右的空间）。每柱面的扇区数等于磁头数乘以每柱扇区数，每两个扇区为 1 块，因此分区的块数等于分区占用的总柱面数乘以磁头数，再乘以每柱面的扇区数后除以 2。例如：

```
/dev/sda2 的总块数= (终止柱面 44-起始柱面 13) * 255* 63/2= 257040。
[root@ CENTOS7~ ] # fdisk/dev/sda
Command (m for help): p
Disk/dev/sda: 6442 MB, 6442450944 bytes
255 heads, 63 sectors/track, 783 cylinders
Units= cylinders of 16065* 512= 8225280 bytes
Device Boot Start End Blocks Id System
/dev/sda1* 1 12 96358+ 83 Linux
/dev/sda2 13 44 257040 82Linuxswap
/dev/sda3 45 783 5936017+ 83 Linux
```

(3) 输入 n，创建一个新分区。输入 p，选择创建主分区（创建扩展分区输入 e，创建逻辑分区输入 l)；输入数字 1，创建第一个主分区（主分区和扩展分区可选数字为 1～4，逻辑分区的数字标识从 5 开始)；输入此分区的起始、结束扇区，以确定当前分区的大小。也可以使用＋sizeM 或者＋sizeK 的方式指定分区大小。上述操作如下：

```
Command (m for help): n//利用 n 命令创建新分区
Command action
e extended
p primary partition (1-4)
p//输入字符 p，以创建主磁盘分区。
Partition number (1-4): 1
First cylinder (1-130, default 1):
Using default value 1
Last cylinder or + size or + sizeM or + sizeK (1-130, default
130): + 500M
```

(4) 输入 l 可以查看已知的分区类型及其 id，其中列出 ext 的 id 为 83。输入 t，指定/dev/sdb1 的文件系统类型为 ext3。如下所示：

```
//设置/dev/sdb1 分区类型为 ext3
Command (m for help): t
Selected partition 1
Hex code (type L to list codes): 83
```

(5) 分区结束后，输入 w，把分区信息写入硬盘分区表并退出。

(6) 如果要删除磁盘分区，在 fdisk 菜单下输入 d，并选择相应的磁盘分区即可。删除后输入 w，保存退出。

```
//删除/dev/sdb1 分区，并保存退出
Command (m for help): d
Partition number (1-4): 1
Command (m for help): w
```

2. mkfs

硬盘分区后，下一步的工作就是文件系统的建立。类似于 Linux 下的格式化硬盘。在硬盘分区上建立文件系统会冲掉分区上的数据，而且不可恢复，因此在建立文

件系统之前要确认分区上的数据不再使用。建立文件系统的命令是 mkfs，格式如下：

```
mkfs [参数] 文件系统
```

mkfs 命令常用的参数选项：

-t：指定要创建的文件系统类型。

-c：建立文件系统前首先检查坏块。

-l file：从文件 file 中读磁盘坏块列表，file 文件一般是由磁盘坏块检查程序产生的。

-V：输出建立文件系统详细信息。

例如，在/dev/sdb1 上建立 ext3 类型的文件系统，建立时检查磁盘坏块并显示详细信息。如下所示：

```
[root@ CENTOS7~ ] #  mkfs-t ext3-V-c/dev/sdb1
```

在软盘上建立文件系统，一般采用以下步骤：

(1) 对软盘格式化。

```
[root@ CENTOS7~ ] #  fdformat-n/dev/fd0
```

(2) 使用 badblocks 命令检查软盘上的坏块，把坏块信息存储在文件 badblock-fd0 中。

```
[root@ CENTOS7~ ] # badblocks/dev/fd0 1440> badblock-fd0
```

(3) 用 mkfs 命令建立文件系统。

```
[root@ CENTOS7~ ] #  mkfs-t ext3-l badblock-fd0/dev/fd0
```

3. fsck

fsck 命令主要用于检查文件系统的正确性。并对 Linux 磁盘进行修复。fsck 命令的格式如下：

```
fsck [参数选项] 文件系统
```

fsck 命令常用的参数选项：

-t：给定文件系统类型，若在/etc/fstab 中已有定义或 kernel 本身已支持不需添加此项。

-s：一个一个地执行 fsck 命令进行检查。

-A：对/etc/fstab 中所有列出的分区进行检查。

-C：显示完整的检查进度。

-d：列出 fsck 的 debug 结果。

-P：在同时有-A 选项时，多个 fsck 的检查一起执行。

-a：如果检查中发现错误，则自动修复。

-r：如果检查有错误，询问是否修复。

例如，检查分区/dev/sdb1 上是否有错误，如果有错误自动修复。

```
[root@ CENTOS7~ ] #  fsck-a/dev/sdb1
fsck 1.35 (28-Feb-2004)
/dev/sdb1: clean, 11/26104 files, 8966/104388 blocks
```

4. dd

dd 命令用于将指定的输入文件拷贝到指定的输出文件上，并且在复制过程中可以进行格式转换。dd 命令与 cp 命令的区别在于：dd 命令可以在没有创建文件系统的软盘上进行，拷贝到软盘的数据实际上是镜像文件，类似于 DOS 中的 diskcopy 命令的作用。dd 命令的格式为：

dd [< if= 输入文件名/设备名>] [< of= 输出文件名/设备名>] [bs= 块字节大小] [count=块数]

下面通过几个例子讲解 dd 命令的使用方法。

(1) 把一张软盘中的内容复制到另一张软盘上，使用/data/fd0data 作为临时存储区。首先，把源盘插入驱动器，输入下列命令：

```
[root@ CENTOS7~ ] #  dd if= /dev/fd0 of= /data/fd0data
```

复制完成后，将源盘从驱动器中取出，插入目标盘，输入下列命令：

```
[root@ CENTOS7~ ] #  dd if= /data/fd0data of= /dev/fd0
```

软盘复制完成后，使用下列命令删除临时文件：

```
[root@ CENTOS7~ ] #  rm/data/fd0data
```

(2) 把 net. i 文件写入软盘，并设定读/写缓冲区的大小（软盘中原来的数据将被覆盖)。命令如下：

```
[root@ CENTOS7~ ] # dd if= net. i of= /dev/fd0 bs= 16384
```

(3) 把文件 file1 复制为文件 file2。

```
[root@ CENTOS7~ ] # dd if= file1 of= file2
```

(4) 建立和使用交换文件。

当系统的交换分区不能满足系统的要求而磁盘上又没有可用空间时，可以使用交换文件提供虚拟内存。

```
[root @ CENTOS7 ~ ] # dd if = /dev/null of = /swap bs = 1024 count
= 10240
```

上述命令操作的结果是在硬盘的根目录下建立了一个块大小为 1024 字节，块数为 10240 的名为 swap 的交换文件。该文件的大小为 1024×10240＝10MB。

建立/swap 交换文件后，使用 mkswap 命令说明该文件用于交换空间。

```
[root@ CENTOS7~ ] # mkswap/swap 10240
```

利用 swapon 命令可以激活交换空间，也可以利用 swapoff 命令卸载被激活的交换空间。

```
[root@ CENTOS7~ ] # swapon/swap
[root@ CENTOS7~ ] # swapoff/swap
```

5. df

df 命令用来查看文件系统的磁盘空间占用情况。可以利用该命令来获取硬盘被占用了多少空间，目前还有多少空间等信息，还可以利用该命令获得文件系统的挂载位置。df 命令格式如下：

```
df [参数选项]
```

df 命令的常见参数选项有：

-a：显示所有文件系统磁盘使用情况，包括 0 块的文件系统，如/proc 文件系统。

-k：以 K 为单位显示。

-i：显示 i 节点信息。

-t：显示各指定类型的文件系统的磁盘空间使用情况。

-x：列出不是某一指定类型文件系统的磁盘空间使用情况（与 t 选项相反）

-T：显示文件系统类型。

例如，列出各文件系统的占用情况：

```
[root@ CENTOS7~ ] # df
Filesystem 1K-blocks Used Available Use% Mounted on
/dev/sda3 5842664 2550216 2995648 46% /
/dev/sda1 93307 8564 79926 10% /boot
none 63104 0 63104 0% /dev/shm
```

列出各文件系统的 i 节点使用情况：

```
[root@ CENTOS7~ ] # df -ia
Filesystem Inodes IUsed IFree IUse% Mounted on
/dev/sda3 743360 130021 613339 18% /
none 0 0 0-/proc
usbfs 0 0 0-/proc/bus/usb
/dev/sda1 24096 34 24062 1% /boot
none 15776 1 15775 1% /dev/shm
nfsd 0 0 0-/proc/fs/nfsd
```

列出文件系统类型：

```
[root@ CENTOS7~ ] # df-T
Filesystem Type 1K-blocks Used Available Use% Mounted on
/dev/sda3 ext3 5842664 2550216 2995648 46% /
/dev/sda1 ext3 93307 8564 79926 10% /boot
none tmpfs 63104 0 63104 0% /dev/shm
```

6. du

du 命令用于显示磁盘空间的使用情况。该命令逐级显示指定目录的每一级子目录占用文件系统数据块的情况。du 命令语法如下：

```
du [参数选项] [name---]
```

du 命令的参数选项：

-s：对每个 name 参数只给出占用的数据块总数。

-a：递归显示指定目录中各文件及子目录中各文件占用的数据块数。

-b：以字节为单位列出磁盘空间使用情况（AS4.0 中默认以 KB 为单位）。

-k：以 1024 字节为单位列出磁盘空间使用情况。

-c：在统计后加上一个总计（系统默认设置）。

-l：计算所有文件大小，对硬链接文件重复计算。

-x：跳过在不同文件系统上的目录，不予统计。

例如，以字节为单位列出所有文件和目录的磁盘空间占用情况。命令如下所示：

```
[root@ CENTOS7~ ] #  du-ab
```

7. mount 与 umount

(1) mount

在磁盘上建立好文件系统之后，还需要把新建立的文件系统挂载到系统上才能使用。这个过程称为挂载，文件系统所挂载到的目录被称为挂载点（mount point)。Linux 系统中提供了/mnt 和/media 两个专门的挂载点。一般而言，挂载点应该是一个空目录，否则目录中原来的文件将被系统隐藏。通常将光盘和软盘挂载到/media/cdrom（或者/mnt/cdrom）和/media/floppy（或者/mnt/floppy）中，其对应的设备文件名分别为/dev/cdrom 和/dev/fd0。文件系统的挂载，可以在系统引导过程中自动挂载，也可以手动挂载，手动挂载文件系统的挂载命令是 mount。该命令的语法格式如下：

mount 选项设备挂载点

mount 命令的主要选项有：

-t：指定要挂载的文件系统的类型。

-r：如果不想修改要挂载的文件系统，可以使用该选项以只读方式挂载。

-w：以可写的方式挂载文件系统。

-a：挂载/etc/fstab 文件中记录的设备。

把文件系统类型为 ext3 的磁盘分区/dev/sda2 挂载到/media/sda2 目录下，可以使用命令：

```
[root@ CENTOS7~ ] #  mount-t ext3/dev/sda2/media/sda2
```

挂载光盘可以使用下列命令：

```
//挂载光盘
[root@ CENTOS7~ ] # mount-t iso9660/dev/cdrom/media/cdrom
```

或者使用下面的命令也可以完成光盘的挂载

```
[root@ CENTOS7~ ] # mount/media/cdrom
```

挂载软盘可以使用下列命令：

```
//挂载软盘
[root@ CENTOS7~ ] # mount-t vfat/dev/fd0/media/floppy
```

或者使用下面的命令也可以完成软盘的挂载

```
[root@ CENTOS7~ ] # mount/media/floppy
```

注意： 通常使用 mount/dev/cdrom 命令挂载光驱后，在/media 目录下为 cdrom 子目录。但如果使用的光驱是刻录机，此时/media 目录下为 cdrecorder 子目录而不是 cdrom 子目录。说明光驱是挂载到/media/cdrecorder 目录下。

(2) umount

文件系统可以被挂载也可以被卸载。卸载文件系统的命令是 umount。umount 命令的格式为：

```
umount 设备挂载点
```

例如，卸载光盘和软盘可以使用命令：

```
//卸载光盘
[root@ CENTOS7~ ] # umount/media/cdrom
//卸载软盘
[root@ CENTOS7~ ] # umount/media/floppy
```

注意： 光盘在没有卸载之前，无法从驱动器中弹出。正在使用的文件系统不能卸载。

8. 文件系统的自动挂载

如果要实现每次开机自动挂载文件系统，可以通过编辑/etc/fstab 文件来实现。在/etc/fstab 中列出了引导系统时需要挂载的文件系统以及文件系统的类型和挂载参数。系统在引导过程中会读取/etc/fstab 文件，并根据该文件的配置参数挂载相应的文件系统。以下是一个 fstab 文件的内容：

```
[root@ CENTOS7~ ] # cat/etc/fstab
# This file is edited by fstab-sync-see'man fstab-sync'for details
LABEL= // ext3 defaults 11
LABEL= /boot/boot ext3 defaults 12
none/dev/pts devpts gid= 5, mode= 620 0 0
none/dev/shm tmpfs defaults 0 0
none/proc proc defaults 0 0
none/sys sysfs defaults 0 0
LABEL= SWAP-sda2 swap swap defaults 0 0
/dev/sdb2/media/sdb2 ext3 rw, grpquota, usrquota 0 0
/dev/hdc/media/cdrom auto pamconsole, exec, noauto, managed 0 0
/dev/fd0/media/floppy auto pamconsole, exec, noauto, managed 0 0
```

/etc/fstab 文件的每一行代表一个文件系统，每一行又包含六列：fs _ spec fs _ file fs _ vfstype fs _ mntops fs _ freq fs _ passno

具体含义为：

fs _ spec：将要挂载的设备文件。

fs _ file：文件系统的挂载点。

fs _ vfstype：文件系统类型。

fs _ mntops：挂载选项，传递给 mount 命令时以决定如何挂载，各选项之间用逗号隔开。

fs _ freq：由 dump 程序决定文件系统是否需要备份，0 表示不备份，1 表示备份。

fs _ passno：由 fsck 程序决定引导时是否检查磁盘以及检查次序，取值可以为 0、1、2。

例如，如果实现每次开机自动将文件系统类型为 vfat 的分区/dev/sdb3 挂载到/media/sdb3 目录下，需要在/etc/fstab 文件中添加下面一行。重新启动计算机后，/dev/sdb3 就能自动挂载了。

/dev/sdb3/media/sdb3 vfat defaults 0 0

二、在 Linux 中设置软 RAID

RAID（redundant array of inexpensive disks），独立磁盘冗余阵列，用于将多个廉价的小型磁盘驱动器合并成一个磁盘阵列，以提高存储性能和容错功能。RAID 可分为软 RAID 和硬 RAID，软 RAID 是通过软件实现多块硬盘冗余的。而硬 RAID 一般是通过 RAID 卡来实现 RAID 的。前者配置简单，管理也比较灵活，对于中小企业来说不失为一种最佳选择。硬 RAID 在性能方面具有一定优势，但往往花费比较高。

RAID 作为高性能的存储系统，已经得到了越来越广泛的应用。RAID 的级别从 RAID 概念的提出到现在，已经发展了六个级别，分别是 0、1、2、3、4、5。但最常用的是 0、1、3、5 四个级别。

RAID0：将多个磁盘合并成一个大的磁盘，不具有冗余，并行 I/O，速度最快。RAID0 亦称为带区集。它是将多个磁盘并列起来，成为一个大硬盘。在存放数据时，其将数据按磁盘的个数进行分段，后同时将这些数据写进这些盘中。

在所有的级别中，RAID0 的速度是最快的。但是 RAID0 没有冗余功能，如果一个磁盘（物理）损坏，则所有的数据都无法使用。

RAID1：把磁盘阵列中的硬盘分成相同的两组，互为镜像，当任一磁盘介质出现故障时，可以利用其镜像上的数据恢复，从而提高系统的容错能力。对数据的操作仍采用分块后并行传输方式。所有 RAID1 不仅提高了读写速度，也加强系统的可靠性。但其缺点是硬盘的利用率低只有 50%。

RAID3：RAID3 存放数据的原理和 RAID0、RAID1 不同。RAID3 是以一个硬盘来存放数据的奇偶校验位，数据则分段存储于其余硬盘中。它像 RAID0 一样以并行的方式来存放数据，但速度没有 RAID0 快。如果数据盘（物理）损坏，只要将坏的硬盘换掉，RAID 控制系统会根据校验盘的数据校验位在新盘中重建坏盘上的数据。不过，如果校验盘（物理）损坏的话，则全部数据都无法使用。利用单独的校验盘来保护数据虽然没有镜像的安全性高，但是硬盘利用率得到了很大的提高，为 n-1。

RAID5：向阵列中的磁盘写数据，奇偶校验数据存放在阵列中的各个盘上，允许单个磁盘出错。RAID5 也是以数据的校验位来保证数据的安全，但它不是以单独硬盘来存放数据的校验位，而是将数据段的校验位交互存放于各个硬盘上。这样任何一个硬盘损坏，都可以根据其他硬盘上的校验位来重建损坏的数据。硬盘的利用率为 n-1。

Linux CentOS 7 提供了对软 RAID 技术的支持。在 Linux 系统中建立软 RAID 可以使用 mdadm 工具建立和管理 RAID 设备。

1. RAID 设备的创建与挂载

下面以四块硬盘/dev/sdb、/dev/sdc、/dev/sdd、/dev/sde 为例来讲解 RAID5 的创建方法。

（1）使用 fdisk 命令创建 4 个磁盘分区/dev/sdb1、/dev/sdc1、/dev/sdd1、/dev/sde1，并设置分区类型 id 为 fd（Linux raid autodetect）。分区结果如下所示。

```
[root@ CENTOS7~ ] #  fdisk-l
Disk/dev/sdb: 536 MB, 536870912 bytes
64 heads, 32 sectors/track, 512 cylinders
Units= cylinders of 2048* 512= 1048576 bytes
Device Boot Start End Blocks Id System
/dev/sdb1 1 512 524272 fdLinuxraid autodetect
```

```
Disk/dev/sdc: 536 MB, 536870912 bytes
64 heads, 32 sectors/track, 512 cylinders
Units= cylinders of 2048* 512= 1048576 bytes
Device Boot Start End Blocks Id System
/dev/sdc1 1 512 524272 fdLinuxraid autodetect
Disk/dev/sdd: 536 MB, 536870912 bytes
64 heads, 32 sectors/track, 512 cylinders
Units= cylinders of 2048* 512= 1048576 bytes
Device Boot Start End Blocks Id System
/dev/sdd1 1 512 524272 fdLinuxraid autodetect
Disk/dev/sde: 536 MB, 536870912 bytes
64 heads, 32 sectors/track, 512 cylinders
Units= cylinders of 2048* 512= 1048576 bytes
Device Boot Start End Blocks Id System
/dev/sde1 1 512 524272 fdLinuxraid autodetect
```

(2) 使用 mdadm 命令创建 RAID5。RAID 设备名称为/dev/mdX。其中 X 为设备编号，编号从 0 开始。

```
[root @ CENTOS7 ~ ] # mdadm--create/dev/md0--level = 5--raid-devices= 3--spare-devices= 1/dev/sd [b-e] 1
mdadm: array/dev/md0 started.
```

上述命令中指定 RAID 设备名为/dev/md0，级别为 5，使用 3 个设备建立 RAID，空余一个留做备用。

(3) 为新建立的/dev/md0 建立类型为 ext3 的文件系统。

```
[root@ CENTOS7~ ] mkfs-t ext3-c/dev/md0
```

(4) 查看建立的 RAID5 的具体情况。

```
[root@ CENTOS7~ ] mdadm-detail/dev/md0
/dev/md0:
Version: 00.90.01
Creation Time: Mon Oct 1 16: 23: 43 2007
Raid Level: raid5
```

```
Array Size: 1048320 (1023.75 MiB 1073.48 MB)
Device Size: 524160 (511.88 MiB 536.74 MB)
Raid Devices: 3
Total Devices: 4
Preferred Minor: 0
Persistence: Superblock is persistent
Update Time: Mon Oct 1 16: 25: 26 2007
State: clean
Active Devices: 3
Working Devices: 4
Failed Devices: 0
Spare Devices: 1
Layout: left-symmetric
Chunk Size: 64K
Number Major Minor RaidDevice State
0 8 17 0 active sync/dev/sdb1
1 8 33 1 active sync/dev/sdc1
2 8 49 2 active sync/dev/sdd1
3 8 65-1 spare/dev/sde1
UUID: 89b765ed: 48c01ab9: e4cffb5b: ce142051
Events: 0.10
```

(5) 将RAID设备/dev/md0挂载到指定的目录/media/md0中，并显示该设备中的内容。

```
[root @ CENTOS 7 ~ ] # mount/dev/md0/media/md0; ls/media/md0
lost+ found
```

2. RAID设备的数据恢复

如果RAID设备中的某个硬盘损坏，系统会自动停止这块硬盘的工作，让后备的那块硬盘代替损坏的硬盘继续工作。例如，假设/dev/sdc1损坏。更换损坏的RAID设备中成员的方法如下：

(1) 将损坏的RAID成员标记为失效。

```
[root@ CENTOS7~ ] # mdadm/dev/md0--fail/dev/sdc1
```

（2）移除失效的 RAID 成员。

```
[root@ CENTOS7~ ] # mdadm/dev/md0--remove/dev/sdc1
```

（3）更换硬盘设备，添加一个新的 RAID 成员。

```
[root@ CENTOS7~ ] # mdadm/dev/md0--add/dev/sde1
```

说明： mdadm 命令参数中凡是以“--”引出的参数选项，与“-”加单词首字母的方式等价。例如“--remove”等价于“-r”，“--add”等价于“-a”。当不再使用 RAID 设备时，可以使用命令“mdadm-S/dev/mdX”的方式停止 RAID 设备。

三、使用 LVM 逻辑卷管理器

LVM（logical volume manager）逻辑卷管理器，最早应用在 IBM AIX 系统上。它的主要作用是动态分配磁盘分区及调整磁盘分区大小，并且可以让多个分区或者物理硬盘作为一个逻辑卷（相当于一个逻辑硬盘）来使用。这种机制可以让磁盘分区容量划分变得很灵活。

例如，有一个硬盘/dev/hda，划分了 3 个主分区：/dev/hda1，/dev/hda2，/dev/hda3，分别对应的挂载点是/boot、/和/home，除此之外还有一部分磁盘空间没有划分。伴随着系统用户的增多，如果/home 分区空间不够了，怎么办？传统的方法是在未划分的空间中分割一个分区，挂载到/home 下，并且把 hda3 的内容复制到这个新分区上。或者把这个新分区挂载到另外的挂载点上，然后在/home 下创建链接，链接到这个新挂载点。但这两种方法都不大好，第一种方法浪费了/dev/hda3，并且如果后面的分区容量小于 hda3 怎么办？第二种方法需要每次都额外创建链接，比较麻烦。此时，利用 LVM 可以很好地解决这个问题。LVM 的好处在于可以动态调整逻辑卷（相当于一个逻辑分区）的容量大小。也就是说/dev/hda3 如果是一个 LVM 逻辑分区，比如/dev/rootvg/lv3，那么 lv3 可以被动态放大。这样就解决了动态容量调整的问题。当然，前提是系统已设定好 LVM 支持，并且需要动态缩放的挂载点对应的设备是逻辑卷。

1. LVM 的基本概念

- PV（physical volume）物理卷：物理卷处于 LVM 的最底层，可以是整个物理磁盘，也可以是硬盘中的分区。
- VG（volume group）卷组：可以看成单独的逻辑磁盘，建立在 PV 之上，是 PV 的组合。一个卷组中至少要包括一个 PV，在卷组建立之后可以动态的添加 PV 到卷组中。
- LV（logical volume）逻辑卷：相当于物理分区的/dev/hdaX。逻辑卷建立在卷组之上，卷组中的未分配空间可以用于建立新的逻辑卷，逻辑卷建立后可以动态地扩展或缩小空间。系统中的多个逻辑卷可以属于同一个卷组，也可以属于不同的多个卷组。

- PE（physical extent）物理区域：物理区域是物理卷中可用于分配的最小存储单元，物理区域的大小可根据实际情况在建立物理卷时指定。物理区域大小一旦确定将不能更改，同一卷组中的所有物理卷的物理区域大小需要一致。当多个PV组成一个VG时，LVM会在所有PV上做类似格式化的动作，将每个PV切成一块块的空间，这一块块的空间就称为PE，通常是4MB。
- LE（logical extent）逻辑区域：逻辑区域是逻辑卷中可用于分配的最小存储单元，逻辑区域的大小取决于逻辑卷所在卷组中的物理区域大小。LE的大小为PE的倍数（通常为1∶1）。

VGDA（volume group descriptor area）卷组描述区域：存在于每个物理卷中，用于描述该物理卷本身、物理卷所属卷组、卷组中的逻辑卷以及逻辑卷中物理区域的分配等所有的信息，卷组描述区域是在使用pvcreate命令建立物理卷时建立的。

LVM进行逻辑卷的管理时，创建顺序是pv→vg→lv。也就是说，首先创建一个物理卷（对应一个物理硬盘分区或者一个物理硬盘），然后把这些分区或者硬盘加入到一个卷组中（相当于一个逻辑上的大硬盘），再在这个大硬盘上划分分区LV（逻辑上的分区，就是逻辑卷），最后把LV逻辑卷格式化以后，就可以像使用一个传统分区那样，把它挂载到一个挂载点上，需要的时候这个逻辑卷可以被动态缩放。可以用一个长方形的蛋糕来说明这种对应关系。物理硬盘相当于一个长方形蛋糕，把它切割成许多块，每个小块相当于一个PV，然后把其中的某些PV重新放在一起，抹上奶油，那么这些PV的组合就是一个新的蛋糕，也就是VG。最后，切割这个新蛋糕VG，切出来的小蛋糕就叫做LV。

注意：/boot启动分区不可以是LVM。因为GRUB和LILO引导程序并不能识别LVM。

2. 物理卷、卷组和逻辑卷的建立

假设系统中新增加了一块硬盘/dev/sdb。以在/dev/sdb上创建为例介绍物理卷、卷组和逻辑卷的建立。物理卷可以建立在整个物理硬盘上，也可以建立在硬盘分区中，如在整个硬盘上建立物理卷则不要在该硬盘上建立任何分区，如使用硬盘分区建立物理卷则需事先对硬盘进行分区，并设置该分区为LVM类型，其类型ID为0x8e。

（1）建立LVM类型的分区

利用fdisk命令在/dev/sdb上建立LVM类型的分区，如下所示。

```
[root@ CENTOS7~ ] # fdisk/dev/sdb
```

//使用 n 子命令创建分区

```
Command (m for help): n
Command action
e extended
p primary partition (1-4)
```

p//创建主分区

```
Partition number (1-4): 1
First cylinder (1-130, default 1):
Using default value 1
Last cylinder or + size or + sizeM or + sizeK (1-30, default 30):
+ 100M
```

//查看当前分区设置

```
Command (m for help): p
Disk/dev/sdb: 1073 MB, 1073741824 bytes
255 heads, 63 sectors/track, 130 cylinders
Units= cylinders of 16065* 512= 8225280 bytes
Device Boot Start End Blocks Id System
/dev/sdb1 1 13 104391 83 Linux
/dev/sdb2 31 60 240975 83 Linux
```

//使用 t 命令修改分区类型

```
Command (m for help): t
Partition number (1-4): 1
Hex code (type L to list codes): 8e//设置分区类型为 LVM 类型
Changed system type of partition 1 to 8e (Linux LVM)
```

//使用 w 命令保存对分区的修改，并退出 fdisk 命令

```
Command (m for help): w
```

利用同样的方法创建 LVM 类型的分区/dev/sdb3 和/dev/sdb4。

（2）建立物理卷

利用 pvcreate 命令可以在已经创建好的分区上建立物理卷。物理卷直接建立在物理硬盘或者硬盘分区上，所以物理卷的设备文件使用系统中现有的磁盘分区设备文件的名称。

//使用 pvcreate 命令创建物理卷

```
[root@ CENTOS7~ ] # pvcreate/dev/sdb1
Physical volume “/dev/sdb1” successfully created
```

//使用 pvdisplay 命令显示指定物理卷的属性

```
[root@ CENTOS7~ ] # pvdisplay/dev/sdb1
```

使用同样的方法建立/dev/sdb3 和/dev/sdb4。

（3）建立卷组

在创建好物理卷后，使用 vgcreate 命令建立卷组。卷组设备文件使用/dev 目录下与卷组同名的目录表示，该卷组中的所有逻辑设备文件都将建立在该目录下，卷组目录是在使用 vgcreate 命令建立卷组时创建的。卷组中可以包含多个物理卷也可以只有一个物理卷。

//使用 vgcreate 命令创建卷组 vg0

```
[root@ CENTOS7~ ] # vgcreate vg0/dev/sdb1
Volume group “vg0” successfully created
//使用 vgdisplay 命令查看 vg0 信息
[root@ CENTOS7~ ] # vgdisplay vg0
```

其中 vg0 为要建立的卷组名称。这里的 PE 值使用默认的 4MB，如果需要增大可以使用-L 选项，但是一旦设定以后不可更改 PE 的值。使用同样的方法创建 vg1 和 vg2。

（4）建立逻辑卷

建立好卷组后，可以使用命令 lvcreate 在已有卷组上建立逻辑卷。逻辑卷设备文件位于其所在的卷组的卷组目录中，该文件是在使用 lvcreate 命令建立逻辑卷时创建的。

//使用 lvcreate 命令创建卷组

```
[root@ CENTOS7~ ] # lvcreate-L 20M-n lv0 vg0
```

```
Logical volume "lv0" created
```

//使用 lvdisplay 命令显示创建的 lv0 的信息

```
[root@ CENTOS7~ ] # lvdisplay/dev/vg0/lv0
```

其中-L 选项用于设置逻辑卷大小，-n 参数用于指定逻辑卷的名称和卷组的名称。

3. 管理 LVM 逻辑卷

（1）增加新的物理卷到卷组

当卷组中没有足够的空间分配给逻辑卷时，可以用给卷组增加物理卷的方法来增加卷组的空间。需要注意的是，下面的/dev/sdb2 必须为 LVM 类型，而且必须为 PV。

```
[root@ CENTOS7~ ] # vgextend vg0/dev/sdb2
Volume group "vg0" successfully extended
```

（2）逻辑卷容量的动态调整

当逻辑卷的空间不能满足要求时，可以利用 lvextend 命令把卷组中的空闲空间分配到该逻辑卷以扩展逻辑卷的容量。当逻辑卷的空闲空间太大时，可以使用 lvreduce 命令减少逻辑卷的容量。

//使用 lvextend 命令增加逻辑卷容量

```
[root@ CENTOS7~ ] # lvextend-L+ 10M/dev/vg0/lv0
Rounding up size to full physical extent 12.00 MB
Extending logical volume lv0 to 32.00 MB
Logical volume lv0 successfully resized
```

//使用 lvreduce 命令减少逻辑卷容量

```
[root@ CENTOS7~ ] # lvreduce-L-10M/dev/vg0/lv0
Rounding up size to full physical extent 8.00 MB
WARNING: Reducing active logical volume to 24.00 MB
THIS MAY DESTROY YOUR DATA (filesystem etc.)
Do you really want to reduce lv0 [y/n]: y
Reducing logical volume lv0 to 24.00 MB
Logical volume lv0 successfully resized
```

（3）删除逻辑卷→卷组→物理卷（必须按照先后顺序来执行删除）

//使用 lvremove 命令删除逻辑卷

```
[root@ CENTOS7~ ] #  lvremove/dev/vg0/lv0
Do you really want to remove active logical volume "lv0" [y/n]: y
Logical volume "lv0" successfully removed
```

//使用 vgremove 命令删除卷组

```
[root@ CENTOS7~ ] #  vgremove vg0
Volume group "vg0" successfully removed
```

//使用 pvremove 命令删除卷组

```
[root@ CENTOS7~ ] #  pvremove/dev/sdb1
Labels on physical volume "/dev/sdb1" successfully wiped
```

4. 物理卷、卷组和逻辑卷的检查

（1）物理卷的检查

```
[root@ CENTOS7~ ] #  pvscan
PV/dev/sdb4 VG vg2 lvm2 [624.00 MB/624.00 MB free]
PV/dev/sdb3 VG vg1 lvm2 [100.00 MB/88.00 MB free]
PV/dev/sdb1 VG vg0 lvm2 [232.00 MB/232.00 MB free]
PV/dev/sdb2 VG vg0 lvm2 [184.00 MB/184.00 MB free]
Total: 4 [1.11 GB] /in use: 4 [1.11 GB] /in no VG: 0 [0]
```

（2）卷组的检查

```
[root@ CENTOS7~ ] #  vgscan
Reading all physical volumes. This may take a while...
Found volume group "vg2" using metadata type lvm2
Found volume group "vg1" using metadata type lvm2
Found volume group "vg0" using metadata type lvm2
```

（3）逻辑卷的检查

```
[root@ CENTOS7~ ] #  lvscan
ACTIVE '/dev/vg1/lv3' [12.00 MB] inherit
ACTIVE '/dev/vg0/lv0' [24.00 MB] inherit
（略）
```

三、管理磁盘配额

Linux 是一个多用户的操作系统，为了防止某个用户或组群占用过多的磁盘空间，可以通过磁盘配额（disk quota）功能限制用户和组群对磁盘空间的使用。在 Linux 中可以通过索引节点数和磁盘块区数来限制用户和组群对磁盘空间的使用。

- 限制用户和组的索引节点数（inode）是指限制用户和组可以创建的文件数量。
- 限制用户和组的磁盘块区数（block）是指限制用户和组可以使用的磁盘容量。

设置系统的磁盘配额大体可以分为 4 个步骤：

（1）启动系统的磁盘配额（quota）功能。

（2）创建 quota 配额文件。

（3）设置用户和组群的磁盘配额。

（4）启动磁盘限额功能。

下面以在/dev/sdb2 分区上启用磁盘配额功能为例讲解磁盘配额的具体配置。

1. 启动系统的磁盘配额（quota）功能

（1）确保已经安装了 quota 软件包，在 Linux CentOS 7 中该软件已为默认安装。可以利用下面的命令检测 quota 软件包的安装情况：

```
[root@ CENTOS7~ ] #  rpm-q quota
```

（2）编辑/etc/fstab 文件，启动文件系统的配额功能。为了启用用户的磁盘配额功能需要在/etc/fstab 文件中加入 usrquota 项，为了启用组的磁盘配额功能需要在/etc/fstab 文件中加入 grpquota 项。如下所示：

```
/dev/sdb2/media/sdb2 ext3 defaults, usrquota, grpquota 0 0
```

（3）重新启动系统，或者利用下面的命令重新挂载增加了磁盘配额功能的文件系统，使之生效。

```
[root@ CENTOS7~ ] #  mount-o remount/media/sdb2
```

2. 创建 quota 配额文件

运行 quotacheck 命令生成磁盘配额文件 aquota. user（设置用户的磁盘配额）和 aquota. group（设置组的磁盘配额）。命令如下所示：

```
[root@ CENTOS7~ ] # quotacheck-cvug/dev/sdb2
quotacheck: Scanning/dev/sdb2 [/media/sdb2] done
quotacheck: Checked 6 directories and 4 files
```

quotacheck 命令用于检查磁盘的使用空间和限制，生成磁盘配额文件。-c 选项用来生成配额文件，-v 选项用于显示详细的执行过程，-u 选项用于检查用户的磁盘配额，-g 选项用于检查组的磁盘配额。

注意：在已经启用了磁盘配额功能或者已挂载的文件系统中运行 quotacheck 命令可能会遇到问题，可以使用-f、-m 等选项强制执行。

3. 设置用户和组群的磁盘配额

对用户和组群的磁盘配额限制分为两种：

- 软限制（soft limit）：用户和组在文件系统上可以使用的磁盘空间和文件数。当超过软限制之后，在一定期限内用户仍可以继续存储文件，但系统会对用户作出提醒，建议用户清理文件，释放空间。超过限制期限后用户就不能再存储文件了。
- Linux CentOS 7 中默认的期限是 7 天。soft limit 的取值如果为 0，表示不受限制。
- 硬限制（hard limit）：用户和组可以使用的最大磁盘空间或最多的文件数，超过之后用户和组将无法再在相应的文件系统上存储文件。hard limit 的取值如果为 0，也表示不受限制。

注意：软限制的数值应该小于硬限制的数值。另外磁盘配额功能对于 root 用户无效。设置用户和组的磁盘配额可以使用命令 edquota：

- 设置用户的磁盘配额功能的命令是：edquota-u 用户名。
- 设置组的磁盘配额功能的命令是：edquota-g 组名。

例如，设置用户 user1 的磁盘配额功能，可以使用命令：

[root@CENTOS7～] # edquota-u user1

edquota 会自动调用 Vi 编辑器来设置磁盘配额项。

如果需要对多个用户进行设置，可以重复上面的操作。如果每个用户的设置都相同，可以使用下面的命令把参考用户的设置复制给待设置用户。

例如，要给用户 user2 设置和 user1 一样的磁盘配额，可以使用命令：

```
[root@ CENTOS7~ ] # edquota-p user1 user2
```

对组的设置和用户的设置相似，例如设置组 group1 的磁盘配额，可以使用命令：

```
[root@ CENTOS7~ ] # edquota-g group1
```

要给组 group2 设置和 group1 一样的磁盘配额，可以使用命令：

```
[root@ CENTOS7~ ] # edquota-gp group1 group2
```

4. 启动与关闭磁盘配额功能

在设置好用户及组群的磁盘配额后，磁盘配额功能还不能产生作用，此时必须使用 quotaon 命令来启动磁盘配额功能。如果要关闭该功能则使用 quotaoff 命令。下面是启动及关闭 quota 配额功能的示例：

```
[root@ CENTOS7~ ] # quotaon-avug
/dev/sdb2 [/media/sdb2]: group quotas turned on
/dev/sdb2 [/media/sdb2]: user quotas turned on
[root@ CENTOS7~ ] # quotaoff-avug
/dev/sdb2 [/media/sdb2]: group quotas turned off
/dev/sdb2 [/media/sdb2]: user quotas turned off
```

5. 检查磁盘配额的使用情况

磁盘配额设置生效之后，如果要查看某个用户的磁盘配额及其使用情况可以使用 quota 命令。查看指定用户的磁盘配额使用命令“quota-u 用户名”，查看指定组的磁盘配额使用命令“quota-g 组名称。”对于普通用户而言可以直接利用 quota 命令查看自己的磁盘配额使用情况。利用 quota 命令的-a 选项可以列出系统中所有用户的磁盘配额信息。

另外，系统管理员可以利用 repquota 命令生成完整的磁盘空间使用报告。例如，如下所示的命令 repquota/dev/sdb2 可以生成磁盘分区/dev/sdb2 上的磁盘使用报告。

```
[root@ CENTOS7~ ] # repquota/dev/sdb2
* * * Report for user quotas on device/dev/sdb2
Block grace time: 7days; Inode grace time: 7days
Block limits File limits
```

```
User used soft hard grace used soft hard grace
----------------------------------------------------------------------
root--6353 0 0 11 0 0
jw--1 2000 4000 1 2000 3000
```

其中，用户名“--”分别用于判断该用户是否超出磁盘空间限制及索引节点数目限制。当磁盘空间及索引节点数的软限制超出时，相应的“-”就会变为“+”。最后的grace列通常是空的，如果某个软限制超出，则这一列会显示警告时间的剩余时间。要查看所有启用了磁盘配额的文件系统的磁盘使用情况，可以使用命令“repquota-a”。

项目练习

1. 哪个目录存放用户密码信息？(　　)

A. /etc　　B. /var　　C. /dev　　D. /boot

2. 请选出创建用户ID是200，组ID是1000，用户主目录为/home/user01的正确命令是(　　)。

A. useradd-u：200-g：1000-h：/home/user01 user01

B. useradd-u=200-g=1000-d=/home/user01 user01

C. useradd-u 200-g 1000-d/home/user01 user01

D. useradd-u 200-g 1000-h/home/user01 user01

3. 用户登录系统后首先进入下列哪个目录？(　　)

A. /home　　B. /root 的主目录

C. /usr　　D. 用户自己的主目录

4. 在使用shadow口令的系统中，/etc/passwd和/etc/shadow两个文件的权限正确的是(　　)。

A. -rw-r----- ，-r--------　　B. -rw-r--r-- ，-r--r--r--

C. -rw-r--r-- ，-r--------　　D. -rw-r--rw- ，-r-----r—

5. 下面哪个参数可以删除一个用户并同时删除用户的主目录？(　　)

A. rmuser-r　　B. deluser-r　　C. userdel-r　　D. usermgr-r

6. 系统管理员应该采用哪些安全措施(　　)?

A. 把root密码告诉每一位用户

B. 设置telnet服务提供远程系统维护

C. 经常检测账户数量、内存信息和磁盘信息

D. 当员工辞职后，立即删除该用户账户

7. 在/etc/group中有一行shudents:? 600：z3，14，w5 有多少用户在student组里？(　　)

A. 3　　B. 4

C. 5　　　　D. 不知道

8. 下列的哪些命令可以用来检测用户 lisa 的信息？（　　）

A. finger lisa　　　　B. grep lisa/etc/passwd

C. find lisa/etc/passwd　　　　D. who lisa

9. 假定 kernel 支持 vfat 分区，下面哪一个操作是将/dev/hda1，一个 Linux 分区加载到/win 目录？（　　）

A. mount-tLinux/win/dev/hda1　　　　B. mount-fs＝msdos/dev/hda1/win

C. mount-s win/dev/hda1/win　　　　D. mount-t vfat/dev/hda1/win

10. 请选择关于/etc/fstab 的正确描述。（　　）

A. 启动系统后，由系统自动产生

B. 用于管理文件系统信息。

C. 用于设置命名规则，是否可以用 TAB 来命名一个文件。

D. 保存硬件信息。

11. 存放 Linux 基本命令的目录是什么？（　　）

A. /bin　　　　B. /tmp

C. /lib　　　　D. /root

12. 对于普通用户创建的新目录，哪个是缺省的访问权限？（　　）

A. rwxr-xr-x　　　　B. rw-rwxrw-

C. rwxrw-rw-　　　　D. rwxrwxrw-

13. 如果当前目录是/home/sea/china，那么“china”的父目录是哪个目录？（　　）。

A. /home/sea　　　　B. /home/

C. /　　　　D. /sea

14. 系统中有用户 user1 和 user2，同属于 users 组。在 user1 用户目录下有一文件 file1，它拥有 644 的权限，如果 user2 想修改 user1 用户目录下的 file1 文件，应拥有（　　）权限？

A. 744　　　　B. 664

C. 646　　　　D. 746

15. 在一个新分区上建立文件系统应该使用命令（　　）。

A. fdisk　　　　B. makefs

C. mkfs　　　　D. format

16. 用 ls-al 命令列出下面的文件列表，哪一个文件是符号连接文件？（　　）

A. -rw------- 2 hel-s users 56 Sep 09 11：05 hello

B. -rw------- 2 hel-s users 56 Sep 09 11：05 goodbey

C. drwx----- 1 hel users 1024 Sep 10 08：10 zhang

D. lrwx----- 1 hel users 2024 Sep 12 08：12 cheng

17. Linux 文件系统目录结构是一棵倒挂的树，文件都按其作用分门别类地放在相关目录中。现有一个外部设备文件，我们应该将其放在（　　）目录中。

A. /bin　　B. /etc

C. /dev　　D. lib

18. 如果 umask 设置为 022，缺省的创建的文件的权限为（　　）。

A. ----w--w-　　B. -rwxr-xr-x

C. r-xr-x---　　D. rw-r--r—

项目三　配置 Linux 系统基础网络

项目描述

Linux 主机要与网络中其他主机进行通信，首先要进行正确的网络配置。网络配置通常包括主机名、IP 地址、子网掩码、默认网关、DNS 服务器等。

能力目标

- 常见网络配置文件
- 常用的网络配置与调试工具
- Linux 启动过程和运行级别
- 守护进程和 xinetd

相关知识

常见网络配置文件

Linux 主机要与网络中其他主机进行通信，首先要进行正确的网络配置。网络配置通常包括主机名、IP 地址、子网掩码、默认网关、DNS 服务器等。

在 Linux 中，TCP/IP 网络的配置信息是分别存储在不同的配置文件中的。相关的配置文件有/etc/sysconfig/network、网卡配置文件、/etc/hosts、/etc/resolv. conf 以及/etc/host. conf 等文件。下面分别介绍这些配置文件的作用和配置方法。

一、/etc/sysconfig/nework

/etc/sysconfig/nework 文件主要用于设置基本的网络配置，包括主机名称、网关等。文件中的内容如下所示：

```
[root@ CENTOS7~ ] #  cat/etc/sysconfig/network
```

```
NETWORKING= yes
HOSTNAME= CENTOS 7
GATEWAY= 192.168.1.254
```

其中：

- NETWORKING：用于设置 Linux 网络是否运行，取值为 yes 或者 no。
- HOSTNAME：用于设置主机名称。
- GATEWAY：用于设置网关的 IP 地址。

除此之外，在这个配置文件中常见的还有：

- GATEWAYDEV：用来设置连接网关的网络设备。
- DOMAINNAME：用于设置本机域名。
- NISDOMAIN：在有 NIS 系统的网络中，用来设置 NIS 域名。

对于/etc/sysconfig/network 配置文件进行修改之后，应该重启网络服务或者注销系统以使配置文件生效。

二、/etc/sysconfig/nework-scripts/ifcfg-ethN

网卡设备名、IP 地址、子网掩码、网关等配置信息都保存在网卡配置文件中。一块网卡对应一个配置文件，配置文件位于目录“/etc/sysconfig/network-scripts”中，文件名以“ifcfg-”开始后跟网卡类型（通常使用的以太网卡用“eth”表示）加网卡的序号（从“0”开始）。

系统中以太网卡的配置文件名为“ifcfg-ethN”，其中“N”为从“0”开始的数字，如第一块以太网卡的配置文件名为 ifcfg-eth0，第二块以太网卡的配置文件名为 ifcfg-eth1，其他的以此类推。

Linux 支持在一块物理网卡上绑定多个 IP 地址，需要建立多个网卡配置文件，其文件名形式为“ifcfg-ethN：M”，其中“N”和“M”均为从 0 开始的数字，代表相应的序号。

如第 1 块以太网卡上的第 1 个虚拟网卡（设备名为：eth0：0）的配置文件名为“ifcfg-eth0：0”，第 1 块以太网卡上的第 2 个虚拟网卡（设备名为：eth0：1）的配置文件名为“ifcfg-eth0：1”。

Linux 最多支持 255 个 IP 别名，对应的配置文件可通过复制 ifcfg-eth0 配置文件，并修改其配置内容来获得。

所有的网卡 IP 配置文件都有如下的类似格式，配置文件中每行进行一项内容设置，左边为项目名称，右边为项目设置值，中间以“＝”分隔。

```
[root@CENTOS 7 ~]# cat/etc/sysconfig/network-scripts/ifcfg-eth0
```

```
DEVICE= eth0
BOOTPROTO= static
BROADCAST= 192.168.1.255
HWADDR= 00: 0C: 29: FA: AD: 85
IPADDR= 192.168.1.2
NETMASK= 255.255.255.0
NETWORK= 192.168.1.0
GATEWAY= 192.168.1.254
ONBOOT= yes
TYPE= Ethernet
```

上述配置文件中各项的具体含义为：

· DEVICE：表示当前网卡设备的设备名称。
· BOOTPROTO：获取 IP 设置的方式，取值为 static、bootp 或 dhcp。
· BROADCAST：广播地址。
· HWADDR：该网络设备的 MAC 地址。
· IPADDR：该网络设备的 IP 地址。
· NETMASK：该网络设备的子网掩码。
· NETWORK：该网络设备所处网络的网络地址。
· GATEWAY：网卡的网关地址。
· ONBOOT：设置系统启动时是否启动该设备，取值为 yes 或 no。
· TYPE：该网络设备的类型。

例如，为上述 eth0 网卡再绑定一个 IP 地址 192.168.1.3，则绑定方法为：

```
[root@ CENTOS 7~ ] # cd/etc/sysconfig/network-scripts/; cp ifcfg-eth0 ifcfg-eth0: 1; vi ifcfg-eth0: 1
DEVICE= eth0: 1//此处应修改设备名称为 eth0: 1
BOOTPROTO= static
BROADCAST= 192.168.1.255
HWADDR= 00: 0C: 29: FA: AD: 85
IPADDR= 192.168.1.3//此处设置为指定的 IP 地址
NETMASK= 255.255.255.0
GATEWAY= 192.168.1.254
ONBOOT= yes
TYPE= Ethernet
```

三、/etc/hosts

/etc/hosts 文件是早期实现静态域名解析的一种方法，该文件中存储 IP 地址和主机名的静态映射关系。用于本地名称解析，是 DNS 的前身。利用该文件进行名称解析时，系统会直接读取该文件中的 IP 地址和主机名的对应记录。文件中以“#”开始的行是注释行，其余各行，每行一条记录，IP 地址在左，主机名在右，主机名部分可以设置主机名和主机全域名。该文件的默认内容如下所示：

```
[root@ CENTOS7etc] # cat/etc/hosts
# Do not remove the following line, or various programs
# that require network functionality will fail.
127.0.0.1 jnrp-mlx localhost.localdomain localhost
```

例如，要实现主机名称 CENTOS 7 和 IP 地址 192.168.1.2 的映射关系，则只需在该文件中添加如下一行即可。

```
192.168.1.2CENTOS 7
```

四、/etc/resolv.conf

/etc/resolv.conf 文件是 DNS 客户端用于指定系统所用的 DNS 服务器的 IP 地址。在该文件中除了可以指定 DNS 服务器外，还可以设置当前主机所在的域以及 DNS 搜寻路径等。

```
[root@ CENTOS7etc] # cat/etc/resolv.conf
nameserver 192.168.0.5
nameserver 192.168.0.9
nameserver 192.168.0.1
search jw.com
domain jw.com
```

- nameserver：设置 DNS 服务器的 IP 地址。可以设置多个名称服务器，客户端在进行域名解析时会按顺序使用。
- search：设置 DNS 搜寻路径，即在进行不完全域名解析时，默认的附加域名后缀。
- domain：设置计算机的本地域名。

五、/etc/host. conf

- /etc/host. conf 文件用来指定如何进行域名解析。该文件的内容通常包含以下几行：
- order：设置主机名解析的可用方法及顺序。可用方法包括 hosts（利用/etc/hosts 文件进行解析）、bind（利用 DNS 服务器解析）、NIS（利用网络信息服务器解析）。
- multi：设置是否从/etc/hosts 文件中返回主机的多个 IP 地址，取值为 on 或者 off。
- nospoof：取值为 on 或者 off。当设置为 on 时系统会启用对主机名的欺骗保护以提高 rlogin、rsh 等程序的安全性。

下面是一个/etc/host. conf 文件的实例：

```
[root@ CENTOS 7etc] # cat/etc/host. conf
order hosts, bind
```

上述文件内容设置主机名称解析的顺序为：先利用/etc/hosts 进行静态名称解析再利用 DNS 服务器进行动态域名解析。

六、/etc/services

/etc/services 文件用于保存各种网络服务名称与该网络服务所使用的协议及默认端口号的映射关系。该文件内容较多，以下是该文件的部分内容：

```
s sh22/tcp#  SSH Remote Login Protocol
ssh 22/udp #  SSH Remote Login Protocol
telnet 23/tcp
telnet 23/udp
```

项目实施

任务一　使用常用网络配置命令

对于 Linux 进行网络设置除了可以修改前面提到的各种配置文件之外，也可以用相关的网络配置命令进行设置。下面介绍几种常见的网络配置命令。

1. hostname

在网络中的每一台主机都应该有一个主机名称，用于唯一标识一台主机。hostname 命令用于显示或者临时设置当前主机名称。例如，要显示当前系统的主机名称可以直接使用 hostname 命令回车即可。如下所示：

```
[root@ CENTOS7etc] # hostname
CENTOS 7
```

若要临时设置主机名称为 network，命令为：

```
[root@ CENTOS7etc] # hostname network
```

注意：利用 hostname 命令修改的主机名称只是临时有效，该命令不会将修改结果存入 /etc/sysconfig/network 配置文件中。若要永久修改主机名称应通过修改配置文件来实现。

2. ifconfig

利用 ifconfig 命令可以查看系统网络接口状况，也可以对网络接口的设置进行修改。不加任何选项使用 ifconfig 命令，可以列出当前系统中所有已经启动了的网络接口。例如：

```
[root@ CENTOS7etc] # ifconfig
eth0 Link encap: Ethernet HWaddr 00: 0C: 29: FA: AD: 85
inet addr: 192.168.1.2 Bcast: 192.168.1.255 Mask: 255.255.255.0
inet6 addr: fe80:: 20c: 29ff: fefa: ad85/64 Scope: Link
UP BROADCAST RUNNING MULTICAST MTU: 1500 Metric: 1
RX packets: 39713 errors: 0 dropped: 0 overruns: 0 frame: 0
TX packets: 7210 errors: 0 dropped: 0 overruns: 0 carrier: 0
collisions: 0 txqueuelen: 1000
RX bytes: 2618901 (2.4 MiB) TX bytes: 708317 (691.7 KiB)
Interrupt: 10 Base address: 0x1400
lo Link encap: Local Loopback
inet addr: 127.0.0.1 Mask: 255.0.0.0
inet6 addr::: 1/128 Scope: Host
UP LOOPBACK RUNNING MTU: 16436 Metric: 1
RX packets: 374 errors: 0 dropped: 0 overruns: 0 frame: 0
TX packets: 374 errors: 0 dropped: 0 overruns: 0 carrier: 0
collisions: 0 txqueuelen: 0
```

```
RX bytes: 39838 (38.9 KiB) TX bytes: 39838 (38.9 KiB)
```

可以看出，系统中启动了两个网络接口 eth0 和 lo。其中各网络接口包含的信息如下：

- Linkencap：描述接口类型。
- HWaddr：设置网卡 MAC 地址。
- Inet addr：此接口对应的 IP 地址。
- Bcast：广播地址。
- Mask：子网掩码。
- MTU：最大传输单元，表示此接口所能传输的最大帧数。
- Meric：此接口的跃点数。
- TX packets：传出的数据包数，错误数、遗失数和溢流数。
- RX packets：接收的数据包数，错误数、遗失数和溢流数。

ifconfig 命令加上-a 参数可以显示所有的网络接口，包括启动的和未启动的。也可以利用“ifconfig 指定的网络接口”命令，查看某一个网络接口的状况。

ifconfig 命令还可以用来启动和停止网络接口。如果要启动某个网络接口用 up，关闭某个网络接口用 down。例如，启动和关闭 eth0 接口的命令如下：

```
[root@ CENTOS 7~ ] # ifconfig eth0 down
[root@ CENTOS7~ ] # ifconfig eth0 up
```

要为网络接口 eth0 设置 IP 地址为 192.168.1.3 和 192.168.1.4，广播地址为 192.168.1.255，子网掩码为 255.255.255.0。可使用命令：

```
[root @ CENTOS7etc] # ifconfig eth0 192.168.1.3 broadcast 192.168.1.255 netmask 255.255.255.0
[root @ CENTOS7etc] # ifconfig eth0: 1 192.168.1.4 broadcast 192.168.1.255 netmask 255.255.255.0
```

3. ifup 与 ifdown

ifup 命令用于激活不活动的网络接口设备，ifdown 用于停止指定的网络接口设备。例如要停止 eth0 和激活 eth0 的命令分别为：

```
[root@ CENTOS7etc] # ifdown eth0
[root@ CENTOS7etc] # ifup eth0
```

4. service

/etc/service 是一个脚本文件，利用 service 命令可以检查指定的网络服务状态，启动、停止或者重新启动指定的网络服务。/etc/service 通过检查/etc/init. d 目录中的一系列脚本文件来识别服务名称，否则会显示该服务未被认可。service 命令的语法格式如下：

```
service 服务名 start/stop/status/restart/reload
```

例如，要重新启动 network 服务，则命令及运行结果如下所示：

[root@CENTOS7etc] # service network restart

注意：利用 service 命令中的"服务名"只能是独立守护进程不能是被动守护进程（相关内容见后面内容）。

5. route

在 Linux 系统中可以利用 route 命令查看本机路由表，添加、删除路由条目，设置默认网关等。

（1）查看本机路由表信息：

```
[root@ CENTOS7~ ] # route
Kernel IP routing table
Destination Gateway Genmask Flags Metric Ref Use Iface
192.168.1.0* 255.255.255.0 U 0 0 0 eth0
169.254.0.0* 255.255.0.0 U 0 0 0 eth0
default 192.168.1.254 0.0.0.0 UG 0 0 0 eth0
```

上面输出路由表中，各项信息的含义如下：

- Destination：目标网络 IP 地址，可以是一个网络地址也可以是一个主机地址。
- Gateway：网关地址，即该路由条目中下一跳的路由器 IP 地址。
- Genmask：路由项的子网掩码，与 Destination 信息进行"与"运算得出目标地址。
- Flags：路由标志。其中 U 表示路由项是活动的，H 表示目标是单个主机，G 表示使用网关，R 表示对动态路由进行复位，D 表示路由项是动态安装的，M 表示动态修改路由，! 表示拒绝路由。
- Metric：路由开销值，用以衡量路径的代价。
- Ref：依赖于本路由的其他路由条目。
- Use：该路由项被使用的次数。
- Iface：该路由项发送数据包使用的网络接口。

(2) 添加/删除路由条目

在路由表中添加路由条目，其命令语法格式为：

routeadd-net/host 网络/主机地址 netmask 子网掩码 [dev 网络设备名] [gw 网关]

在路由表中删除路由条目，其命令语法格式为：

```
r oute del-net/host 网络/主机地址 netmask
```

下面是几个配置实例：

//添加到达目标网络 192.168.2.0/24 的网络路由，经由 eth1 网络接口，并由路由器 192.168.2.254 转发

```
[root@ CENTOS7~ ] #  route add-net 192.168.2.0 netmask 255.255.255.0 gw 192.168.2.254 dev eth1
```

//添加到达 192.168.2.10 的主机路由，经由 eth1 网络接口，并由路由器 192.168.2.254 转发

```
[root @ CENTOS7 ~ ] #  route add-host 192.168.2.10 netmask 255.255.255.255 gw 192.168.2.254 dev eth1
```

//删除到达目标网络 192.168.2.0/24 的路由条目

```
[root@ CENTOS7~ ] #  route del-net 192.168.2.0 netmask 255.255.255.0
```

//删除到达主机 192.168.2.10 的路由条目

```
[root@ CENTOS7~ ] #  route del-host 192.168.2.10 netmask 255.255.255.255
```

注意：如果添加/删除的是主机路由，其子网掩码应该为 255.255.255.255。

(3) 添加/删除默认网关

例如，若要设置网络接口 eth0 的默认网关 IP 地址为 192.168.1.1，则命令为：

```
[root@ CENTOS7~ ] #  route add default gw 192.168.1.1 dev eth0
```

若要删除默认网关 192.168.1.1，则命令为：

```
[root@ CENTOS7~ ] # route del default gw 192.168.1.1
```

6. netconfig

使用 netconfig 命令可以设置网络接口 IP 地址的获得方式（是静态配置还是动态获得)、IP 地址、子网掩码、网关、DNS 服务器 IP 地址等。管理员可以直接输入 netconfig 命令它回车，即可打开配置界面。在配置界面中按 TAB 键在各配置项之间切换，配置完成后按“确定”键退出。配置界面如图 3-1 所示。

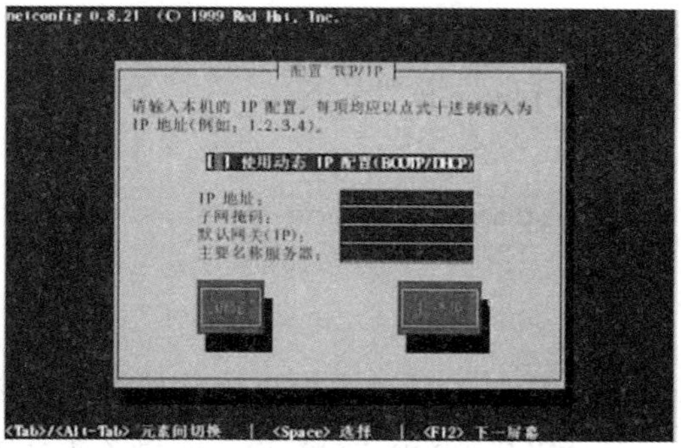

图 3-1　netconfig 命令配置界面

注意：使用 netconfig 命令配置的各项参数会直接写入相应的网络配置文件，为了使设置生效应重新启动 network 网络服务。

7. 图形界面配置工具

在 Linux CentOS 7 中图形化的网络配置，是在桌面环境下的主菜单中选择【系统设置】｜【网络】，打开如图 3-2 所示的【网络配置】对话框，进行相应的设置即可。

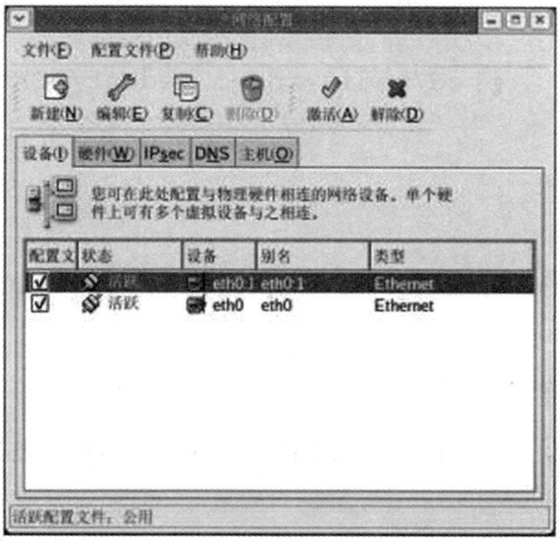

图 3-2　网络配置对话框

任务二　建立 ADSL 连接

在 Linux 环境下通过 ADSL 上网，必须安装 PPPOE 客户端软件。本节以 rp-pppoe 拨号软件为例，介绍 Linux 环境下 ADSL 连接的建立过程。

1. rp-pppoe 的安装

默认情况下，Linux CentOS 7 安装程序会安装 rp-pppoe 软件，可以使用下面的命令检查系统是否已经安装了 rp-pppoe 软件：

```
[root@ CENTOS7~ ] #  rpm-q rp-pppoe
rp-pppoe-3. 5-22
```

这表明系统已经安装了 rp-pppoe 软件。如果该软件没有安装，也可以在系统安装过后单独安装。rp-pppoe 软件包在 Linux CentOS 7 的第 2 张安装盘上。软件包的名字为“rp-pppoe-3. 5-22. i386. rpm”。插入第 2 张安装盘，挂载，输入下面的命令完成安装。

//挂载光盘

```
[root@ CENTOS7~ ] #  mount/media/cdrom
```

//进入安装文件所在目录

```
[root@ CENTOS7~ ] #  cd/media/cdrom/RedHat/RPMS
```

//安装相应的软件包

```
[root@ CENTOS7RPMS] #  rpm-ivh rp-pppoe-3. 5-22. i386. rpm
```

2. 设置 ADSL 的连接参数

rp-pppoe 软件包提供了 adsl-setup 脚本工具用来设置 ADSL 连接参数。命令如下所示：

```
[root@ CENTOS7~ ] #  adsl-setup
```

运行该脚本以后会出现 ADSL 的配置连接向导，根据系统提示设置相应的参数。

（1）输入用于 ADSL 连接的用户名（由 ISP 提供商提供），本例为 la9160130。如下所示：

```
Welcome to the ADSL client setup. First, I will run some checks on
your system to make sure the PPPoE client is installed properly...
LOGIN NAME
Enter your Login Name (default root): la9160130
```

（2）输入用于与 ADSL Modem 连接的网卡的名称，默认为 eth0。本例中就以 eth0 为例，如下所示：

```
INTERFACE
Enter the Ethernet interface connected to the ADSL modem
For Solaris, this is likely to be something like/dev/hme0.
For Linux, it will be ethX, where'X'is a number.
(default eth0): eth0
```

（3）设置是否按需拨号。如下所示：

```
Do you want the link to come up on demand, or stay up continuously?
If you want it to come up on demand, enter the idle time in seconds
after which the link should be dropped. If you want the link to
stay up permanently, enter'no' (two letters, lower-case)
NOTE: Demand-activated links do not interact well with dynamic IP
addresses. You may have some problems with demand-activated links.
Enter the demand value (default no): no
```

（4）设置 DNS 服务器的地址。如果知道有效的 DNS 服务器可以在此输入。如果 DNS 服务器是在 ADSL 拨号时由 ISP 提供的则可以在此输入"server"。如下所示：

```
DNS
Please enter the IP address of your ISP's primary DNS server.
If your ISP claims that'the server will provide dynamic DNS addres-
ses',
enter'server' (all lower-case) here.
```

```
If you just press enter, I will assume you know what you are
doing and not modify your DNS setup.
Enter the DNS information here: server
```

（5）输入 ADSL 账号的口令。如下所示：

```
PASSWORD
Please enter your Password:
```

（6）设置是否允许一般用户连接和断开 ADSL 连接。如下所示：

```
USERCTRL
Please enter'yes' (two letters, lower-case.) if you want to allow
normal user to start or stop DSL connection (default yes): no
```

（7）选择防火墙的类型。输入 0 代表无防火墙，输入 1 表示一个独立的作为工作站端的防火墙，输入 2 代表进行 IP 伪装适合做 NAT 的服务器。在此我们选择 0。如下所示：

```
FIREWALLING
Please choose the firewall rules to use. Note that these rules are
very basic. You are strongly encouraged to use a more sophisticated
firewall setup; however, these will provide basic security. If you
are running any servers on your machine, you must choose'NONE'and
set up firewalling yourself. Otherwise, the firewall rules will deny
access to all standard servers like Web, e-mail, ftp, etc. If you
are using SSH, the rules will block outgoing SSH connections which
allocate a privileged source port.
The firewall choices are:
0-NONE: This script will not set any firewall rules. You are responsible
for ensuring the security of your machine. You are STRONGLY
recommended to use some kind of firewall rules.
1-STANDALONE: Appropriate for a basic stand-alone web-surfing workstation
2-MASQUERADE: Appropriate for a machine acting as an Internet gateway
for a LAN
Choose a type of firewall (0-2): 0
```

（8）设置系统启动时，是否自动进行 ADSL 拨号。如下所示：

```
Start this connection at boot time
Do you want to start this connection at boot time?
Please enter no or yes (default no): no
```

（9）确认保存设置。输入 y 完成设置。如下所示：

```
* * Summary of what you entered* *
Ethernet Interface: eth0
User name: la9160030
Activate-on-demand: No
DNS addresses: Supplied by ISP's server
Firewalling: NONE
User Control: no
Accept these settings and adjust configuration files (y/n)? y
```

3. 建立 ADSL 拨号

配置完成后，输入命令 adsl-start 就可以进行 ADSL 拨号了。如果想查看当前的 ADSL 的连接状态可以输入命令 adsl-status。想断开 ADSL 连接，只需输入 adsl-stop 命令即可。

任务三　使用常用网络测试工具

利用网络测试工具可以测试网络状态，判断和分析网络故障。

1. ping

ping 命令主要用于测试本主机和目标主机的连通性。ping 命令的语法格式为：

ping [参数] 主机名/IP 地址

常用的参数选项：

-c count：指定 ping 命令发出的 ICMP 的消息数量，不加此项，则会发无限次的信息。

-i interval：两次 ICMP 消息包的时间间隔，不加此项，默认时间间隔为 1 秒。

-s：设置发出的每个消息的数据包的大小，默认为 64 字节。

-t：设置 ttl。

例如：

```
[root@ CENTOS7~ ] # ping-c 4-i 0.5 192.168.1.1
```

```
PING 192.168.1.1 (192.168.1.1) 56 (84) bytes of data.
64 bytes from 192.168.1.1: icmp_ seq= 0 ttl= 128 time= 1.34 ms
64 bytes from 192.168.1.1: icmp_ seq= 1 ttl= 128 time= 0.355 ms
64 bytes from 192.168.1.1: icmp_ seq= 2 ttl= 128 time= 0.330 ms
64 bytes from 192.168.1.1: icmp_ seq= 3 ttl= 128 time= 0.362 ms
---192.168.1.1 ping statistics---
4 packets transmitted, 4 received, 0% packet loss, time 1502ms
rtt min/avg/max/mdev= 0.330/0.596/1.340/0.430 ms, pipe 2
```

以上命令共发送 4 次消息，每次消息的时间间隔为 0.5 秒。

2. traceroute

该命令用于实现路由跟踪。例如：

```
[root@ CENTOS7~ ] # traceroute www.sina.com.cn
traceroute to jupiter.sina.com.cn (218.57.9.53), 30 hops max, 38
byte packets
1 60.208.208.1 4.297 ms 1.366 ms 1.286 ms
2 124.128.40.149 1.602 ms 1.415 ms 1.996 ms
3 60.215.131.105 1.496 ms 1.470 ms 1.627 ms
4 60.215.131.154 1.657 ms 1.861 ms 3.198 ms
5 218.57.8.234 1.736 ms 218.57.8.222 4.349 ms 1.751 ms
6 60.215.128.9* * *  1.523 ms 1.550 ms 1.516 ms
```

该命令输出中的每一行代表一个段，利用该命令可以跟踪从当前主机到达目标主机所经过的路径，如果目标主机无法到达，也很容易分析出问题所在。

3. netstat

当网络连通之后，可以利用 netstat 命令查看网络当前的连接状态。netstat 命令能够显示出网络的连接状态、路由表、网络接口的统计资料等信息。netstat 命令的网络连接状态只对 TCP 协议有效。常见的连接状态有：ESTABLISHED（已建立连接）、SYN SENT（尝试发起连接）、SYN RECV（接受发起的连接）、TIME WAIT（等待结束）和 LISTEN（监听）。

netstat 常见的命令参数有：

- -a：显示所有的套接字。
- -c：连续显示，每秒钟更新一次信息。
- -i：显示所有网络接口的列表。
- -n：以数字形式显示网络地址。

- -o：显示和网络 Timer 相关的信息。
- -r：显示核心路由表。
- -t：只显示 TCP 套接字。
- -u：只显示 UDP 套接字。
- -v：显示版本信息。

几个常见的例子：

//显示网络接口状态信息

```
[root@ CENTOS7~ ] # netstat-i
```

//显示所有监控中的服务器的 socket 和正在使用 socket 的程序信息

```
[root@ CENTOS7~ ] # netstat-lpe
```

//显示核心路由表信息

```
[root@ CENTOS7~ ] # netstat-nr
```

//显示 TCP 协议的连接状态

```
[root@ CENTOS7~ ] # netstat-t
```

4. arp

可以使用 arp 命令配置并查看 Linux 系统的 arp 缓存。包括查看 arp 缓存、删除某个缓存条目、添加新的 IP 地址和 MAC 地址的映射关系。

例如：

//查看 arp 缓存

```
[root@ CENTOS7~ ] # arp
```

//添加 IP 地址 192.168.1.1 和 MAC 地址 00：14：22：AC：15：94 的映射关系

```
[root@ CENTOS7~ ] # arp-s 192.168.1.1 00: 14: 22: AC: 15: 94
```

//删除 IP 地址和 MAC 地址对应的缓存记录

```
[root@ CENTOS7~ ] # arp-d 192.168.1.1
```

任务四　认识 Linux 启动过程和运行级别

本节将重点介绍 Linux 启动过程、INIT 进程及系统运行级别。

1. 启动过程

Linux CentOS 7 的启动过程包括以下几个阶段：

- 主机启动并进行硬件自检后，读取硬盘 MBR 中的启动引导器程序，进行加载。
- 启动引导器程序负责引导硬盘中的操作系统，根据用户在启动菜单中选择的启动项不同，可以引导不同的操作系统启动。对于 Linux 操作系统，启动引导器直接加载 Linux 内核程序。
- Linux 的内核程序负责操作系统启动的前期工作，并进一步加载系统的 INIT 进程。
- INIT 进程是 Linux 系统中运行的第一个进程，该进程将根据其配置文件执行相应的启动程序，并进入指定的系统运行级别。
- 在不同的运行级别中，根据系统的设置启动相应的服务程序。
- 在启动过程的最后，运行控制台程序将提示并允许用户输入帐号和口令进行登录。

2. INIT 进程

INIT 进程是由 Linux 内核引导运行的，是系统中运行的第一个进程，其进程号（PID）永远为“1”。INIT 进程运行后将按照其配置文件，引导运行系统所需的其他进程，INIT 进程将作为这些进程的父进程。INIT 配置文件的全路径名为“/etc/inittab”，INIT 进程运行后将按照该文件中的配置内容运行系统启动程序。

inittab 文件作为 INIT 进程的配置文件，用于描述系统启动时和正常运行中将运行哪些进程。文件内容如下：

```
[root@ CENTOS7~ ] # cat/etc/inittab
id: 3: initdefault:
si:: sysinit: /etc/rc.d/rc.sysinit
l0: 0: wait: /etc/rc.d/rc 0
l1: 1: wait: /etc/rc.d/rc 1
l2: 2: wait: /etc/rc.d/rc 2
l3: 3: wait: /etc/rc.d/rc 3
l4: 4: wait: /etc/rc.d/rc 4
l5: 5: wait: /etc/rc.d/rc 5
```

```
l6: 6: wait: /etc/rc.d/rc 6
ca:: ctrlaltdel: /sbin/shutdown-t3-r now
pf:: powerfail: /sbin/shutdown-f-h + 2 " Power Failure; System Shutting Down"
pr: 12345: powerokwait: /sbin/shutdown-c " Power Restored; Shutdown Cancelled"
1: 2345: respawn: /sbin/mingetty tty1
2: 2345: respawn: /sbin/mingetty tty2
3: 2345: respawn: /sbin/mingetty tty3
4: 2345: respawn: /sbin/mingetty tty4
5: 2345: respawn: /sbin/mingetty tty5
6: 2345: respawn: /sbin/mingetty tty6
x: 5: respawn: /etc/X11/prefdm-nodaemon
```

initab文件中的每行是一个设置记录，每个记录中有id、runlevels、action和process四个字段，各字段间用“:”分隔，他们共同确定了某进程在哪些运行级别以何种方式运行。

3. 系统运行级别

运行级别就是操作系统当前正在运行的功能级别。在Linux中，这个级别从0到6，共7个级别，各自具有不同的功能。这些级别在/etc/inittab文件里指定。各运行级别的含义如下：

- 0：停机，不要把系统的默认运行级别设置为0，否则系统不能正常启动。
- 1：单用户模式，用于root用户对系统进行维护，不允许其他用户使用主机。
- 2：字符界面的多用户模式，在该模式下不能使用NFS。
- 3：字符界面的完全多用户模式，主机作为服务器时通常在该模式下。
- 4：未分配。
- 5：图形界面的多用户模式，用户在该模式下可以进入图形登录界面。
- 6：重新启动，不要把系统的默认运行级别设置为6，否则系统不能正常启动。

(1) 查看系统运行级别

runlevel命令用于显示系统当前的和上一次的运行级别。例如：

```
[root@ CENTOS7~ ] # runlevel
S 3
```

(2) 改变系统运行级别

使用init命令，后跟相应的运行级别作为参数，可以从当前的运行级别转换为其他运行级别。例如：

```
[root@ CENTOS7~ ] # init 2
[root@ CENTOS7~ ] # runlevel
3 2
```

任务五　认识守护进程

1. 什么是守护进程

通常 Linux 上提供服务的程序是由运行在后台的守护程序（daemon）来执行的。一个实际运行中的系统一般会有多个这样的程序在运行。这些后台守护程序在系统开机后就运行了，并且在时刻监听前台客户的服务请求，一旦客户发出了服务请求，守护进程便为它们提供服务。由于此类程序运行在后台，除非程序主动退出或者人为终止，否则它们将一直运行下去直至系统关闭。因此，将此类提供服务功能的程序称为守护进程。

2. 查看系统当前运行的守护进程

查看系统的守护进程可以使用 pstree 命令。pstree 命令以树形结构显示系统中运行的进程。利用此命令用户可以清楚地看到各个进程之间的父子关系。由于内容较多，以下是部分内容：

```
[root@ CENTOS7~ ] # pstree
init-+ -acpid
| -atd
| -crond
| -khubd
| -metacity
| -nmbd
(略)
```

3. 守护进程工作原理

网络程序之间的连接是通过端口之间的连接而实现的。在 C/S 模型中，服务器监听（listen）在一个特定的端口上等待客户的连接。连接成功之后客户机与服务器通过端口进行数据通信。守护进程的工作就是打开一个端口，并且等待（listen）进入的连接。如果客户提请了一个连接，守护进程就创建（fork）子进程来响应此连接，而父进程继续监听更多的服务请求。正因为如此，每个守护进程都可以处理多个客户服务请求。

4. 守护进程的分类

按照服务类型分为：

· 系统守护进程：如 syslogd、login、crond、at 等。
· 网络守护进程：如 sendmail、httpd、xinetd 等。

按照启动方式分为：

· 独立启动的守护进程：如：httpd、named、xinetd 等。
· 被动守护进程（由 xinetd 启动）：如 telnet、finger、ktalk 等。

5. xinetd

从守护进程的概念可以看出，对于系统所要提供的每一种服务，都必须运行一个监听某个端口连接发生的守护程序，这通常造成系统资源的浪费。为了解决这个问题，引入了“网络守护进程服务程序（超级服务器）”的概念。几乎所有的 UNIX 类系统都运行了一个“网络守护进程服务程序”，它为许多服务创建套接字(socket)，并且使用 socket 系统调用同时监听所有这些端口。当远程系统请求一个服务时，网络守护进程服务程序监听到这个请求并且会创建该端口的服务器程序为客户提供服务。

Linux CentOS 7 使用的网络守护进程服务程序是 xinetd。xinetd 同时监听着它所管理的服务的所有端口，当有客户提出服务请求时，它会判断这是对哪个服务的请求，然后再开启此服务的守护进程，由该守护进程处理客户的请求。因此 xinetd 也被称为超级服务器。

任务六　xinetd 配置

几乎所有的服务程序都可以由 xinetd 来启动，而具体提供哪些服务由/etc/services 文件指出。以下是/etc/services 文件的部分内容：

```
[root@ CENTOS7xinetd. d] # cat/etc/services
ssh 22/tcp #  SSH Remote Login Protocol
ssh 22/udp #  SSH Remote Login Protocol
（略）
```

该文件说明了 xinetd 可提供服务的端口号和名字，在实际启动相应的守护进程时则需要另外的配置文件/etc/xinetd. conf 和/etc/xinetd. d/ * 。

1. /etc/xinetd. conf

/etc/xinetd. conf 文件本身并没有记录所有的服务配置，而是把每一个服务的配置写进一个相应的文件，把这些文件保存在/etc/xinetd. d 目录下，在/etc/xinetd. conf 文件中利用 includedir 把这些文件包含进来。

```
[root@ CENTOS7xinetd.d] # cat/etc/xinetd.conf
defaults
{
instances= 60
log_ type= SYSLOG authpriv
log_ on_ success= HOST PID
log_ on_ failure= HOST
}
includedir/etc/xinetd.d
```

在/etc/xinetd. conf 文件中使用 defaults { } 项为所有的服务指定缺省值。其中：

• instances：表示 xinetd 同时可以运行的最大进程数。

• log _ type：设置指定使用 syslogd 进行服务登记。

• log _ on _ success：设置指定成功时，登记客户机 IP 地址和进程的 PID。

• log _ on _ failure：设置指定失败时，登记客户机 IP 地址。

• includedir：指定由 xinetd 监听的服务配置文件在/etc/xinetd. d 目录下，并将其加载。

2. /etc/xinetd. d/ *

/etc/xinetd. d 目录下存放的都是由 xinetd 监听的服务的配置文件，配置文件名一般为服务的标准名称。例如启动 kerberos5 认证的 telnet 服务的配置文件的名称为 krb5-telnet，服务 Linux 网络服务器配置管理的配置文件内容为：

```
[root@ CENTOS7xinetd.d] # cat krb5-telnet
service telnet
{
flags= REUSE
socket_ type= stream
wait= no
user= root
server= /usr/kerberos/sbin/telnetd
log_ on_ failure + = USERID
disable= yes
}
```

第一行定义了服务的名称，下面几行是启动配置，具体含义如下：

• flags：此服务的旗标。有多种，例如 INTERCEPT，NORETRY 等。

- socket _ type：该服务的数据封包类型，如 stream，dgram 等。
- wait：取值为 no，服务进程启动后，如果有新用户提出服务请求，系统会等对前面的用户服务结束后，再接受新用户的请求；取值为 yes，则可以同时处理多个用户请求。
- user：执行此服务进程的用户，通常为 root。
- server：执行服务程序的路径和文件名。
- log _ on _ failure：把失败的登录记录到日志中。
- disable：取值为 no，启动服务；取值为 yes，禁用服务。

/etc/xinetd.d 目录下每种服务所包含的内容不尽相同，一般来说取默认设置就可以了。只需把 disable 的值设置为 no，就可以启动相应的服务了。在修改好服务配置文件后，需重新启动 xinetd 守护进程使配置生效。

任务七 使用守护进程管理工具

1. 命令行界面（CLI）工具

（1）service

使用 service 命令可以查看当前系统中的所有服务和守护进程的运行状态，以及启动和停止指定的守护进程等。

例如，查看系统中所有守护进程的状态，可以使用命令：

```
[root@ CENTOS7xinetd.d] # service --status-all
```

查看、启动、停止、重新启动某个守护进程可以使用命令：

```
[ root @ CENTOS7xinetd.d ] # service 进程名 status/start/stop/restart
```

注意： 利用 service 命令执行后立即生效，无需重新启动系统。对于被动守护进程的启动，应先编辑/etc/xinetd.d 目录下的配置文件，修改后，利用 service 命令重新启动 xinetd 服务才能使设置生效。

（2）chkconfig

可以使用 chkconfig 命令检查、设置系统的各种服务。此命令通过操控/etc/rc［0-6］.d 目录下的符号链接文件对系统的各种服务进行管理。

chkconfig 命令的语法格式为：

- chkconfig--list [servername]
- chkconfig--add/del servername
- chkconfig [--level levels] servername<on/off/reset>

以下是一些具体的应用实例：

//查看系统的服务启动设置情况

```
[root@ CENTOS7~ ] #  chkconfig-list
```

//查看指定的服务在当前运行级别的运行状态

```
[root@ CENTOS7~ ] #  chkconfig httpd
```

//添加一个由 chkconfig 管理的服务

```
[root@ CENTOS7~ ] #  chkconfig--add httpd
```

//更改指定服务在指定运行级别的运行状态

```
[root@ CENTOS7~ ] #  chkconfig--level 35 httpd on
```

2. 文本用户界面（TUI）工具

ntsysv 是一个用于管理每次开机自动运行的守护进程的文本用户界面工具。在命令提示符下输入 ntsysv，进入如图 3-3 所示的界面。

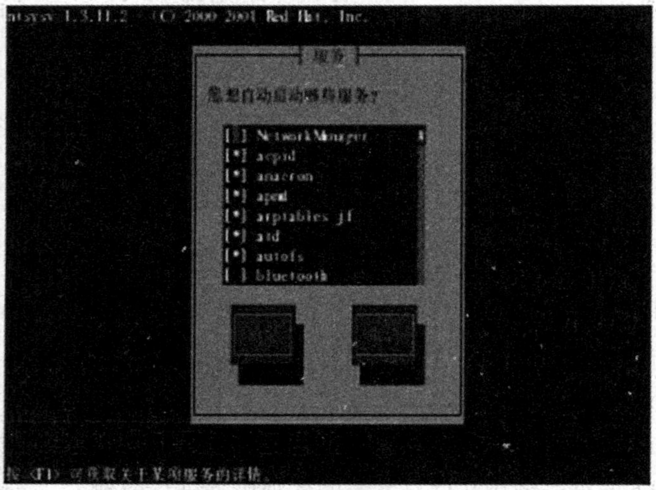

图 3-3　ntsysv 配置界面

可以使用上下方向键移动光标选择操作对象，使用空格键激活或者终止服务（相应服务中有 * 号为激活）。另外可以在选中操作对象后按 F1 键获得该服务的帮助信息。设置结束，按 TAB 键，选中“确定”按钮结束操作，在下次启动系统时，设置生效。

3. 图形用户界面（GUI）工具

在 Linux CentOS 7 的图形界面下，可以依次单击系统主菜单中的【系统设置】|【服务器设置】|【服务】，打开【服务配置】对话框，如图 3-4 所示。在该对话框中，选择相应的服务进行设置，在此不再赘述。

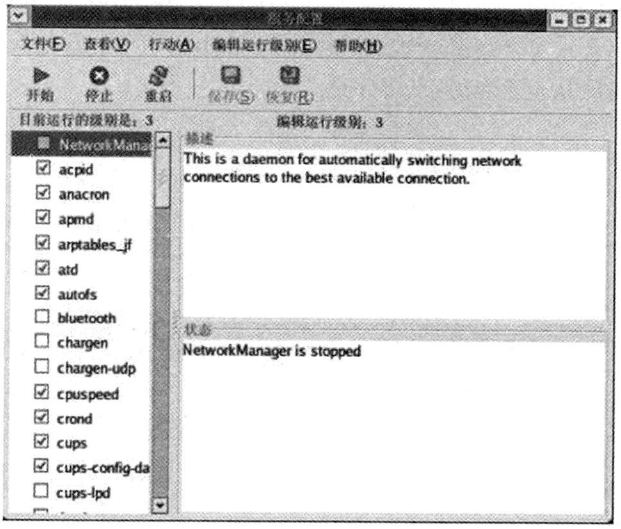

图 3-4　服务配置对话框

项目练习

1. 当运行在多用户的模式下时，使用 Ctrl＋Alt＋F * 键可以切换（　　）虚拟用户终端?

   A. 1　　B. 3　　C. 6　　D. 12

2. 使用（　　）命令能查看当前的运行级别?

   A. /sbin/runlevel　　B. /sbin/fdisk

   C. /sbin/fsck　　D. /sbin/halt

3. 请选择一个关于 Linux 运行级别的错误描述。（　　）

   A. （run level）1 是单用户模式

   B. （run level）2 是带 NFS 功能的多用户模式

   C. （run level）6 是重启系统

   D. （run level）5 是图形登录模式

4. 下面哪个命令用来启动 X-Window?（　　）

A. startX　　B. runx　　C. startx　　D. xwin

5. 以下哪个命令能用来显示 server 当前正在监听的端口？（　　）

A. ifconfig　　B. netlst　　C. iptables　　D. netstat

6. 哪个文件存放机器名到 IP 地址的映射？（　　）

A. /etc/hosts　　B. /etc/host

C. /etc/host. equiv　　D. /etc/hdinit

7. 快速启动网卡“eth0”的命令是（　　）。

A. ifconfig eth0 noshut　　B. ipconfig eth0 noshut

C. ifnoshut eth0　　D. ifup eth0

8. 设置 Linux 系统默认运行级别的文件是（　　）。

A. /etc/init　　B. /etc/inittab

C. /var/inittab　　D. /etc/initial

9. Linux 系统提供了一些网络测试命令，当与某远程网络连接不上时，就需要跟踪路由查看，以便了解在网络的什么位置出现了问题，请从下面的命令中选出满足该目的的命令。（　　）

A. ping　　B. ifconfig　　C. traceroute　　D. netstat

10. 拨号上网使用的协议通常是（　　）。

A. PPP　　B. UUCP　　C. SLIP　　D. Ethernet

项目四　配置与管理Samba服务器

项目描述

是谁最先搭起 Windows 和 Linux 沟通的桥梁，并且提供不同系统间的共享服务，还能拥有强大的打印服务功能？答案就是 Samba，这使得它的应用环境非常广。当然 Samba 的魅力还远远不止这些。

能力目标

- Samba 简介及配置文件
- Samba 文件和打印共享的设置
- Linux 和 Linux 资源共享
- Samba 组件应用程序

相关知识

Samba 是一套让 Linux 系统能够应用 Microsoft 网络通信协议的软件，它使运行 Linux 系统的计算机能与运行 Linux 系统的计算机进行文件与打印共享。Samba 使用一组基于 TCP/IP 的 SMB 协议，通过网络共享文件及打印机，这组协议的功能类似于 NFS 和 LPD（Linux 标准打印服务器）。支持此协议的操作系统包括 Linux、Windows 和 OS/2。Samba 服务在 Linux 和 Windows 系统共存的网络环境中尤为有用。

和 NFS 服务不同的是，NFS 服务只用于 Linux 系统之间的文件共享，而 Samba 可以实现 Linux 系统之间以及 Linux 和 Windows 系统之间的文件和打印共享。SMB 协议使 Linux 系统的计算机在 Windows 上的网上邻居中看起来如同一台 Windows 计算机。

一、SMB 协议

SMB（server message block）通信协议可以看作是局域网上共享文件和打印机的一种协议。它是 Microsoft 和 Intel 在 1987 年制定的协议，主要是作为 Microsoft 网络的通信协议，而 Samba 则是将 SMB 协议搬到 UNIX 系统上来使用。通过 NetBIOS over TCP/IP 使用 Samba 不但能与局域网络主机共享资源，也能与全世界的计算机共享资源。因为互联网上千千万万的主机所使用的通信协议就是 TCP/IP。SMB 是在会话层和表示层以及小部分的应用层的协议，SMB 使用了 NetBIOS 的应用程序接口 API。

另外，它是一个开放性的协议，允许协议扩展，这使得它变得庞大而复杂，大约有 65 个最上层的作业，并且每个作业都超过 120 个函数。

二、Samba

Samba 是用来实现 SMB 协议的一种软件，由澳大利亚的 Andew Tridgell 开发，是一套让 UNIX 系统能够应用 Microsoft 网络通信协议的软件。它使运行 UNIX 系统的计算机器能与执行 Linux 系统的计算机共享资源。Samba 属于 GNU Public License（简称 GPL）的软件，因此可以合法而免费的使用。作为类 UNIX 系统，Linux 系统也可以运行这套软件。

Samba 的运行包含两个后台守护进程：nmbd 和 smbd，它们是 Samba 的核心。在 Samba 服务器启动到停止运行期间持续运行。nmbd 监听 137 和 138UDP 端口，smbd 监听 139TCP 端口。nmbd 守护进程使其他计算机可以浏览 Linux 服务器，smbd 守护进程在 SMB 服务请求到达时对它们进行处理，并且为被使用或共享的资源进行协调。在请求访问打印机时，smbd 把要打印的信息存储到打印队列中；在请求访问一个文件时，smbd 把数据发送到内核，最后把它存到磁盘上。smbd 和 nmbd 使用的配置信息全部保存在/etc/samba/smb. conf 文件中。

三、Samba 的功能

Samba 的主要功能如下。

(1) 提供 Linux 风格的文件和打印机共享。Linux7、Linux 2008、LinuxXP、Linux 2003 等操作系统可以利用 Samba 共享 Windows 等其他操作系统上的资源，外表看起来和共享 Windows 的资源没有区别。如图 4-1 所示。

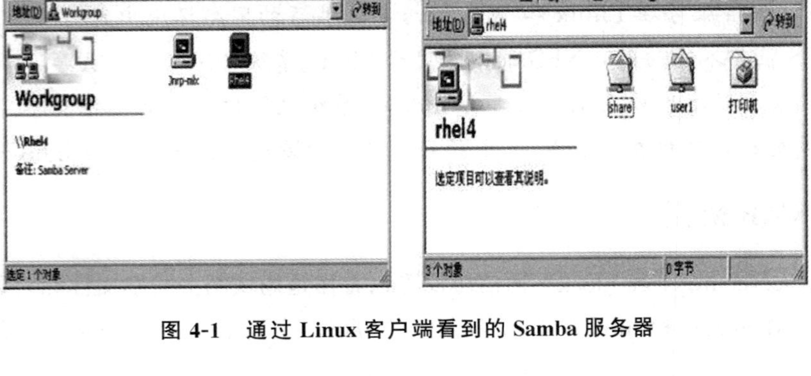

图 4-1 通过 Linux 客户端看到的 Samba 服务器

（2）解析 NetBIOS 名。在 Linux 网络中为了能够利用网上资源，同时使自己的资源也能被别人所利用，各个主机都定期向网上广播自己的身份信息。而负责收集这些信息并为其他主机提供检索的服务器被称为浏览服务器。Samba 可以有效地完成这项功能。在跨越网关的时候 Samba 还可以作为 WINS 服务器使用。

（3）提供 SMB 客户功能。利用 Samba 提供的 smbclient 程序可以在 Linux 上像使用 FTP 一样访问 Linux 的资源。

（4）提供一个命令行工具，利用该工具可以有限制地支持 Linux 的某些管理功能。

（5）支持 SWAT （Samba web administration tool）和 SSL）（secure socket layer）。

项目设计与准备

利用 Samba 服务可以实现 Linux 系统和 Microsoft 的 Windows 系统之间的资源共享，以实现文件和打印共享。

在进行本单元的教学与实验前，需要做好如下准备：

（1）已经安装好的 Linux Centos 7。

（2）Linux Centos 7 安装光盘或 ISO 镜像文件。

（3）Linux 客户端。

（4）Windows 客户端。

（5）VMware 5.0 以上虚拟机软件。

以上环境可以用虚拟机实现。

项目实施

任务一　安装、启动与停止 Samba 服务

本节将主要介绍 Samba 服务的安装、启动与停止。

一、安装 Samba 服务安装

默认情况下，Linux CentOS 7 安装程序会将 Samba 服务装上，可以使用下面的命令检查系统是否已经安装了 Samba 服务：

```
[root@ CENTOS 7~ ] #  rpm-q samba
samba-3.0.10-1.4E
```

这表明系统已经安装了 Samba 服务。如果系统没有安装 samba 服务，也可以在系

统安装过后单独安装。Samba 服务的软件包在 Linux CentOS 7 的第 2 张安装盘上。总共包括如下三个软件包：

- samba-3.0.10-1.4E.i386.rpm：Samba 服务端软件。
- samba-client-3.0.10-1.4E.i386.rpm：Samba 客户端软件。
- samba-common-3.0.10-1.4E.i386.rpm：包括 Samba 服务器和客户端均需要的文件。
- samba-swat：Samba 的 Web 配置工具，在第 4 张安装盘上。

插入第 2 张安装盘，挂载。输入下面的命令完成安装。

```
//挂载光盘
[root@ CENTOS 7~ ] # mount/media/cdrom
//进入安装文件所在目录
[root@ CENTOS 7~ ] # cd/media/cdrom/RedHat/RPMS
//安装相应的软件包
[root@ CENTOS 7 RPMS] # rpm-ivh samba-*
```

二、启动 Samba 服务

启动和重新启动 Samba 服务的命令和界面如下所示：

```
//启动 Samba 服务
[root@ CENTOS 7~ ] # service smb start
启动 SMB 服务：
启动 NMB 服务：
//重新启动 Samba 服务
[root@ CENTOS 7~ ] # service smb restart
关闭 SMB 服务：[确定]
关闭 NMB 服务：[确定]
启动 SMB 服务：[确定]
启动 NMB 服务：[确定]
```

三、停止 Samba 服务

停止 Samba 服务的命令和界面如下所示：

```
[root@ CENTOS 7~ ] # service smb stop
关闭 SMB 服务：[确定]
关闭 NMB 服务：[确定]
```

任务二　配置 Samba 服务的配置文件

Samba 服务的配置文件都存储在/etc/samba 目录下，主要包括 smb. conf、smbpasswd、smbusers 等，本节将主要介绍 Samba 服务的各种配置文件。

一、配置 Samba 服务的主配置文件

配置 Samba 服务的主要工作就是对它的配置文件 smb. conf 进行相应的设置。smb. conf 文件默认存放在/etc/samba 目录中。Samba 服务在启动时会读取 smb. conf 文件中的内容，以决定如何启动、提供服务以及相应的权限设置、共享目录、打印机和机器所属的工作组等细致选项。

smb. conf 文件采用与 Linux 系统中的“*.ini”文件类似的语法结构，文件中包含很多个节，结构非常清晰。smb. conf 文件分为：全局配置（global settings）和共享定义（share definitions）两个大的部分。其中全局配置部分定义的参数用于定义整个 Samba 服务器的总体特性，共享定义部分用于定义文件及打印共享。在共享定义部分又分为很多个小节，每一个节定义一个共享文件或共享打印服务。

在该文件的每一节中都采用“参数名称＝参数值”的格式来设置参数。其中参数名称不可以改变，而参数的值可以根据用户的具体要求进行设置。例如“read only＝no”，其中 read only 代表参数名称，no 代表参数的值。read only 除了可以取值为 no 之外也可以取值为 yes。

该文件的内容不区分大小写，以“#”和“;”开始的行是注释行。下面分别介绍全局配置和共享定义两个节的主要配置参数。

（1）全局配置（global settings）

该部分的配置都是与 Samba 服务的整体运行环境有关的选项，它的设置项目是针对所有共享资源的。主要参数的设置如下（以下各参数的取值都为默认值）：

workgroup＝WORKGROUP：设置 Samba 服务器所属的工作组或域名称。默认值为 MYGROUP，用户可以根据自己的网络环境进行相应的设置。

- server string＝Samba Server：指 Samba 服务器的说明信息，方便客户端用户识别。
- hosts allow＝192. 168. 1-192. 168. 2. 127. ：设置可以访问 Samba 服务器的主机、子网或域。
- printcap name＝/etc/printcap：设置 Samba 启动时，加载的打印服务配置文件。

- load printers=yes：设置 Samba 服务启动时，是否允许加载打印配置文件中的所有打印机。
- printing=cups：定义打印系统，目前支持的打印系统包括 cups、bsd、sysv、plp、lprng、aix、hpux、qux。在 Linux CentOS 7 中可以采用默认设置。
- guest account=pcguest：设置默认的匿名帐号，在此设置的匿名帐号系统必须存在。如果不配置则默认的匿名帐号为 nobody。该选项默认为注释掉的，如果去掉注释必须向系统添加 pcguest 帐号。
- log file=/var/log/samba/%m. log：指定日志文件的存放位置。

说明：/var/log/samba/%m. log 中的%m 是 Samba 里定义的宏，宏用百分号后跟一个字符来表示，在具体运作的时候就用实际参数来代替。常见的宏如表 4-1 所示。

表 4-1　smb. conf 文件中常用的宏

宏	描述	宏	描述
%S	当前共享的名称	%h	运行 Samba 的机器的主机名
%P	当前服务的根路径	%m	客户机的 NetBIOS 名
%u	当前服务的用户名	%L	服务器的 NetBIOS 名
%g	给定%u 的所在工作组名	%T	当前的日期和时间
%H	给定%u 的私人目录	%I	客户机的 IP 地址
%v	Samba 服务版本号	%d	当前服务进程 ID

max log size=50：指定日志文件的最大存储容量，单位为 KB。如果取值为 0，则表示不限制日志文件的存储容量。

security=user：设置 Samba 服务器的安全级别，取值按照安全性由低到高为：share、user、server 和 domain。各个安全级别的具体含义如下：

①share：共享级别，用户不需账户及密码即可访问 Samba 服务器的共享资源。

②user：用户只有通过了 Samba 服务器的身份验证之后才能访问服务资源（是 Samba 服务器的默认安全级别）。

③server：和 user 安全级别类似，但是检查账户和密码的工作指定由另一台服务器完成，因此需要设置 password server 选项。如果失败，则退到 user 安全级别。

④domain：Samba 服务器加入到 Linux 域后，Samba 服务的用户验证信息交由域控制器负责，则使用该安全级别。同时也需要设置身份验证服务器。

- password server=<NT-Server-Name>：在 security 的取值为 server 和 domain 时，由该选项设置提供身份验证的服务器。取值可以为服务器的 FQDN 也可以为 IP。
- encrypt passwords=yes：设置身份验证中传输的密码是否加密。如果取值为 no，则密码以明文传输。

注意：该选项最好设置为 yes，否则会造成大部分 Linux 客户机无法访问服务器。因为 Linux 2000 以后的 Linux 版本不允许明文密码验证。

- smb passwd file=/etc/samba/smbpasswd：设置提供用户身份验证的密码文件。
- username map=/etc/samba/smbusers：指定 Linux 和 Windows 系统之间的用户映射文件，默认为/etc/samba/smbusers。例如 smbusers 文件中有一行"root=administrator"，表示用户以 administrator 访问 Samba 服务器时会被当作 root 对待。
- socket options = TCP _ NODELAY SO _ RCVBUF = 8192 SO _ SNDBUF=8192：提高服务器的执行效率。
- interfaces=192.168.12.2/24：指定 Samba 服务器使用的网络接口。

适用于 Samba 服务器配置了多个网络接口。具体取值可以是接口名称或 IP 地址。

- localmaster=no：设置是否允许 nmbd 守护进程成为局域网中的主浏览器（浏览器服务用来列出局域网中的可用服务器，并将可用服务器列表发送给网络中的各计算机）。将该参数设置为 yes 并不能保证 Samba 服务器成为网络中的主浏览器，只是允许 Samba 服务器参加主浏览器的选择。
- os level=33：设置 Samba 服务器参加主浏览器选择的优先级。取值为整数，设置为 0 则不参加主浏览器选择。

注意：不要在同一个网络广播域中设置多台主浏览器，如果网络中存在 Linux 计算机，尽量使用 Linux 计算机作为主浏览器。

- domain master=yes：将 Samba 服务器定义为域的主浏览器，此选项将允许 Samba 在子网列表中比较。如果已经有一台 Linux 域控制器，不要使用此选项。
- domain logons=yes：如果想使 Samba 服务器成为 Linux 2008 等工作站的登录服务器，使用此选项。
- wins support=yes：该选项设置是否使 Samba 服务器成为网络中的 WINS 服务器，以支持网络中的 NetBIOS 名称解析。
- wins proxy=yes：设置 Samba 服务器是否成为 WINS 代理。在拥有多个子网的网络中，可以在某个子网中设置一台 WINS 服务器，并在其他子网中各配置一台 WINS 代理，以支持网络中的 NetBIOS 名称解析。
- dns proxy = no：设置 Samba 服务器是否通过 DNS 的 nslookup 解析主机的 NetBIOS。

（2）共享定义（share definitions）

smb.conf 文件的第二部分是共享定义，分为很多小节，每一个小节定义一个共享项目，一般包括共享文件路径和附加的共享访问权限。

①［homes］节的内容如下：

```
[homes]
comment= Home Directories//对该共享资源的描述性信息
```

```
browseable= no//指定该共享资源是否可以浏览
writable= yes//指定 Samba 客户端在访问该共享资源时，是否可以写入
```

Samba 服务为系统中的每个用户提供一个共享目录，该共享目录通常只有用户本身可以访问。系统中的普通用户的主目录默认存放在/home 目录下，用户主目录一般以用户名为目录名。当 Samba 客户端用户请求一个共享时，Samba 服务器将在存在的共享资源中寻找，如果找到匹配的共享资源，就使用该共享资源。如果找不到，就将请求的共享名看成是户的用户名，并在本地的/etc/passwd 文件中寻找这个用户，如果用户名存在而且提供的密码正确，则以 home 节克隆一个以该用户名为共享名的共享提供给用户。如果在 home 节中没有指定共享路径，就把该用户的主目录作为共享路径。在 home 节中设置的参数对所有的用户都起作用，无法为个别用户单独设置。

② [printers] 节的内容如下：

```
[printers]
comment= All Printers//对打印机共享的描述性信息
path= /var/spool/samba//指定打印队列的存储位置
browseable= no//设置是否可以浏览
guest ok= no//设置是否可以允许 guest 用户访问
writable= no//设置是否可以写入
printable= yes//设置用户是否可以打印
```

③ [public] 节的内容如下：

```
[public]
path= /usr/somewhere/else/public//设置共享目录的位置
public= yes//设置是否允许 guest 用户访问
only guest= yes//设置是否只允许 guest 用户访问
writable= yes//设置是否可以写入
printable= no//设置是否可以打印
```

默认情况下，public 节的内容在 Linux CentOS 7 中是注释掉的。

在 smb. conf 文件的共享定义部分除了上面的内容之外，还有其他的很多用户自定义的节。除了 homes 节之外，在 Linux 客户端看到的 Samba 共享名称即为节的名称。在共享定义部分常见的用于定义共享资源的参数如表 4-2 所示。

表 4-2 smb. conf 文件中常用的共享资源参数

参数	说明	举例
comment	设置对共享资源的描述信息	comment=mlx'x share
path	设置共享资源的路径	path=/share
writeable	设置共享路径是否要以写入	writeable=yes
browseable	设置共享路径是否可以浏览	browseable=no
available	设置共享资源是否可用	available=no
read only	设置共享路径是否为只读	read only=yes
public	设置是否允许 guest 账户访问	public=yes
guest account	设置匿名访问账号	guest account=noboy
guest ok	设置是否允许 guest 账号访问	guest ok=no
guest only	设置是否只允许 gtuest 账号访问	guest only=no
read list	设置只读访问用户列表	read list=userl，@jw
write list	设置读写访问用户列表	write list=user1，@jw
valid users	设置允许访问共享资源的用户列表	valid users=user1，@jw
invalid users	设置不允许访问共享资源的用户列表	invalid users=user1，@jw

二、配置 Samba 服务的密码文件

Samba 服务使用 Linux 操作系统的本地帐号进行身份验证，但必须单独为 Samba 服务设置相应的密码文件。Samba 服务的用户账户密码验证文件是/etc/samba/smbpasswd。基于安全性的考虑，该文件中存储的密码是加密的，无法用 vi 编辑器进行编辑。默认情况下该文件并不存在，需要管理员创建。可以使用以下两种方法创建/etc/samba/smbpasswd 文件并向该文件中添加账户。

（1）使用 smbpasswd 命令添加单个的 Samba 账户

当管理员第一次使用 smbpasswd 命令为 Samba 服务添加账户时，会自动建立 smbpasswd 文件。smbpasswd 命令的格式如下：

```
Smbpasswd  [参数选项]  账户名称
```

常见参数选项：

- -a：向 smbpasswd 文件中添加账户，该账户必须存在于/etc/passwd 文件中。只有 root 用户可以使用该选项。
- -x：从 smbpasswd 文件中删除账户。只有 root 用户可以使用该选项。
- -d：禁用某个 Samba 账户，但并不将其删除。只有 root 用户可以使用该选项。
- -e：恢复某个被禁用的 Samba 账户。只有 root 用户可以使用该选项。
- -n：该选项将账户的口令设置为空。只有 root 用户可以使用该选项。

- -r remote-machine-name：该选项允许用户指定远程主机，如果没有该选项，那么 smbpasswd 默认修改本地 Samba 服务器上的口令。
- -U username：该选项只能和“-r”选项连用。当修改远程主机上的口令时，用户可以用该选项指定欲修改的账户。还允许在不同系统中使用不同账户的用户修改自己的口令。

【例 4-1】将 user1 用户添加到 smbpasswd 文件中，并显示 smbpasswd 文件的内容。

```
[root@ CENTOS 7~ ] #  smbpasswd-a user1
New SMB password:
Retype new SMB password:
```

(2) 使用 mksmbpasswd. sh 脚本成批添加 Samba 账户

使用 mksmbpasswd. sh 脚本可以将 Linux 系统中/etc/passwd 文件中的所有用户一次性添加到 smbpasswd 文件中。方法如下：

```
[root @ CENTOS 7 ~ ] #  cat/etc/passwd | mksmbpasswd. sh > /etc/samba/smbpasswd
```

添加完成之后，使用 smbpasswd 命令为添加的账户设置 Samba 口令。

```
[root@ CENTOS 7~ ] # smbpasswd user1
```

注意：在使用 smbpasswd 命令添加 Samba 账户时，该系统账户必须存在，如果不存在，可以使用 useradd 命令添加。

三、Samba 服务的用户映射文件

用户映射通常是在 Windows 和 Linux 主机之间进行。两个系统拥有不同的用户帐号，用户映射的目的就是将不同的用户映射成为一个用户。

guest only 设置是否只允许 guest 帐号访问，guest only＝no

read list 设置只读访问用户列表，read list＝user1，@jw

write list 设置读写访问用户列表，write list＝user1，@jw

valid users 设置允许访问共享资源的用户列表，valid users＝user1，@jw

invalid users 设置不允许访问共享资源的用户列表 invalid users＝user1，@jw

用 Samba 服务器上的共享资源时，就可以直接使用 Linux 帐号进行访问。

全局参数 username map 就是用来控制用户映射的，它允许管理员指定一个映射文件，该文件包含了在客户机和服务器之间进行用户映射的信息。默认情况下/etc/

samba/smbusers 文件为指定的映射文件。

要使用用户映射，需要先将 smb.conf 配置文件中 username map＝/etc/samba/smbusers 前的注释符去掉，然后编辑/etc/samba/smbusers 文件，将要映射的用户添加到该文件中。该文件每一行的格式如下：

```
Linux 账户= 要映射的 Linux 账户列表
```

注意： Linux 中的各用户之间用空格分隔。

【例 4-2】在 Linux 中的 user1 用户和 windows mlx 和 jyg 两个用户之间建立映射。

```
[root@ CENTOS 7~ ] #  cat/etc/samba/smbusers
root= administrator admin
nobody= guest pcguest smbguest
user1= mlx jyg//此行为新添加的内容
```

四、Samba 服务的日志文件

Samba 服务的日志默认存放在/var/log/samba 中，Samba 服务为所有连接到 Samba 服务器的计算机建立单独的日志文件，同时也将 NMB 服务和 SMB 服务的运行日志分别写入 nmbd.log 和 smbd.log 日志文件中。管理员可以根据这些日志文件查看用户的访问情况和服务的运行状态。

```
[root@ CENTOS 7~ ] #  cd/var/log/samba
[root@ CENTOS 7 samba] #  ls
192.168.1.1.log 20.20.20.2.log 192.168.1.2.log 192.168.1.99.log
jnrp-mlx.log kingma.log nmbd.log smbd.log smbmount.log
```

任务三　Samba 文件共享

下面以若干例子说明 Samba 服务的具体配置，每当修改完配置文件/etc/samba/smb.conf 文件之后，都应该使用 service smb restart 命令重新启动 Samba 服务以使配置生效。

【例 4-3】设置 Samba 服务器所属的工作组为 WORKGROUP，并限制该 Samba 服务器只允许 192.168.1.0 网段的客户访问。

```
[root@ CENTOS 7 samba] #  vi/etc/samba/smb.conf
```

```
//修改下面几行的内容

workgroup= WORKGROUP
hosts allow= 192.168.1.0
```

【例 4-4】在 Samba 服务器上配置/resource 目录为只读共享，共享名为 share。允许所有的用户访问。

```
[root@ CENTOS 7 samba] # vi/etc/samba/smb.conf
[share]
comment= this is/resource
path= /resource
public= yes
read only= yes
```

【例 4-5】在 Samba 服务器上配置/tmp 目录为读写共享，共享名为 tmpshare。只允许用户 mlx 和 jyg 组中的用户访问。

```
[root@ CENTOS 7 samba] # vi/etc/samba/smb.conf
//添加下面的几行内容
[tmpshare]
comment=  this is mlx and @ jyg's share
path= /tmp
public= no
writable= yes
valid users= mlx, @ jyg
```

注意：(1) Samba 服务器在将本地文件系统共享给 Samba 客户端时，涉及到本地文件系统权限和 Samba 共享权限。当客户端访问共享资源时，最终的权限取这两种权限中最严格的。

(2) 在共享设置中指定的用户必须在/etc/passwd 文件中存在，而且需要用 smbpasswd 命令为该用户指定 Samba 访问口令。对于设置的组，需要使用 smbpasswd 命令为该组中的用户逐个设置口令。

【例 4-6】将 Samba 服务器上的光驱共享。

```
[root@ CENTOS 7 samba] # vi/etc/samba/smb.conf
//添加下面的几行内容
```

```
[cdrom]

comment= cdrom's share
path= /media/cdrom
public= yes
browseable= yes
root preexec= /bin/mount-t iso9660/dev/hdc/media/cdrom
root postexec= /bin/umount/media/cdrom
```

root preexec 表示连接时用 root 身份运行 mount 命令，而 root postexec 则指明了断开时用 root 身份运行 umount，有效实现了对光驱的共享。

任务四 Samba 打印共享

一、配置打印机

Linux CentOS 7 中默认使用的打印系统是 CUPS。为了配置共享打印机，必须首先配置本地打印机。要配置打印机，可以通过以下两种方法：

在 Linux CentOS 7 的桌面环境下，选择【应用程序】|【系统设置】|【打印】命令，打开 CUPS 配置工具窗口。

. 输入 system-config-printer 命令启动 CUPS 配置工具。如果在文本模式下，该命令将启动 system-config-tui 应用程序，提供文本配置界面（图 4-2）。如果在图形界面下，该命令将启动 system-config-gui 应用程序，提供图形配置界面（图 4-3）。

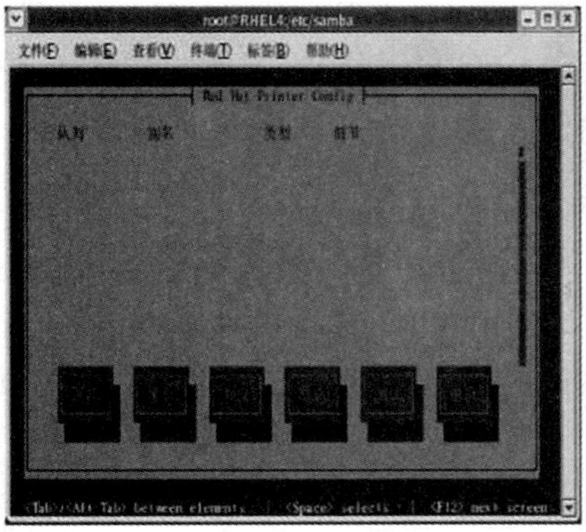

图 4-2 system-config-tui 配置界面

图 4-3 system-config-gui 配置界面

以图形化配置为例，在图 4-3 所示的窗口中单击【新建】按钮，进入图 4-4 所示的配置界面。在图 4-4 所示的窗口中单击【前进】按钮，进入图 4-5 所示的设置窗口。

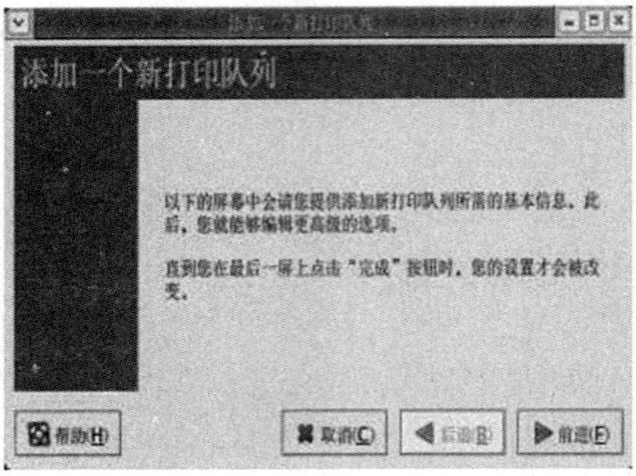

图 4-4　添加新打印队列向导

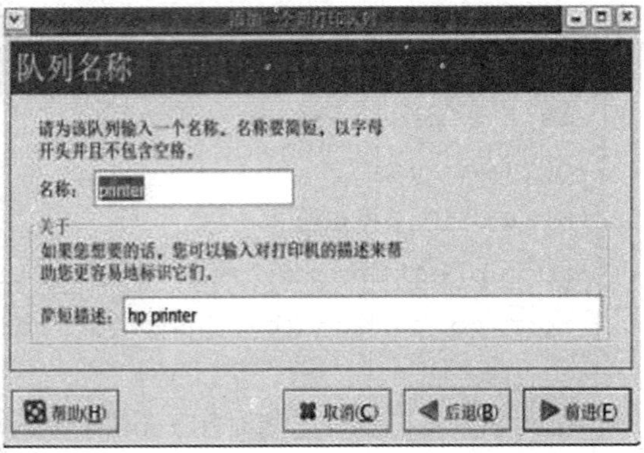

图 4-5　设置队列名称

按照图 4-5 中的提示进行设置。设置完成后单击【前进】按钮，进入图 4-6 所示的窗口。

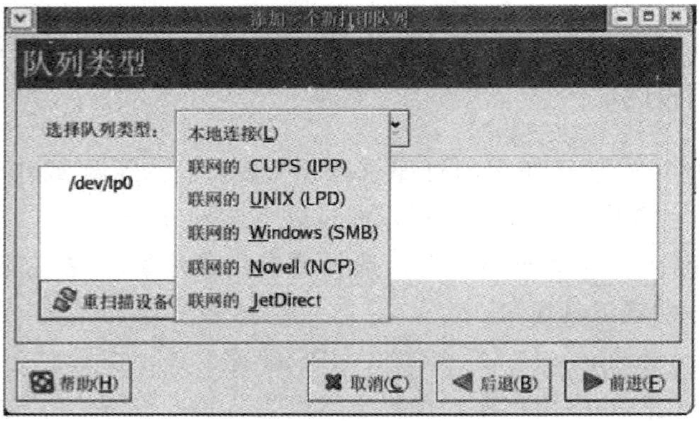

图 4-6　设置队列类型

在图 4-6 所示的"队列类型"设置窗口中，可以选择以下几种打印队列类型：

- 本地连接（L）：通过并行端口或 USB 接口连接的本地打印机。
- 联网的 CUPS（IPP）：通过 IPP 协议共享的连接在其他计算机上的共享打印机。
- 联网的 UNIX（LPD）：通过 LPD 共享的连接在其他计算机上的共享打印机。
- 联网的 Linux（SMB）：通过 SMB 共享的连接在其他计算机上的共享打印机。
- 联网的 Novell（NCP）：通过 NCP 协议共享的连接在其他计算机上的共享打印机。
- 联网的 JetDirect：通过 HP JetDirect 打印服务器连接到网络上的共享打印机。

在此选择本地连接（L），配置本地打印机。设置完成后单击【前进】按钮，进入图 4-7 所示的窗口。在该窗口中根据自己的打印机型号进行设置。

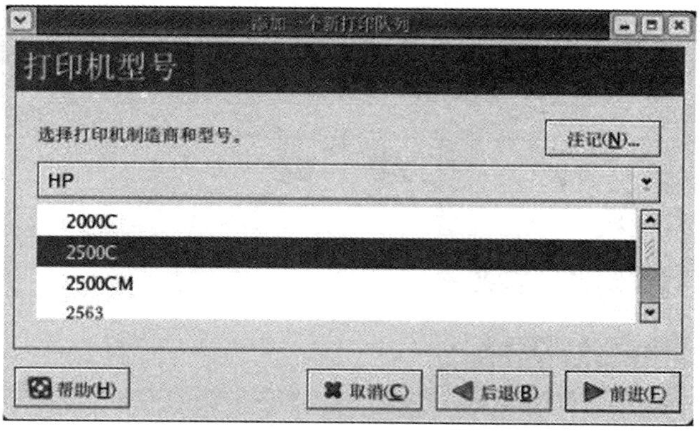

图 4-7　设置打印机型号

设置完打印机的型号之后就基本完成了打印机的添加工作。添加后的打印机的配置文件会保存在/etc/printcap 文件和/etc/cups 目录中。打印机的配置文件是/etc/cups/printers. conf，性能配置文件是/etc/printcap。Linux 系统本身提供了一些常用打印机的驱动程序，如果想下载更多的基于 Linux 的打印机驱动程序可以到相关网站下载。

在 Linux 系统中设置打印机也可以直接在浏览器中输入 http：//localhost：631，采用 Web 界面的方式进行配置。

二、在 Samba 中设置打印机共享

在 smb. conf 文件中配置如下两行，即可自动添加打印机列表：

```
printcap name= /etc/printcap
load printers= yes
```

下面是系统默认的打印机配置部分：

```
[printers]
comment= All Printers//对打印机共享的描述性信息
path= /var/spool/samba//存放发送给打印机的文件的缓冲目录
browseable= no//设置是否可以浏览
guest ok= no//设置是否可以允许 guest 用户访问
writable= no//设置是否可以写入
printable= yes//设置用户是否可以打印
```

在 Linux 客户端看到的 Samba 服务器上的打印机共享界面如图 4-8 所示。

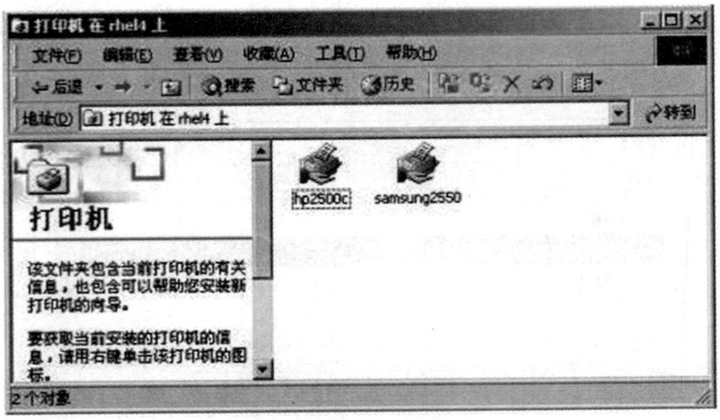

图 4-8　Linux 中看到的 windows 系统的共享打印机

【例 4-7】设置只允许用户 mlx 使用 hp2500c 打印机。

```
[root@ CENTOS 7 samba] #  vi/etc/samba/smb.conf

//添加下面的几行内容

[mlxprn]
comment= mlx's printer//关于共享打印机的描述
valid users= mlx//设置访问该打印机的有效用户
path= /home/mlx//存放 spool 数据的目录，有效用户对该目录必须有写入权限
printer= hp2500c//打印机
public= no
writable= no//不可以浏览
printable= yes//可以打印
```

任务五　Windows 与 Linux 系统共享资源互访

Windows 和 Linux 系统互相通信具有重要的现实意义，本节将主要介绍 Windows 和 Linux 系统的共享资源互访。

在 Linux 中访问 Windows 系统的资源比较简单。本节通过实例来讲述如何从 Linux 中访问 Windows 资源。

一、从 Linux 中访问 Windows 资源

【例 4-8】Windows 计算机的 NetBIOS 名称为 jnrp-mlx，Linux 计算机的 NetBIOS 名称为 CentOS 7。二者所属工作组为 WORKGROUP。以例 4-7 所设置的共享资源为例，讲解在 Linux 中访问 windows 的共享资源。

打开 windows 中的网上邻居，进入 WORKGROUP 工作组，看到如图 4-9 所示的界面，选择 CentOS 7 计算机。

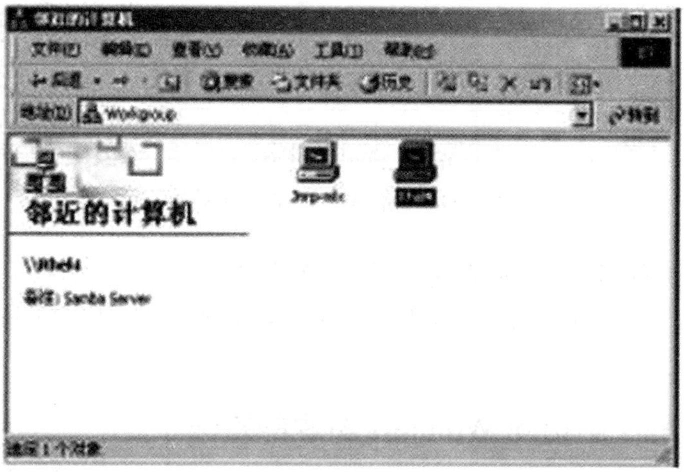

图 4-9 Linux 中看到的 Windows 系统

（1）双击 CentOS 7，出现要求输入用户名和密码对话框。如图 4-10 所示。

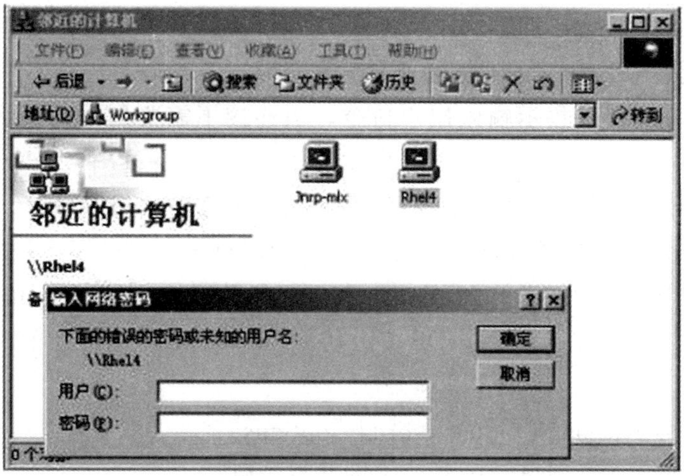

图 4-10 输入网络密码对话框

（2）在输入正确的用户名和密码之后就可以看到 Windows 中的共享资源了，如图 4-11 所示。用户可以根据自己的需要进行相应的操作。

图 4-11　CentOS 7 上的共享资源

Linux 系统中的用户也可以直接在【开始】|【运行】对话框中采用 UNC 路径的方式，直接输入 Samba 服务器的 NetBIOS 名称或 IP 地址来访问 Windows 系统的共享资源。

二、从 Linux 中访问 Windows 资源的方法

1. 利用 smbclient 命令访问共享资源

smbclient 命令的格式如下：

其中 servicename 是要连接的共享资源，格式为：//server/service。

smbclient 命令的常用参数：

-L：列出远程 server 服务器上的所有共享资源。

-N：禁止 smbclient 提示输入用户口令，当连接不需要口令的资源时可以使用该选项。

-I：用 I 参数指定要访问的计算机的 IP 地址，而忽略 NetBIOS 名。

-U username：指定访问远程服务器时使用的用户名。

【例 11-9】Windows 计算机的 NetBIOS 名称为 jnrp-mlx，Linux 计算机的 NetBIOS 名为 CentOS 7。在 CentOS 7 上访问 jnrp-mlx 计算机上的共享文件夹 dir1 和 dir2。

smbclient {servicename} [password] [options]

（1）在 CentOS 7 上列出 jnrp-mlx 上的共享资源：

```
smbclient-L jnrp-mlx
Password:
Domain= [JNRP-MLX] OS= [Linux 5.0] Server= [Linux 2000 LAN Manager]
Sharename Type Comment
```

```
--------------------
E$ Disk 默认共享
IPC$ IPC 远程 IPC
D$ Disk 默认共享
dir2 Disk
dir1 Disk
ADMIN$ Disk 远程管理
C$ Disk 默认共享
```

(2) 以 administrator 用户身份下载 jnrp-mlx 上 dir1 目录中的共享资源：

```
[root@ CENTOS 7~ ] # smbclient//jnrp-mlx/dir1-U administrator
Password:
Domain= [JNRP-MLX] OS= [Linux 5.0] Server= [Linux 2000 LAN Manager]
smb: \ > mget
```

在利用 smbclient 命令连接成功之后，会出现“smb: \ >”提示符，使用方法和 ftp 命令的使用方法相似。常见的命令如下：

ls：列出目录列表。

mkdir：创建新目录。

rm：删除文件。

lcd：查看或修改本地工作目录。

get：从服务上下载单个文件。

put：向服务器上传单个文件。

mget：支持通配符，从服务器端下载多个文件。

mput：向服务器上传多个文件。

?：查看可以使用的命令。

q：退出 smbclient 命令。

3. 利用 smbmount 命令访问共享资源

在 Linux 系统中也可以使用 smbmount 命令挂载共享资源，使用 smbumount 命令卸载共享资源。命令格式为：

smbmount 共享资源地址挂载点-o 参数

smbumount 挂载点

【例 4-10】Windows 计算机的 NetBIOS 名为 jnrp-mlx，Linux 计算机的 NetBIOS 名为 CentOS 7。在 CentOS 7 上计算机上将 Windows 计算机中的 dir2 目录挂载到本地的/mnt/windir2 目录下。

```
[root@ CENTOS 7~ ] # mkdir/mnt/windir2//创建挂载点
[root@ CENTOS 7~ ] # smbmount//jnrp-mlx/dir2/mnt/windir2//挂载
[root@ CENTOS 7~ ] # smbumount/mnt/windir2//访问完毕，卸载
```

注意：

（1）Linux 系统之间也可以使用 smbclient 和 smbmount 命令访问对方的共享资源。

（2）无论 Linux 系统还是 Windows 系统的共享都受到本地权限和共享权限的双重限制，最终的共享权限在二者之间取最严格的。

任务六　使用 Samba 组件中的应用程序

与 Samba 组件相关的应用程序还包括 testparm、smbstaus、SWAT 等，本节将主要介绍这些应用程序的作用和使用方法。

一、testparm 命令

Samba 服务配置完成之后可以利用 testparm 命令检查该文件有无语法错误。

【例 4-11】在 CentOS 7 上计算机上利用 testparm 命令测试 smb. conf 文件的语法配置。

```
[root@ CENTOS 7 windir2] #  testparm
```

通过该命令可以查看到相应的服务定义，并且根据提示及时更正语法错误。

二、smbstatus

smbstatus 用于显示当前 Samba 服务器的连接状态。该命令执行结果如下所示：

```
[root@ CENTOS 7 windir2] #  smbstatus
Samba version 3. 0. 10-1. 4E
PID Username Group Machine--------------------------------
9875 user1 user1 jnrp-mlx (10. 10. 10. 2)
Service pid machine Connected at----------------------------------
IPC$  9875 jnrp-mlx Fri Dec 7 13:  51:  26 2007
share 9875 jnrp-mlx Fri Dec 7 13:  51:  50 2007
No locked files
```

三、SWAT

SWAT 是 Samba web administration tool 的缩写，它允许用户通过 Web 界面配置 Samba 服务器。SWAT 对应的软件包名称为 samba-swat-3. 0. 10-1. 4E. i386. rpm，在

第四张安装光盘上。swat 和 smb 服务不同的是，它是由 xinetd 进程监听的。实现 SWAT 的过程如下：

（1）安装软件包之后，修改/etc/xinetd. d/swat 文件。配置后的内容如下：

```
service swat
{port= 901//监听端口
socket_ type= stream
wait= no
# only_ from= 127.0.0.1//注释掉该行，代表从本机所有接口监听
user= root
server= /usr/sbin/swat
log_ on_ failure+ = USERID
disable= no} //将 disable 的值设置为 no，代表由 xinetd 监听
```

（2）查看/etc/services 文件，保证 901 端口启动。在/etc/services 文件中的内容如下：

```
swat 901/tcp #  Samba Web Administration Tool
```

（3）重新启动 xinetd 超级守护进程，使其监听 swat 服务。

```
[root@ CENTOS 7 xinetd. d] #  service xinetd restart
停止 xinetd：[确定]
启动 xinetd：[确定]
```

（4）查看 901 端口的运行状态。

```
[root@ CENTOS 7 xinetd. d] #  lsof -i: 901
COMMAND PID USER FD TYPE DEVICE SIZE NODE NAME
xinetd 9912 root 5u IPv4 47174 TCP * : swat (LISTEN)
```

由此可见 swat 服务已经正常启动并处于监听状态。

（5）使用 SWAT 设置 Samba 服务器。

在任何一台和 Samba 服务器能正常通信的计算机的浏览器中输入 http：//server：901（其中 server 是 Samba 服务器的 IP 地址或主机名），并输入正确的配置账户和口令（一般以 root 用户登录）即可进入配置界面。如图 4-12 所示。

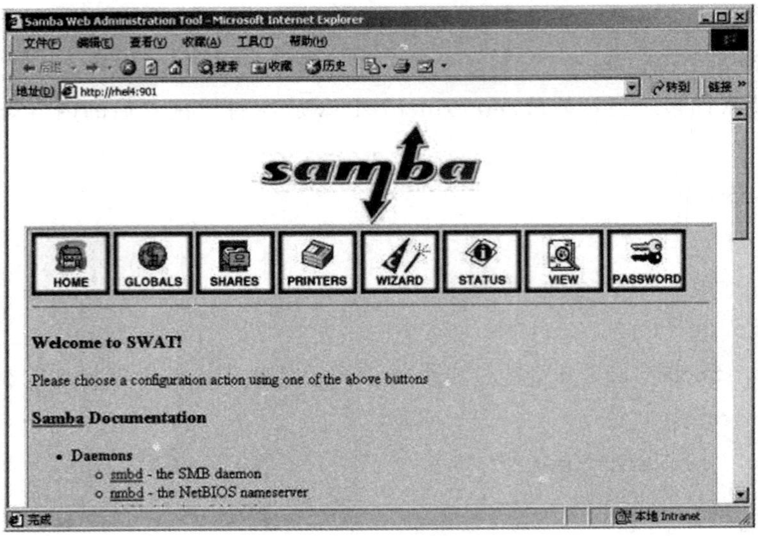

图 4-12　SWAT 配置界面

SWAT 提供了较为完整的配置帮助信息，可以在此进行设置。配置方式和修改 smb. conf 文件的方法相似，这里不再赘述。

企业实战与应用

一、企业环境及需求

1. Samba 服务器目录

公共目录/share。

销售部/sales。

技术部/tech。

2. 企业员工情况

主管：总经理 master。

销售部：销售部经理 mike，员工 sky，员工 jane。

技术部：技术部经理 tom，员工 sunny，员工 bill。

公司使用 Samba 搭建文件服务器，需要建立公共共享目录，允许所有人访问，权限为只读。为销售部和技术部分别建立单独的目录，只允许总经理和对应部门员工访问，并且公司员工无法在网络邻居查看到非本部门共享目录。企业网络拓扑如图 4-13 所示。

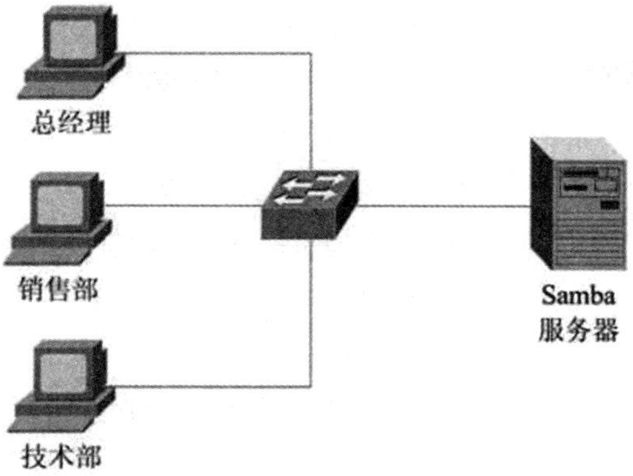

图 4-13　企业网络拓扑

二、需求分析

对于建立公共的共享目录，使用 public 字段很容易实现匿名访问。但是，注意后面公司的需求，只允许本部门访问自己的目录，其他部门的目录不可见！这就需要设置目录共享字段“browsable＝no”，以实现隐藏功能，但是这样设置，所有用户都无法查看该共享。因为对同一共享目录，有多种需求，一个配置文件无法完成这项工作，这时需要考虑建立独立配置文件，以满足不同员工访问需要。但是不要被列出的员工名单影响，为每个用户建立一个配置文件，显然操作太繁琐了。我们可以为每个部门建立一个组，并为每个组建立配置文件，实现隔离用户的目的。

三、解决方案

Step1：建立各部门专用目录。

使用 mkdir 命令，分别建立各部门存储资料的目录。

```
[root@ CENTOS 7~ ] # mkdir/share
[root@ CENTOS 7~ ] # mkdir/sales
[root@ CENTOS 7~ ] # mkdir/tech
```

Step2：添加用户和组

先建立销售组 sales，技术组 tech，使用 useradd 命令添加经理账号 master，并将员工账号加入到不同的用户组。

```
[root@ CENTOS 7~ ] # groupadd sales
[root@ CENTOS 7~ ] # groupadd tech
[root@ CENTOS 7~ ] # useradd master
```

```
[root@ CENTOS 7~ ] #  useradd-g sales mike
[root@ CENTOS 7~ ] #  useradd-g sales sky
[root@ CENTOS 7~ ] #  useradd -g sales jane
[root@ CENTOS 7~ ] #  useradd -g sales tom
[root@ CENTOS 7~ ] #  useradd -g tech sunny
[root@ CENTOS 7~ ] #  useradd -g tech bill
```

使用 smbpasswd 命令添加 Samba 用户，具体操作请参照 4.3.2 相关内容。

(1) 建立配置文件

用户配置文件使用用户名命名，组配置文件使用组名命名。

```
[root@ CENTOS 7~ ] #  cp smb. conf master. smb. conf
[root@ CENTOS 7~ ] #  cp smb. conf sales. smb. conf
[root@ CENTOS 7~ ] #  cp smb. conf tech. smb. conf
```

(2) 设置主配置文件 smb. conf

首先使用 vi 编辑器打开 smb. conf。

```
[root@ CENTOS 7~ ] #  vi smb. conf
```

编辑主配置文件，添加相应字段，确保 Samba 服务器会调用独立的用户配置文件，以及组配置文件。

```
[global]
workgroup= WORKGROUP
server string= file server
security= user
include= /etc/samba/% U. smb. conf ①
include= /etc/samba/% G. smb. conf ②
[public]
comment = public
path= /share
public= Yes
```

①使 Samba 服务器加载/etc/samba 目录下，格式为“用户名 . smb. conf”的配置文件。

②保证 Samba 服务器加载格式为“组名 . smb. conf”的配置文件。

(3) 设置总经理 master 配置文件

使用 vi 编辑器修改 master 账号配置文件 master. smb. conf，如下所示。

```
[global]
workgroup= WORKGROUP
server string= file server
security= user
[public]
comment = publiC
path= /Share
public= yes
[sales]   ①
comment= sales
path= /sales
valid users= master
[tech] ②
comment= tech
palth= /tech
valid users= master
```

①添加共享目录 sales，指定 samba 服务器存放路径，并添加 valid users 字段，设置访问用户为 master 账号。

②为了使 master 账号访问技术部的目录 tech，还需要添加 tech 目录共享，并设置 validusers 字段，允许 master 访问。

(4) 设置销售组 sales 配置文件

编辑配置文件 sales. smb. conf，注意 global 全局配置以及共享目录 public 的设置，保持和 master 一样，因为销售组仅允许访问 sales 目录，所以只添加 sales 共享目录设置即可，如下所示。

```
[sales]
comment= sales
path= /sales
valid users= @ sales，master
```

(5) 设置技术组 tech 的配置文件

编辑 tech. smf. conf 文件，全局配置和 public 配置与 sales 对应字段相同，添加

tech 共享设置，如下所示。

```
[tech]
comment= tech
path= /tech
valid users= @ tech, master
```

四、Samba 排错

为了能在工作中应付 Samba 出现的问题，下面会介绍一系列检验 Samba 服务器的方法，并且解释造成这些错误的原因。通过这些测试，能够保证 Samba 服务器工作得更加良好。遇到错误不要害怕，以下提到的排错方法会对解决这些问题有很大的帮助。

1. Linux 服务的一般排错方法

对于 Linux 服务，想排错得心应手，先要养成良好的操作习惯。

(1) 错误信息

一定要仔细查看接收到的错误信息。如果有错误提示的话，根据错误提示，判断产生问题所在。

(2) 配置文件

配置文件存放服务的设置信息，用户可以修改配置文件，以实现服务的特定功能。但是，用户的配置失误，会造成服务无法正常运行。为了减少输入引起的错误，很多服务的软件包，都自带配置文件检查工具，用户可以通过这些工具，对配置文件进行检查。

(3) 日志文件

一旦服务出现问题，不要惊慌，用组合键 Ctrl+Alt+F1～F6 切换到另外一个文字终端，使用 tail 命令来动态监控日志文件。

```
[root@ CENTOS 7~ ] #  testparm-F/var/log/messages
```

2. Samba 服务的故障排错

上面介绍的是 Linux 中各种服务排错的通用方法，下面具体介绍 Samba 的故障排除分析。

Samba 服务功能强大，当然配置也相当复杂，在 Samba 出现问题后，可以通过以下步骤进行排错。

Step1：使用 testparm 命令检测。

使用 testparm 命令检测 smb. conf 文件的语法，如果报错，说明 smb. conf 文件设置错误。根据提示信息，去修改主配置文件，进行调试。

```
[root@ CENTOS 7~ ] # testparm/etc/samba/smb.conf
```

Step2：使用 ping 命令测试。

Samba 服务器主配置文件排除错误后，再次重启 smb 服务，如果客户端仍然无法连接 Samba 服务器，客户端可以使用 ping 命令测试。针对出现的不同情况，进行分析。

如果没有收到任何提示，说明客户端 TCP/IP 协议安装有问题，需要重新安装该协议，然后重试。

如果提示"host not found"（无法找到主机），那么，客户端的 DNS 或者/etc/hosts 文件没有设置正确，确保客户端能够使用名称访问 Samba 服务器。

无法 ping 通还可能是防火墙设置的问题。需要重新设置防火墙的规则，开启 Samba 与外界联系的端口（具体设置请参照项目 11 中的有关 iplables 的设置）。

还有一种可能，执行 ping 命令时，主机名输入错误，更正重试。

Step3：使用 smbcliet 命令测试。

若客户端与 Samba 服务器可以 ping 通，说明客户端到达服务器的连接没有问题，如果用户还是不能访问 Samba 共享资源，可以执行 smbclient 命令进一步测试服务器端配置。

（1）如果 Samba 服务器正常，并且用户采用正确的帐号和密码，去执行 smbclient 命令可以获取共享列表。

```
[root@ CENTOS 7~ ] #  smbclient -L 10.0.0.1-U test% 123
Domain= [CENTOS 7] OS= [Unix] Server= [Samba 3.0.23c-2]
Sharename Type Comment
public Disk public
IPC$  IPC IPC Service (file server)
test Disk Home Directories
Domain= [CENTOS 7] OS= [Unix] Server= [Samba 3.0.23c-2]
Server Comment
--------- ---------
Workgroup Master
--------- ---------
Workgroup
```

（2）如果接收到一个错误信息提示"tree connect failed"，如下所示。

```
[root@ CENTOS 7~ ] # smbclient//10.0.0.1/public-U test%123
tree connect failed: Call returned zero bytes (EOF)
```

说明可能在 smb.conf 文件中设置了 host deny 字段，拒绝了客户端的 IP 地址或域名，可以修改 smb.conf，允许该客户端访问即可。

(3) 如果返回信息“connection refused”(连接拒绝)，如下所示。

```
[root@ slave~] # smbclient-L 10.0.0.1
Error connecting to 10.0.0.1 (Connection refused )
Connection to 10.0.0.1 failed
```

说明 Samba 服务器 smbd 进程可能没有开启。确保 smbd 和 nmbd 进程开启，并使用 netstat-a 检查 netbios 使用的 139 端口是否处在监听状态。

(4) 提示信息如果为“session setup failed”(连接建立失败)，表明服务器拒绝了连接请求。

```
[root@ CENTOS 7~ ] # smbclient -L 10.0.0.1 -U test%1234
session setup failed: NT_ STATUS_ LOGON_ FAILURE
```

这是因为用户输入的账号或密码错误造成的，请更正重试。

(5) 有时会收到提示信息“Your server software is being unfriendly”(你的服务器软件存在问题)。

一般是因为配置 smbd 时使用了错误的参数，或者启动 smbd 时遇到的类似严重错误。可以使用前面提到的 testparm 去检查相应的配置文件，并检查日志。

项目练习

1. 使用 Samba 共享了目录，但是在 Linux 网络邻居却看不到它，应该在/etc/samba/smb.conf 中怎样设置才能正确工作？(　　)

   A. AllowLinuxClients=yes　　B. Hidden=no

   C. Browsable=yes　　D. 以上都不是

2. 请选择一个正确的命令来卸载 samba-3.0.10-1.4E.i386.rpm。(　　)

   A. rpm -d samba-3.0.10-1.4E　　B. rpm -i samba-3.0.10-1.4E

   C. rpm -e samba-3.0.10-1.4E　　D. rpm -d samba-3.0.10-1.4E

3. 哪个命令可以允许 198.168.0.0/24 访问 Samba 服务器？(　　)

   A. hosts enable=198.168.0.0/24

   B. hosts allow=198.168.0.0/255.255.255.0

C. hosts accept＝198.168.0.0/24

D. hosts accept＝198.168.0.255

4. 启动 Samba 服务，哪些是必须运行的端口监控程序？（　　）

A. nmbd　　B. lmbd　　C. mmbd　　D. smbd

5. 下面所列出的服务器类型中哪一种可以使用户在异构网络操作系统之间进行文件系统共享的？（　　）

A. FTP　　B. Samba　　C. DHCP　　D. Squid

6. Samba 服务的主配置文件是（　　）。

A. smb.conf　　B. samba.conf

C. smbpasswd　　D. smbclient

7. 利用（　　）命令可以对 Samba 的配置文件进行语法测试。

A. smbclient　　B. smbpasswd　　C. testparm　　D. smbmount

8. （　　）是 Samba 服务器默认的安全级别。

A. share　　B. user　　C. server　　D. domain

9. 可以通过设置条目（　　）来控制可以访问 Samba 共享服务器的合法主机名。

A. allow hosts　　B. valid hosts　　C. allow　　D. publicS

10. Samba 的主配置文件中不包括（　　）。

A. global 参数　　B. directory shares 部分

C. printers shares 部分　　D. applications shares 部分

项目五　配置与管理 DHCP 服务器

项目描述

某高校已经组建了学校的校园网，然而随着笔记本电脑的普及，教师移动办公以及学生移动学习的现象越来越普遍，当计算机从一个网络移动到另一个网络时，需要重新获取新网络的 IP 地址、网关等信息，并对计算机进行设置。这样，客户端就需要知道整个网络的部署情况，需要知道自己处于哪个网段、哪些 IP 地址是空闲的，以及默认网关是多少等信息，不仅用户觉得麻烦，也为网络管理员规划网络、分配 IP 地址带来了困难。网络中的用户希望无论处于网络中什么位置，都不需要配置 IP 地址、默认网关等就能够上网。这就需要在网络中部署 DHCP 服务器。

在开始该项目之前，首先应当对整个网络进行规划，确定网段的划分以及每个网段可能的主机数量等信息。

能力目标

- 根据企业需求规划和设计地址信息服务方案
- 在 Linux 平台下正确安装和配置 DHCP 服务
- 具备 DHCP 服务器的管理和维护能力

相关知识

一、什么是 DHCP

DHCP（dynamic host configuration protocol，动态主机配置协议）是一个简化主机 IP 地址分配管理的 TCP/IP 标准协议。利用它可以给网络客户机分配动态的 IP 地址以及进行其他相关的网络环境配置工作，如 DNS、WINS、Gateway 等的设置。

对于一定规模的局域网，一般使用 DHCP 服务器来动态处理客户端的 IP 地址配置，实现 IP 地址的集中式管理与自动分配。在企业环境中部署 DHCP 服务器，能在较大程度上缓解网络管理员的工作压力。

二、DHCP 服务的作用

DHCP 服务主要有以下 3 方面的作用。

(1) 减轻管理员管理 IP 地址的负担，极大地缩短配置或重新配置网络中工作站所花费的时间，达到最高效地利用有限 IP 地址的目的。

(2) 避免因手工设置 IP 地址及子网掩码所产生的错误。

(3) 避免把一个 IP 地址分配给多台计算机，从而造成地址冲突的问题。

三、DHCP 服务的工作机制

DHCP 服务使用客户机/服务器（client/sderver，C/S）工作模式。网络管理员建立一个 DHCP 服务器，以维护一个或多个 TCP/IP 配置信息。当客户机启动时，即会自动地从服务器获得相关的 TCP/IP 相关信息。服务器数据库包含以下信息。

(1) 网络上所有客户端的有效配置参数。

(2) 在指派到客户端的地址池中维护有效的 IP 地址，以及用于手动指派的保留地址。

(3) 服务器提供的租约持续时间。

通过在网络上安装和配置 DHCP 服务器，启用 DHCP 的客户机可以在每次启动并加入网络时动态地获得其 IP 地址和相关配置参数。DHCP 服务器以地址租约的形式将该配置提供给发出请求的客户机。

在以下 3 种情况下，DHCP 客户机将申请一个新的 IP 地址。

(1) 客户机第一次以 DHCP 客户机的身份启动。

(2) DHCP 客户机的 IP 地址由于某种原因（如租约到期或断开连接）已经被服务器收回，并提供给其他 DHCP 客户机使用。

(3) DHCP 客户机自行释放已经租用的 IP 地址，要求使用一个新的 IP 地址。

DHCP 客户机申请一个新的 IP 地址的总体过程如图 5-1 所示，其具体过程如下。

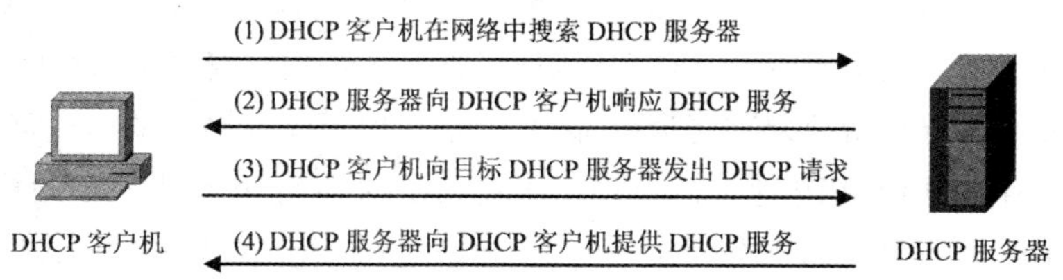

图 5-1　DHCP 客户机向 DHCP 服务器申请 IP 地址工作流程

(1) DHCP 客户机设置为“自动获得 IP 地址”后，因为还没有 IP 地址与其绑定，此时称为处于“未绑定状态”。这时的 DHCP 客户机只能提供有限的通信能力，如可发送和广播消息，但因为没有自己的 IP 地址，所以自己无法发送广播的消息。

（2）DHCP 客户机试图从 DHCP 服务器那里“租借”到一个 IP 地址，这时 DHCP 客户机进入“初始化状态”。这个未绑定 IP 地址的 DHCP 客户机会向网络上发出一个源 IP 地址为广播地址（即 0.0.0.0）的 DHCP 探索消息（DHCPDISCOVER），寻找看哪个 DHCP 服务器可以为它分配一个 IP 地址。

（3）子网上的所有 DHCP 服务器收到这个 DHCP 探索消息后，各 DHCP 服务器确定自己是否有权为该客户机分配一个 IP 地址。

（4）确定有权为对应客户机提供 DHCP 服务后，DHCP 服务器开始响应，并向网络广播一个 DHCP 提供消息（DHCPOFFER），包含了未租借的 IP 地址信息以及相关的配置参数。

（5）DHCP 客户机会评估收到的 DHCP 服务器提供的消息并进行两种选择：一种认为该服务器提供的对 IP 地址的使用约定（简称“租约”）可以接受，就发送一个请求消息（DHCPREQUEST），该消息中指定了自己选定的 IP 地址并请求服务器提供该租约；另一种选择拒绝服务器的条件，发送一个拒绝消息，然后继续从第（1）步开始执行。

（6）DHCP 服务器在收到确认消息后，根据当前 IP 地址的使用情况以及相关配置选项，对允许提供 DHCP 服务的客户机发送一个确认消息（DHCPACK），其中包含了所分配的 IP 地址及相关的 DHCP 配置选项。

（7）客户机在收到 DHCP 服务器的消息后，绑定该 IP 地址，进入“绑定状态”。于是客户机有了自己的 IP 地址，就可以在网络上进行通信了。

项目设计与准备

一、项目需求

广州捷正数码网络科技有限公司随着业务的逐渐扩展，公司内拥有的计算机数量从 20 世纪 90 年代初的数十台增加到目前的数百台，从单机应用模式变为数百台的联网模式。网络运行过程中出现了内部 IP 地址经常发生冲突、管理 IP 地址比较费时等问题。为此，公司决定重新规划和管理内部 IP 地址，以便实现高效的企业信息化管理。

为了减轻管理员管理 IP 地址的负担，避免因手动设置 IP 地址及子网掩码所产生的地址冲突等问题，公司内部所有工作站的 IP 地址均采用动态获得的方式取得 IP 地址，为此需要在公司内部安装 DHCP 服务器，以提供 IP 地址分配。

二、项目准备

部署 DHCP 服务应满足下列需求：

（1）安装 Linux 企业服务器版，用作 DHCP 服务器。

(2) DHCP 服务器的 IP 地址、子网掩码、DNS 服务器等 TCP/IP 参数必须手工指定，否则将不能为客户端分配 IP 地址。

(3) DHCP 服务器必须要拥有一组有效的 IP 地址，以便自动分配给客户端。

三、项目拓扑

广州捷正数码网络科技有限公司内部架设的 DHCP 服务项目的网络拓扑结构如图 2-2 所示。DHCP 服务能自动为网络客户机分配 IP 地址、子网掩码、网关及 DNS 服务器和 WINS 服务器的 IP 地址。

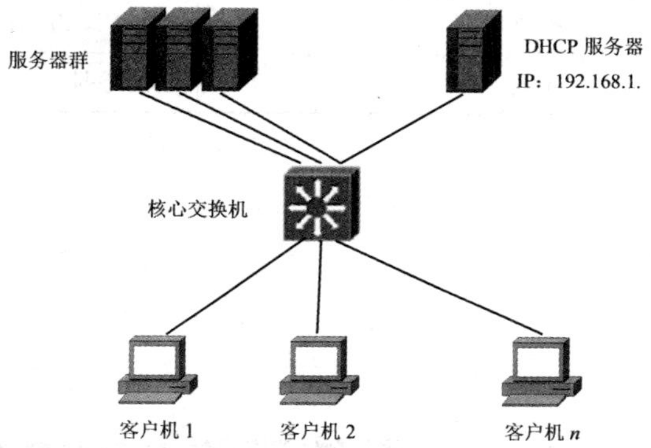

图 2-2　DHCP 服务项目的网络拓扑结构

四、地址规划

根据项目设计，广州捷正数码网络科技有限公司对 IP 地址的规划有以下要求。

(1) 公司内部网络的 IP 地址使用 192.168.1.0/24 网段。

(2) 公司网络需要连接 Internet，因此要为网关预留 IP 地址。

(3) 公司网络不仅架设有 DHCP 服务器，还要为 DNS、Web、FTP、E-mail、CA、VPN 等服务器预留固定的 IP 地址。

(4) 在可供分配的地址范围中间预留 10 个 IP 地址为网络管理人员等用于其他用途。

(5) 公司经理需要保留一个如“188”的所谓“吉祥”地址。

根据上述要求，广州捷正数码网络科技公司内部网络 IP 地址详细规划见表 5-1。

表 5-1　广州捷正数码网络科技有限公司内部网络 IP 地址规划

IP 地址	用　途	说　明
192.168.1.1	DHCP、DNS 服务器	固定地址
192.168.1.2	Web、VPN、CA 服务器	固定地址
192.168.1.3	E-mail 服务器	固定地址

续表

IP 地址	用　途	说　明
192.168.1.4	FTP 服务器	固定地址
192.168.1.5～9	预留	随着公司发展可能增加服务器
192.168.1.10～109	可供分配	供客户机动态获取的 IP 地址
192.168.1.110～120	预留	为网络管理员等留作其他用途
192.168.1.121～220	可供分配	供客户机动态获取的 IP 地址
192.168.1.188	预留给公司经理	公司经理的计算机每次自动获取该地址
192.168.1.221～253	预留	为 VPN 访问的客户端分配虚拟 IP
192.168.1.254	网关	固定地址

项目实施

任务一　Linux 系统下的 DHCP 服务配置

一、安装与启动 DHCP 服务

如果安装 Linux 系统时未安装 DHCP 软件包，则可以执行下面的命令进行安装，并启动 dhcpd 服务。

```
# rpm-qa| grep dhcp//检查是否已安装 DHCP 服务器，若未安装，则：
# mount/dev/cdrom/mnt/cdrom//将第 2 张安装光盘插入光驱后挂载
# cd/mnt/cdrom/RedHat/RPMS//进入光盘的 RPM 包目录
# rpm-ivh dhcp-3.0pl1-23.i386.rpm//安装 DHCP 服务器
# cd; eject//弹出光盘
# service dhcpd status//查看 DHCP 服务器的运行状态
# service dhcpd start//启动 DHCP 服务器
# pstree |  grep dhcpd//检验 DHCP 服务器是否已经启动
```

注意：上述 DHCP 软件包的版本根据用户所使用的 Linux 系统以及版本不同而有所不同。另外，service 命令可用于启动（start）、停止（stop）、重启（restart）服务以及查看服务的运行状态（status），但它只能临时启动服务。如果需要一个网络服务随着系统的启动而自动启动，可以采取以下3种方法来设置：

（1）使用 ntsysv 命令，打开一个文本界面，添加 dhcpd 服务。

（2）使用 chkconfig 命令使服务自动启动，命令用法详见附录。

（3）在图形界面下打开“服务”对话框，选择相应服务即可自动启动。

二、配置 DHCP 服务

配置 DHCP 服务的步骤如下。

步骤 1　生成/etc/dhcpd. conf 文件。DHCP 服务器的主配置文件是/etc/dhcpd. conf，默认情况下此文件不存在，当安装了 DHCP 服务器后，便提供了一个配置文件模板，可用以下命令复制。

```
# cp/usr/share/doc/dhcp-3. 0p11/dhcpd. conf. sample/etc/dhcpd. conf
```

步骤 2　修改/etc/dhcpd. conf 文件，命令如下。

```
# vim/etc/dhcpd. conf//编辑 dhcpd. conf 文件
ddns-update-style interim; //配置使用过渡性 DHCP-DNS 互动更新模式
ignore client-updates; //忽略客户端更新
default-lease-time 21600; //为 DHCP 客户设置默认的地址租期（单位：s）
max-lease-time 43200; //为 DHCP 客户设置最长的地址租期
option routers192. 168. 1. 1; //为 DHCP 客户设置默认网关
option subnet-mask255. 255. 255. 0; //为 DHCP 客户设置子网掩码
option domain-name" zjic. com"; //为 DHCP 客户设置 DNS 域
option domain-name-servers192. 168. 1. 1; //为 DHCP 客户设置 DNS 地址
option time-offset-18000; //设置与格林尼治时间的偏移
subnet 192. 168. 1. 0 netmask 255. 255. 255. 0 {//设置子网声明
range 192. 168. 1. 10  192. 168. 1. 109;
range 192. 168. 1. 121  192. 168. 1. 220;
} //允许 DHCP 服务器分配这两段地址范围给 DHCP 客户
Host me {//设置主机声明，为名称为 me 的机器指定固定的 IP 地址
option host-name " me. zjic. com"; //给客户指定域名
hardware Ethernet 12: 34: 56: 78: AB: CD; //指定客户的 MAC 地址
fixed-address 192. 168. 1. 188//给指定的 MAC 地址分配固定 IP
}
```

步骤 3　重启 dhcpd 服务，命令如下。

```
# service dhcpd restart//重新启动 DHCP 服务器
```

三、客户端的配置与测试

1. 配置客户端

步骤 1　编辑网络接口配置文件，命令如下。

```
# vim/etc/sysconfig/network-scripts/ifcfg-eth0//编辑网络接口配置文件
```

步骤 2　修改脚本中的 BOOTPROTO 配置，并保存退出。脚本如下。

```
# Intel Corporation 82545EM Gigabit Ethernet Controller (Copper)
TYPE= Ethernet//网卡类型
DEVICE= eth0//网卡接口名称
HWADDR= 00: 0C: 29: 13: 5D: 74//网卡设备 MAC 地址
ONBOOT= yes//系统启动时是否自动加载
BOOTPROTO= dhcp//启用动态地址协议，static: 静态协议，dhcp: 动态协议
# IPADDR= 192.168.1.11//网卡 IP 地址
# NETMASK= 255.255.255.0//网卡网络地址
# GATEWAY= 192.168.1.1//网卡网关地址
# BROADCAST= 192.168.1.255//网卡广播地址
```

注意：上述脚本中，BOOTPROTO 配置项除了 dhcp 动态地址协议外，还可以配置成 static 静态地址协议和 bootp 协议（让无盘站从一个中心服务器上获得 IP 地址的协议）。由于这里配置成 dhcp 动态地址协议，所以最后 4 行可以删掉或者加“#”号注释掉。

步骤 3　重新导入 ifcfg-eth0 网络配置文件，命令及显示如下。

```
# /etc/init.d/network reload
Shutting down interface eth0: [ OK]
Shutting down loopback interface: [ OK]
Bringing up loopback interface: [ OK]
Bringing up interface eth0: [ OK]
```

步骤 4 网卡接口的关闭与激活，命令如下。

```
# ifdown eth0//关闭网络
# ifup eth0//启动网络
```

步骤 5 重新启动网络服务，命令如下。

```
# service network restart//重启网络服务，或者使用
# /etc/init.d/network restart
```

2. 客户端测试 DHCP

```
# ifconfig//查看网卡接口信息，默认列出所有接口
eth0      Link encap: Ethernet  HWaddr 00: 0C: 29: 13: 5D: 74
          inet addr: 192.168.1.10  Bcast: 192.168.1.255  Mask: 255.255.255.0
          inet6 addr: fe80:: 20c: 29ff: fe13: 5d74/64 Scope: Link
          UP BROADCAST RUNNING MULTICAST  MTU: 1500  Metric: 1
          RX packets: 413 errors: 0 dropped: 0 overruns: 0 frame: 0
          TX packets: 572 errors: 0 dropped: 0 overruns: 0 carrier: 0
          collisions: 0 txqueuelen: 1000
          RX bytes: 47701 (46.5 KiB)  TX bytes: 64842 (63.3 KiB)
          Base address: 0x2000 Memory: d8920000-d8940000

lo        Link encap: Local Loopback
          inet addr: 127.0.0.1  Mask: 255.0.0.0
          inet6 addr::: 1/128 Scope: Host
          UP LOOPBACK RUNNING  MTU: 16436  Metric: 1
          RX packets: 407 errors: 0 dropped: 0 overruns: 0 frame: 0
          TX packets: 407 errors: 0 dropped: 0 overruns: 0 carrier: 0
          collisions: 0 txqueuelen: 0
          RX bytes: 70759 (69.1 KiB)  TX bytes: 70759 (69.1 KiB)
```

注意：在 Linux 系统中，ifconfig 是常用于查看当前网络接口参数配置的命令，类似于 Windows ipconfig 命令。ifconfig 命令在不加任何参数的情况下默认将列出所有接口信息，而且除了用于查看接口信息外，通常还用于临时配置网络接口参数，例如：

```
# ifconfig eth0 10.1.1.10 netmask 255.0.0.0
```

任务二　DHCP 服务的维护与深入配置

一、DHCP 服务的数据库维护

在 DHCP 服务安装并配置好后，一般应对 DHCP 服务进行备份，具体操作方法有以下两种。

1. 使用窗口操作

选择“开始”→“程序”→“管理工具”→DHCP 命令，打开 DHCP 控制台窗口，右击服务器名“xy-wbj”，在弹出的快捷菜单中选择【备份】命令，选择将 DHCP 服务器备份到的目录后，单击【确定】按钮即可完成备份。

当 DHCP 服务的数据库出现问题时，可以利用【恢复】命令将之前备份的文件恢复过来，即在 DHCP 控制台窗口中，右击服务器名“xy-wbj”，在弹出的快捷菜单中选择【恢复】命令，选择备份 DHCP 服务器的目录，单击【确定】按钮，出现询问是否停止服务，单击【是】按钮，这时系统会自动进行恢复数据库的操作。

为使 DHCP 服务生效，重新打开 DHCP 控制台窗口，右击服务器名“xy-wbj”，在弹出的快捷菜单中选择“所有任务”→“启动”命令，即可启动 DHCP 服务。

2. 使用 MS-DOS 命令操作

步骤 1　选择“开始”→“运行”命令，在“运行”对话框中输入“cmd”并按 Enter 键，打开【MS-DOS 方式】窗口。

步骤 2　在命令提示符后输入下面的命令停止 DHCP 服务。

```
C:\>net stop dhcpserver
```

步骤 3　运行下面的命令删除错误的 DHCP 数据库。

```
C:\>del %systemroot%\system32\dhcp\dhcp.mdb//%systemroot%为系统安装目录
```

步骤 4　将备份的 DHCP 数据库复制到 DHCP 文件夹中，命令如下。

```
C:\>copy %systemroot%\system32\dhcp\backup\new\dhcp.mdb;
```

```
% systemroot% \ system32\ dhcp\ dhcp.mdb
```

步骤 5　运行下面的命令重新启动 DHCP 服务，DHCP 服务数据库即恢复正常。

```
C: \ > net start dhcpserver
```

二、DHCP 中继代理

在大型的网络中，可能会存在多个子网。DHCP 客户机通过网络广播消息获得 DHCP 服务器响应后得到 IP 地址。但广播消息是不能跨越子网的，因此，如果 DHCP 客户机和服务器在不同的子网内，客户机若想向服务器申请 IP 地址，就要用到 DHCP 中继代理。安装了 DHCP 中继代理的计算机称为 DHCP 中继代理服务器，它承担不同子网间的 DHCP 客户机和服务器的通信任务。

DHCP 中继代理实际上是一种软件技术，是在不同子网中的客户端和服务器之间中转 DHCP/BOOTP 消息的小程序。在征求意见文档（RFC）中，DHCP/BOOTP 中继代理是 DHCP 和 BOOTP 标准及功能的一部分。

1. 路由器的 DHCP/BOOTP 中继代理支持

在 TCP/IP 网络中，路由器用于连接称作“子网”的不同物理网段上使用的硬件和软件，并在每个子网之间转发 IP 数据包。要在多个子网上支持和使用 DHCP 服务，连接每个子网的路由器应具有在 RFC 1542 中描述的 DHCP/BOOTP 中继代理功能。

要符合 RFC 1542 并提供中继代理支持，每个路由器必须能识别 BOOTP 和 DHCP 协议消息并相应处理（中转）这些消息。由于路由器将 DHCP 消息解释为 BOOTP 消息，例如，通过相同的 UDP 端口编号发送，并包含共享消息结构的 UDP 消息，因此具有 BOOTP 中继代理能力的路由器可中转网络上发送的 DHCP 数据包和任何 BOOTP 数据包。

如果路由器不能作为 DHCP/BOOTP 中继代理运行，则每个子网都必须有在该子网上作为中继代理运行的 DHCP 服务器或另一台计算机，用户可以通过安装 DHCP 中继代理服务来配置运行 Linux NT Server 4.0 或更高版本的计算机充当中继代理。

在大多数情况下，路由器支持 DHCP/BOOTP 中继。如果用户的路由器不支持，则应与路由器制造商或供应商联系，以查明是否有软件或固件升级提供对该功能的支持。

2. 中继代理的工作原理

中继代理会将其连接的其中一个物理接口（如网卡）上广播的 DHCP/BOOTP 消息中转到其他物理接口连至的其他远程子网。如图 2-23 所示，子网 2 上的客户端 C 从子网 1 上的 DHCP 服务器 1 获得 DHCP 地址租约的具体过程如下。

(1) DHCP 客户端使用 UDP 服务器 67 号端口，在子网 2 上以“用户数据报协议（UDP）”的 DHCP/BOOTP 查找消息（DHCP DISCOVER）。67 号 UDP 端口是 BOOTP 和 DHCP 服务器通信所保留和共享的。

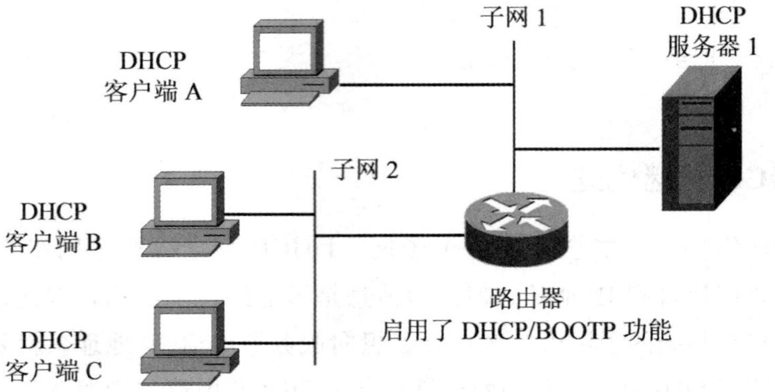

图 2-23　DHCP 中继代理示例

(2) 中继代理。在 DHCP/BOOTP 允许中继路由器的情况下，检测 DHCP/BOOTP 消息头中的网关 IP 地址字段。如果该字段有 IP 地址 0.0.0.0，则代理文件会在其中填入中继代理或路由器的 IP 地址，然后将消息转发到 DHCP 服务器 1 所在的远程子网 1。

(3) 远程子网 1 上的 DHCP 服务器 1 收到此消息时，会为该 DHCP 服务器提供可用于 IP 地址租约的 DHCP 作用域，检查其网关 IP 地址字段。

(4) 如果 DHCP 服务器 1 有多个 DHCP 作用域，网关 IP 地址（GIADDR）字段中的地址会标识将从哪个 DHCP 作用域提供 IP 地址租约。

例如，如果网关 IP 地址（GIADDR）含有 10.0.0.2 字段，则 DHCP 服务器会检查其可用的地址作用域是否有与包含作为主机的网关地址匹配的地址作用域范围。在这种情况下，DHCP 服务器将对 10.0.0.1～10.0.0.254 之间的地址作用域进行检查。如果存在匹配的作用域，则 DHCP 服务器从匹配的作用域中选择可用地址，以便在对客户端的 IP 地址租约提供响应时使用。

(5) 当 DHCP 服务器 1 收到 DHCPDISCOVER 消息时，它会处理 IP 地址租约（DHCPOFFER）并将其直接发送给在网关 IP 地址（GIADDR）字段中标识的中继代理。

(6) 路由器将地址租约（DHCPOFFER）转发给 DHCP 客户端。此时客户端的 IP 地址仍未知，所以它必须在本地子网上广播。同样，根据 RFC 1542，DHCPREQUEST 消息从客户端中转发到服务器，而 DHCPACK 消息从服务器转发到客户端。

3. 在 Linux 下配置 DHCP 中的中继代理

本案例使用 3 台安装有 Linux 系统的计算机。两台为 Linux 服务器，其中一台用作 DHCP 服务器，另一台用作 dhcprelay 中继代理服务器；第三台是用于测试的客户端 PC。

DHCP 中继代理服务器安装 3 块网卡：eth0、eth1、eth2，分别用于连接 3 个网段：192.168.5.0/24、192.168.6.0/24、192.168.7.0/24。3 块网卡的 IP 地址分别为 eth0：192.168.5.1；eth1：192.168.6.1；eth2：192.168.7.1。

DHCP 服务器网卡为 eth0，其 IP 配置为 eth0：192.168.5.2。DHCP 服务器的配置步骤不再赘述，这里主要介绍 DHCP 中的中继代理服务器的配置步骤。

步骤 1　配置 DHCP 中继代理。在/etc/sysconfig/dhcrelay.conf 文件中加入如下代码。

```
# vim/etc/sysconfig/dhcrealy.conf          //编辑脚本，输入以下内容：
INTERFACES= " eth1 eth2"
DHCPSERVERS-" 192.168.5.2"
```

步骤 2　开启 IPv4 转发功能。在/etc/sysctl.conf 文件中添加如下内容。

```
#  vim/etc/sysctl.conf                      //编辑脚本，输入以下内容：
net.ipv4.conf.all.bootp_ relay= 1
net.ipv4.ip_ forward= 1
```

或者执行以下命令。

```
#  echo 1 > /proc/sys/net/ipv4/conf/all/bootp_ relay
#  echo 1 > /proc/sys/net/ipv4/ip_ forward
```

步骤 3　开启路由，并启动 dhcrelay 服务。命令如下。

```
# dhcrelay -i eth1 -i eth2 192.168.5.2                    //开启路由
#  chkconfig --level 2345 dhcrelay on
                               //2345 运行级别自动启动 dhcrelay 服务
# /etc/init.d/dhcrelay start                     //启动 DHCP 中继代理
```

步骤 4　启动 dhcpd 服务。命令如下。

```
#  service dhcpd restart//重新启动 dhcpd 服务
```

步骤 5　配置 DHCP 客户端进行测试。

三、DHCP 疑难解答

问题 1　如果 DHCP 服务器和客户端不在同一个网段，客户端如何租用服务器地址？

解答：由于 DHCP 信息以广播为主，可是路由器不会将广播信息传递到不同网段，所以解决办法如下。

（1）在每个网段内都安装 DHCP 服务器。

（2）用户所选择的 IP 路由器必须符合 RFC 1542 的 TCP/IP 标准规格，以便将 DHCP 信息转发到其他网段。

问题 2　如果 DHCP 数据库发生损坏，系统管理员如何修复数据库？

解答：有以下两种方法。

（1）自动还原：如果 DHCP 服务器检查到数据库已损坏，它会自动将%systemroot%\system32\dhcp\backup 文件夹中的内容还原。

（2）手工还原：在 DHCP 控制台窗口中，右击 DHCP 服务器名，在弹出的快捷菜单中选择“还原”命令。

问题 3　当 DHCP 服务器使用一段时间后，会造成数据库内信息分布凌乱，降低数据库效率，如何提高数据库效率？

解答：有以下两种方法。

（1）在线重整：服务器自动执行，效率低。

（2）脱机重整：手工执行，效率高。命令如下。

```
C:\>cd %systemroot%\system32\dhcp
C:\>net stop dhcpserver
C:\>Jetpack dhcp.mdb temp.mdb
C:\>net start dhcpserver
```

项目总结

DHCP 是一个简化主机 IP 地址分配管理的 TCP/IP 标准协议，利用它可以给网络客户机分配动态的 IP 地址，并进行其他相关的网络环境配置工作。在具有一定规模的企业网络或者人员流动较多的网络环境中，配置 DHCP 服务可以降低管理员管理 IP 地址的负担，同时可以避免因手工设置 IP 地址等网络参数所产生的错误以及造成 IP 地址冲突的问题。

DHCP 服务使用客户机/服务器（C/S）工作模式。网络中的客户机从 DHCP 服务器获取 IP 地址的过程可以简要概括为发现、提供、选择和确认 4 个阶段。在配置

DHCP 服务器之前，首先应对企业内部网络所使用的 IP 地址段进行合理规划，确定哪些地址是分配给需要固定 IP 地址的服务器（包括 DHCP 服务器自身）的，哪些地址是可动态分配给客户机使用的，哪些是需要预留给其他用途的，有无特殊的计算机需要绑定 IP 地址的等。

无论是在 Linux Server 2008 还是 Linux 平台下，设置可供分配的 IP 地址范围是配置 DHCP 服务器的一个最重要的步骤。但必须注意，如果一个可供分配的连续 IP 地址段（如 192.168.0.10～250）内，有一个或多个连续 IP 地址需要预留而不予分配（如 192.168.0.110～120），则在 Linux Server 2008 和 Linux 平台下配置 DHCP 服务器时的处理方法有所不同。在 Linux Server 2008 中，首先是将 192.168.0.10～250 整段地址设置为可供分配的 IP 地址范围，然后再将 192.168.0.110～120 设置为排除地址；而在 Linux 中，是将可供分配的 IP 地址处理为 192.168.0.10～109 和 192.168.0.121～250 两个范围，在配置文件 dhcpd.conf 中分别用两个 range 语句来进行设置。另外，设置将某台计算机的 MAC 地址绑定某个 IP 地址的方法也略有不同。在 Linux Server 2008 中是在新的作用域创建完成之后，通过该作用域下的“新建保留”操作来实现的；而在 Linux 系统中是直接在 dhcpd.conf 文件中通过“host me”语句来实现的。

DHCP 客户端的设置非常简单，只要将网络参数设置为“自动获得 IP 地址”即可。重新启动客户机后，要检验是否从 DHCP 服务器获取了 IP 地址，可以查看客户机上当前的网络参数配置，其查看方法有很多种，最典型的是使用命令进行查看。但要注意，在 Windows 客户机和 Linux 客户机上查看当前网络参数配置的命令有所不同，前者使用 ipconfig 命令，后者使用 ifconfig 命令。

项目练习

一、简答题

1. 什么是 DHCP？在企业内部网络中部署 DHCP 服务有哪些好处？
2. 简述 DHCP 的工作过程。
3. 在 Linux 系统中，DHCP 服务器主配置文件是哪个？解释该配置文件中 range 和 host me 语句的作用。
4. 什么是 DHCP 中继代理？什么情况下需要配置 DHCP 中继代理？
5. 当 DHCP 数据库发生损坏时，系统管理员如何修复数据库？

二、训练题

某经济型酒店目前拥有近 200 间客房，其内网使用 192.168.10.0/24 网段，有 2 台服务器，办公室工作人员共有 12 台电脑，使用的固定 IP 地址为 192.168.10.100～119（适当留有余量），连接 Internet 使用的网关地址为 192.168.10.254，其余 IP 地址都可自动分配给各间客房供客人自带的电脑使用。另外，酒店经理的笔记本电脑要求每次开机自动获取的 IP 地址均为 192.168.10.188。

(1) 请为该酒店合理规划 IP 地址，设计 DHCP 服务方案。

(2) 在 Linux 两种平台下完成 DHCP 服务器的配置。

(3) 配置多个客户端进行测试。

(4) 按附录 2 中简化的文档格式，撰写 DHCP 服务项目实施报告。

项目六　配置与管理 DNS 服务器

项目描述

某高校组建了学校的校园网，为了使校园网中的计算机简单快捷地访问本地网络及 Internet 上资源，需要在校园网中架设 DNS 服务器，用来提供域名转换成 IP 地址的功能。

在开始该项目之前，首先应当确定网络中 DNS 服务器的部署环境，明确 DNS 服务器的各种角色及其作用。

能力目标

- 了解 DNS 服务器的作用及其在网络中的重要性
- 理解 DNS 的域名空间结构及其工作过程
- 理解并掌握缓存 DNS 服务器的配置
- 理解并掌握主 DNS 服务器的配置
- 理解并掌握辅助 DNS 服务器的配置
- 理解并掌握 DNS 客户机的配置
- 掌握 DNS 服务的测试

相关知识

DNS（domain name service，域名服务）是 Internet/Intranet 中最基础也是非常重要的一项服务，它提供了网络访问中域名和 IP 地址的相互转换功能。

一、DNS 概述

在 TCP/IP 网络中，每台主机必须有一个唯一的 IP 地址，当某台主机要访问另外一台主机上的资源时，必须指定另一台主机的 IP 地址，通过 IP 地址找到这台主机后才能访问这台主机。但是，当网络的规模较大时，使用 IP 地址查找就不太方便了。因此，便出现了主机名（host name）与 IP 地址之间的一种应对解决方案，可以通过使用形象易记的主机名而非 IP 地址进行网络的访问，这比单纯使用 IP 地址要方便得多。其实，在这种解决方案中使用了解析的概念和原理，单独通过主机名是无法建立网络连接的，只有通过解析的过程，在主机名和 IP 地址之间建立了映射关系后，才可以使用主机名间接地通过 IP 地址建立网络连接。

主机名与 IP 地址之间的映射关系，在小型网络中多使用 HOSTS 文件来完成。随着网络规模的扩大，为了满足不同组织的要求，实现一个可伸缩、可自定义的命名方案的需要，InterNIC（国际互联网信息中心）制定了一套称为域名系统 DNS 的分层名字解析方案，当 DNS 用户提出 IP 地址查询请求时，可以由 DNS 服务器中的数据库提供所需的数据，完成域名和 IP 地址的相互转换。DNS 技术目前已广泛应用于 Internet 中。

组成 DNS 系统的核心是 DNS 服务器，它是回答域名服务查询的计算机，它为连接 Intranet 和 Internet 的用户提供并管理 DNS 服务，维护 DNS 名数据并处理 DNS 客户端主机名的查询。DNS 服务器保存了包含主机名和对应 IP 地址的数据库。

DNS 服务器分为三类：

· 主 DNS 服务器（master 或 primary）

主 DNS 服务器负责维护所管辖域的域名服务信息。它从域管理员构建的本地磁盘文件中加载域信息，该文件（区文件）包含着该服务器具有管理权的一部分域结构的最精确信息。

配置主域服务器需要一整套的配置文件，包括主配置文件（/etc/named.conf）、正向域的区文件、反向域的区文件、高速缓存初始化文件（/var/named/named.ca）和回送文件（/var/named/named.local）。

· 辅助 DNS 服务器（slave 或 secondary）

辅助 DNS 服务器用于分担主 DNS 服务器的查询负载。区文件是从主服务器中转移出来的，并作为本地磁盘文件存储在辅助服务器中。这种转移称为“区文件转移”。在辅助 DNS 服务器中有一个所有域信息的完整复制，可以权威的回应对该域的查询请求。配置辅助 DNS 服务器不需要生成本地区文件，因为可以从主服务器下载该区文件。因此只需配置主配置文件、高速缓存文件和回送文件就可以了。

· 高速缓存 DNS 服务器（caching-only DNS server）

供本地网络上的客户机用来进行域名转换。它通过查询其他 DNS 服务器并将获得的信息存放在它的高速缓存中，为客户机查询信息提供服务。唯高速缓存 DNS 服务器不是权威性的服务器，因为它提供的所有信息都是间接信息。

二、DNS 查询模式

按照 DNS 搜索区域的类型，DNS 的区域分为正向搜索区域和反向搜索区域。正向搜索是 DNS 服务的主要功能，它根据计算机的 DNS 名称（域名），解析出相应的 IP 地址；而反向搜索是根据计算机的 IP 地址解析出它的 DNS 名称（域名）。

· 正向查询

正向查询就是根据域名，搜索出对应的 IP 地址。其查询方法为：

当 DNS 客户机（也可以是 DNS 服务器）向首选 DNS 服务器发出查询请求后，如果首选 DNS 服务器数据库中没有与查询请求所对应的数据，则会将查询请求转发给另一台 DNS 服务器，依此类推，直到找到与查询请求对应的数据为止。如果最后一台 DNS 服务器中也没有所需的数据，则通知 DNS 客户机查询失败。

· 反向查询

反向查询与正向查询正好相反，它是利用 IP 地址查询出对应的域名。

三、DNS 域名空间结构

在域名系统中，每台计算机的域名由一系列用点分开的字母数字段组成。例如，某台计算机的 FQDN（Full qualified domain name）为 computer. cjxy. cn，其拥有的域名为 cjxy. cn；另一台计算机的 FQDN 为 www. compter. cjxy. cn，其具有的域名为 computer. cjxy. cn。域名是有层次的，域名中最重要的部分位于右边。FQDN 中最左边的部分是单台计算机的主机名或主机别名。DNS 域名空间的分层结构如图 6-1 所示。

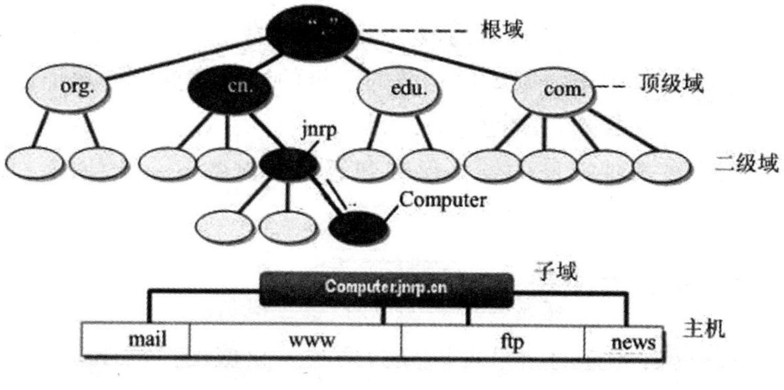

图 6-1　DNS 域名空间结构

整个 DNS 域名空间结构如同一棵倒挂的树，层次结构非常清晰。如图 6-1 所示，根域位于顶部，紧接在根域下面的是顶级域，每个顶级域又可以进一步划分为不同的二级域，二级域再划分出子域，子域下面可以是主机也可以再划分子域，直到最后的主机。在 Internet 中的域是由 InterNIC 负责管理的，域名的服务则由 DNS 来实现。

四、DNS 域名解析过程

DNS 解析过程如图 6-2 所示。

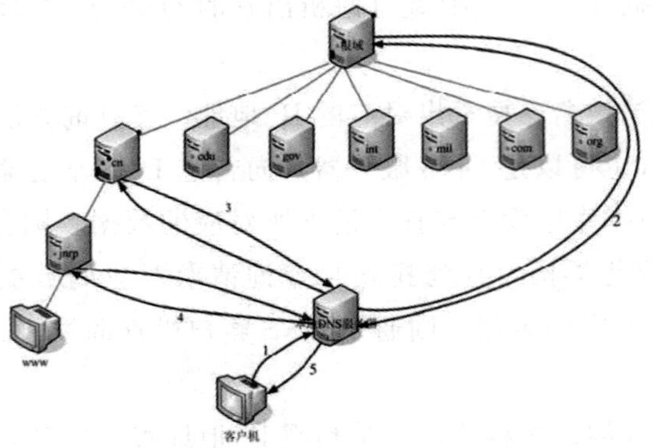

图 6-2　DNS 域名解析过程

（1）客户机提出域名解析请求，并将该请求发送给本地的域名服务器。

（2）本地的域名服务器收到请求后，先查询本地的缓存，如果有该记录项，本地的域名服务器就直接把查询的结果返回。

（3）如果本地的缓存中没有该记录，本地域名服务器就直接把请求发给根域名服务器，根域名服务器再返回给本地域名服务器一个所查询域（根的子域）主域名服务器的地址。

（4）本地服务器再向上一步返回的域名服务器发送请求，接受请求的服务器查询自己的缓存，如果没有该记录，则返回相关的下级的域名服务器的地址。

（5）重复（4），直到找到正确的记录。

（6）本地域名服务器把返回的结果保存到缓存，以备下一次使用，同时还将结果返回给客户机。

五、DNS 常见资源记录

从 DNS 服务器返回的查询结果可以分为两类：权威的（authoritative）和非权威的（non-authoritative）。所谓权威的查询结果，是指该查询结果是从被授权管理该区域域名服务器的数据库中查询而来的。所谓非权威的查询结果，是指该查询结果来源于非授权的域名服务器，是该域名服务器通过查询其他域名服务器而不是本地数据库得来的。

在能够返回权威查询结果的域名服务器中存在一个本地数据库，该数据库中存储与域名解析相关的条目，这些条目称为 DNS 资源记录。

资源记录的内容通常包括 5 项，基本格式如下：

```
Domain    TTL       Class        Record Type     Record Data
```

其各项的含义如表 6-1 所示。

表 6-1　资源记录条目中各项含义

项目	含义
域名（Domain）	拥有该资源记录的 DNS 域名
存活期（TTL）	该记录的有效时间长度
类别（Class）	说明网络类型，目前大部分资源记录采用“IN”表示 Internet
记录类别（Record Trpe）	说明该资源记录的类型，常见资源记录类型如表 6-2 所示
记录数据（Record Data）	说明和该资源记录有关的信息，通常是解析结果，该数据格式和记录类型有关

表 6-2　DNS 资源记录类型

资源记录类型	说明
A	主机资源记录，建立域名到 IP 地址的映射
CNAME	别名资源记录，为其他资源记录指定名称的替补
SOA	起始授权机构
NS	名称服务器，指定授权的名称服务器
PTR	指针资源记录，用来实现反向查询，建立 IP 地址到域名的映射
MX	邮件交换记录，指定用来交换或者转发邮件信息的服务器
HINFO	主机住处记录，指明 CPU 与 OS

例如为了能够解析 www. cjxy. cn 这个域名所对应的 IP 地址，需要在 cjxy. cn 所在的域名服务器中添加如下条目：

```
www.cjxy.cn.IN  A  192.168.0.1
```

或者：

```
www  IN  A  192.168.0.1
```

六、/etc/hosts 文件

hosts 文件是 Linux 系统中一个负责 IP 地址与域名快速解析的文件，以 ASCII 格式保存在/etc 目录下，文件名为“hosts”。hosts 文件包含了 IP 地址和主机名之间的映射，还包括主机名的别名。在没有域名服务器的情况下，系统上的所有网络程序都通过查询该文件来解析对应于某个主机名的 IP 地址，否则就需要使用 DNS 服务程序来解析。通常可以将常用的域名和 IP 地址映射加入到 hosts 文件中，实现快速方便的访问。hosts 文件的格式如下：

```
IP 地址主机名/域名
```

【例 6-1】假设要添加域名为 www.cjxy.cn，IP 地址为 192.168.0.1；域名为 computer.cjxy.cn，IP 地址为 192.168.21.1，则可在 hosts 文件中添加如下记录。

```
www.cjxy.cn  192.168.0.1
computer.cjxy.cn  192.168.21.1
```

七、DNS 规划与域名申请

在建立 DNS 服务之前，进行 DNS 规划是非常必要的。

1. DNS 的域名空间规划

确定如何使用 DNS 命名，以及通过使用 DNS 要达到什么目的。要在 Internet 上使用自己的 DNS，用户必须先向一个授权的 DNS 域名注册颁发机构申请并注册一个二级域名，并获得至少一个可在 Internet 上有效使用的 IP 地址。这项业务通常可由 ISP 代理。如果准备使用 active directory，则应从 active directory 设计着手，并使用适当的 DNS 域名空间支持它。

2. DNS 服务器的规划

确定网络中需要的 DNS 服务器的数量及其各自的作用，根据通信负载、复制和容错因素，确定在网络上放置 DNS 服务器的位置。对于大多数安装配置来说，为了实现容错，至少应该对每个 DNS 区域使用两台服务器。DNS 被设计成每个区域有两台服务器，一个是主服务器，另一个是备份或辅助服务器。在单个子网环境中的小型局域网上仅使用一台服务器时，可以配置该服务器扮演区域的主服务器和辅助服务器两种角色。

3. 申请域名

活动目录域名通常是该域完整的 DNS 名称。同时，为了确保向下兼容，每个域还应当有一个与 Linux 2000 以前版本相兼容的名称。同时，为了将用户网络与 Internet 很好地整合在一起，实现局域网与 Internet 的相互通信，建议向域名服务商（如万网 http：//www.net.cn 和新网 http：//www.xinnet.com）申请合法的域名，再设置相应的域名解析。

提示： 若要实现其他网络服务（如 Web 服务、E-mail 服务等），DNS 服务是必不可少的。没有 DNS 服务，就无法将域名解析为 IP 地址，客户端也就无法享受相应的网络服务。若要实现服务器的 Internet 发布，就必须申请合法的 DNS 域名。

项目设计与准备

一、项目设计

为了保证校园网中的计算机能够安全可靠地通过域名访问本地网络以及 Internet 资源，需要在网络中部署主 DNS 服务器、辅助 DNS 服务器、缓存 DNS 服务器。

二、项目准备

（1）安装 Linux 企业服务器版，用作 DHCP 服务器。

（2）安装运行 LinuxXP 操作系统的计算机 1 台，用来部署 DNS 客户端。

（3）安装运行 Linux 操作系统的计算机 1 台，用来部署 DNS 客户端。

（4）确定每台计算机的角色，并规划每台计算机的 IP 地址及计算机名。

（5）运用 VMware 虚拟机软件部署实验环境。

注意：DNS 服务器的 IP 地址必须是静态的。

项目实施

任务一　安装 DNS 服务

Linux 下架设 DNS 服务器通常使用 BIND（berkeley internet name domain service）程序来实现，其守护进程是 named。

1. 认识 BIND

BIND 是一款实现 DNS 服务器的开放源码软件。BIND 原本是美国 DARPA 资助研究伯克里大学（Berkeley）所开设的一个研究生课题，后来经过多年的变化发展，已经成为世界上使用最为广泛的 DNS 服务器软件，目前 Internet 上绝大多数的 DNS 服务器都是使用 BIND 来架设的。

BIND 经历了第 4 版、第 8 版和最新的第 9 版，第 9 版修正了以前版本的许多错误，并提升了执行时的效能，BIND 能够运行在当前大多数的操作系统平台之上。目前 BIND 软件由因特网软件联合会 ISC（Internet software consortium）这个非赢利性机构负责开发和维护。

2. 安装 BIND 软件包

BIND 包含以下几个软件包：

bind：DNS 服务器软件包。

bind-utils：DNS 测试工具，包括 dig，host 与 nslookup 等。

bind-chroot：使 BIND 运行在指定的目录中的安全增强工具。

caching-nameserver：高速缓存 DNS 服务器的基本配置文件，建议一定安装。

要安装 DNS 服务，可将 Linux CentOS 7 第 4 张安装盘放入光驱，加载光驱后使用命令 rpm-ivh/media/cdrom/RedHat/RPMS/bind-9. 2. 4-2. i386. rpm 可以安装 BIND 软件包。其命令执行结果如下：

```
[root @ CENTOS 7 RPMS] #  rpm-ivh/media/cdrom/RedHat/RPMS/bind-9. 2. 4-2. i386. rpm          warning：/media/cdrom/RedHat/RPMS/bind-9. 2. 4-2. i386. rpm：V3 DSA signature：NOKEY，key ID db42a60e
Preparing...##################################################### [100%]
package bind-9. 2. 4-2 is already installed
```

3. 安装 chroot 软件包

chroot 是 change root 的缩写，它可以改变程序运行时所参考的“/”根目录位置，即将某个特定的子目录作为程序的虚拟“/”根目录。chroot 对程序运行时可以使用的系统资源、用户权限和所在目录进行严格控制，程序只在这个虚拟的根目录具有权限，一旦跳出该目录就无任何权限了。举个简单的例子，使用过 FTP 的用户都知道，用户登录到 FTP 服务器时，看到的根目录并不是服务器上真正的根目录，而是它的主目录。用户不能访问除主目录外的任何资源，用户的任何操作仅对自己的主目录有效，不会影响系统和其他用户的文件，chroot 的作用也是类似的。

对于网络管理员而言，可以使用 chroot 技术增强 DNS 服务的安全性。将 Linux CentOS 7. 4 第 4 张安装盘放入光驱，加载光驱后使用命令 rpm-ivh/media/cdrom/RedHat/RPMS/bind-chroot-9. 2. 4-2. i386. rpm 可以安装 chroot 软件包。其命令执行结果如下：

```
[root @ CENTOS 7 RPMS] #  rpm-ivh/media/cdrom/RedHat/RPMS/bind-chroot-9. 2. 4-2. i386. rpm
warning：/media/cdrom/RedHat/RPMS/bind-chroot-9. 2. 4-2. i386. rpm：V3 DSA signature：NOKEY，key IDdb42a60e
Preparing...##################################################### [100%]
package bind-chroot-9. 2. 4-2 is already installed
```

注意：使用了 chroot 后，由于 BIND 程序的虚拟目录是/var/named/chroot，所以 DNS 服务器的配置文件、区域数据文件和配置文件内的语句，都是针对这个虚拟目录而言的。如/etc/named. conf 文件的真正路径是/var/named/chroot/etc/named. conf。/var/named 目录的真正路径是/var/named/chroot/var/named。

4. 配置 BIND 配置文件

建立 DNS 服务器过程中，通常用到以下 BIND 配置文件，如表 6-3 所示。

表 6-3　BIND 配置文件

配置文件	说明
/etc/named. conf	BIND 主配置文件
/var/named/named. ca	指向根域名服务器的指示文件
/var/named/localhost. zone	用于 localhost 到本地回环的解析
/var/named/named. local	用于本地回环地址到 localhost 的解析
/var/named/domainname. zone	用户自己建立的 DNS 区域的数据库文件

(1) /etc/named. conf

BIND 默认主配置文件是/etc/named. conf。该文件的每一行都以分号作为结束符，行注释可使用"#"或者"//"。对多行文字的注释采用/ * ….. * /。该文件的主要内容如下：

```
[root@ CENTOS 7~ ] #  cat/etc/named. conf
//定义全局配置语句
options {
//定义服务器区域配置文件的存放目录
directory" /var/named";
};
//以下内容声明一个控制通道，用于 rndc 实用程序控制 named 守护进程
controls {
inet 127. 0. 0. 1 allow {localhost;} keys {rndckey;};
};
//zone 用于声明一个区，以下部分定义根域的区声明
zone " . " IN {
type hint;
file " named. ca";
};
```

```
//定义本地回环地址的正向解析区声明
zone" localhost" IN {
type master;
file" localhost. zone";
allow-update {none;};
};
//定义本地回环地址的反向解析区声明
zone" 0. 0. 127. in-addr. arpa" IN {
type master;
file" named. local";
allow-update {none;};
};
//定义包含文件，即将/etc/rndc. key 文件包含进当前配置文件
include" /etc/rndc. key";
```

【说明】

①options 配置段

该配置段属于全局性的设置，常用配置项命令及功能如下：

- directory：用于制定 named 守护进程的工作目录，各区域正反向搜索解析文件和 DNS 根服务器地址列表文件（named. ca）应放在该配置项指定的目录中。
- pid-file：指定创建用于保存 named 守护进程号的文件名及路径。守护进程号文件一般保存在/var/run 目录中，BIND 软件包安装时在/var/run 目录下创建了一个 named 目录，因此可将进程号文件保存在该目录中，相应的配置命令为"pid-file "/var/run/named/named. pid";"
- statistics-file：用于指定记录状态信息的文件的位置。若将其保存在与进程号文件相同的位置，相应的配置命令为"statistics-file "/var/run/named/named. stats";"。
- allow-recursion {}：指定允许查询该 DNS 服务器的 IP 地址或网络。在 {} 中可指定允许查询的 IP 地址或网络地址列表，地址间用分号分隔。若不配置该项，则默认所有主机均可以查询。allow-query {} 与此功能相同。另外，还可使用地址匹配符来表达允许的主机。比如，any 可匹配所有的 IP 地址，none 不匹配任何 IP 地址，localhost 匹配本地主机使用的所有 IP 地址，localnets 匹配同本地主机相连的网络中的所有主机。比如若仅允许 127. 0. 0. 1 和 192. 168. 1. 0/24 网段的主机查询该 DNS 服务器，则命令为"allow-recursion {127. 0. 0. 1; 192. 168. 1. 0/24;}；或表达式为：allow-query {127. 0. 0. 1；192. 168. 1. 0/24;}。"
- transfer-format：用于控制在发送的每个信息中包含一个资源记录，还是包含多个资源记录。若每个信息包中包含多个资源记录，则效率更高，但只有 8.1 或

以上版本的 BIND 域名服务器才支持，默认为 one-answer。

每个信息包含多个资源记录的配置命令为“transfer-format many-answers;”。

每个信息包含一个资源记录的配置命令为“transfer-format one-answer;”。

- listen-on：设置 named 守护进程监听的 IP 地址和端口。若未指定，默认监听 DNS 服务器的所有 IP 地址的 53 号端口。当服务器安装有多块网卡，有多个 IP 地址时，可通过该配置命令指定要监听的 IP 地址。对于只有一个地址的服务器，不必设置。例如若要设置 DNS 服务器监听 192.168.1.2 这个 IP 地址，端口使用标准的 5353 号，则配置命令为“listen-on 5353 {192.168.1.2;};”。
- forwarders {}：用于定义 DNS 转发器。当设置了转发器后，所有非本域的和在缓存中无法找到的域名查询，可由指定的 DNS 转发器来完成解析工作并做缓存。forward 用于指定转发方式，仅在 forwarders 转发器列表不为空时有效，其用法为“forward first | only;”。forwardfirst 为默认方式，DNS 服务器会将用户的域名查询请求先转发给 forwarders 设置的转发器，由转发器来完成域名的解析工作，若指定的转发器无法完成解析或无响应，则再由 DNS 服务器自身来完成域名的解析。若设置为“forward only;”. 则 DNS 服务器仅将用户的域名查询请求转发给转发器。若指定的转发器无法完成域名解析或无响应，DNS 服务器自身也不会试着对其进行域名解析。例如，某地区的 DNS 服务器为 61.128.192.68 和 61.128.128.68，若要将其设置为 DNS 服务器的转发器，则配置命令为：

```
options {
forwarders {61.128.192.68; 61.128.128.68;};
forward first;
};
```

②controls 声明段

BIND 软件包提供了一个 rndc 工具，通过该工具，使用命令行参数可实现本地或远程管理 named 守护进程。为了使 rndc 能够连接 named 守护进程，在 named.conf 配置文件中必须添加 controls 声明段，用于指定控制通道，以允许管理员在本地执行 rndc 命令，实现 named 进程的管理。在进行身份验证时所需的密钥信息，默认存放在/etc/rndc.key 文件中，因此在 named.conf 配置文件的末尾，使用“include “/etc/rndc.key”;”语句将其包含了进来。

③Zone 区域声明

主域名服务器的正向解析区域声明格式为：

```
zone “区域名称” IN {
type master;
```

```
file“实现正向解析的区域文件名”;
allow-update {none;};
};
从域名服务器的正向解析区域声明格式为:
zone“区域名称”IN {
type slave;
file“实现正向解析的区域文件名”;
masters {主域名服务器的 IP 地址;};
};
```

反向解析区域的声明格式与正向相同，只是 file 所指定要读的文件不同，还有就是区域的名称不同。若要反向解析 x. y. z 网段的主机，则反向解析的区域名称应设置为：z. y. x. in-addr. arpa。

（2）根区域文件/var/named/named. ca

/var/named/named. ca 是一个非常重要的文件，该文件包含了 Internet 的顶级域名服务器的名字和地址。利用该文件可以让 DNS 服务器找到根 DNS 服务器，并初始化 DNS 的缓冲区。当 DNS 服务器接到客户端主机的查询请求时，如果在 Cache 中找不到相应的数据，就会通过根服务器进行逐级查询。/var/named/named. ca 文件的主要内容如下：

```
[root@ CENTOS 7~ ] # cat/var/named/named.ca
; formerly NS.INTERNIC.NET
;
.3600000 IN NS A.ROOT-SERVERS.NET.
A.ROOT-SERVERS.NET.3600000 A 198.41.0.4
;
; formerly NS1.ISI.EDU
;
.3600000 NS B.ROOT-SERVERS.NET.
B.ROOT-SERVERS.NET.3600000 A 192.228.79.201
;
; formerly C.PSI.NET
;
.3600000 NS C.ROOT-SERVERS.NET.
C.ROOT-SERVERS.NET.3600000 A 192.33.4.12
;
```

```
; formerly TERP. UMD. EDU
;
. 3600000 NS D. ROOT-SERVERS. NET.
D. ROOT-SERVERS. NET. 3600000 A 128. 8. 10. 90
;
; formerly NS. NASA. GOV
;
. 3600000 NS E. ROOT-SERVERS. NET.
E. ROOT-SERVERS. NET. 3600000 A 192. 203. 230. 10
;
; formerly NS. ISC. ORG
;
. 3600000 NS F. ROOT-SERVERS. NET.
F. ROOT-SERVERS. NET. 3600000 A 192. 5. 5. 241
;
; formerly NS. NIC. DDN. MIL
;
. 3600000 NS G. ROOT-SERVERS. NET.
G. ROOT-SERVERS. NET. 3600000 A 192. 112. 36. 4
;
; formerly AOS. ARL. ARMY. MIL
;
. 3600000 NS H. ROOT-SERVERS. NET.
H. ROOT-SERVERS. NET. 3600000 A 128. 63. 2. 53
;
; formerly NIC. NORDU. NET
;
. 3600000 NS I. ROOT-SERVERS. NET.
I. ROOT-SERVERS. NET. 3600000 A 192. 36. 148. 17
;
; operated by VeriSign, Inc.
;
. 3600000 NS J. ROOT-SERVERS. NET.
J. ROOT-SERVERS. NET. 3600000 A 192. 58. 128. 30
;
; operated by RIPE NCC
```

```
;
. 3600000 NS K. ROOT-SERVERS. NET.
K. ROOT-SERVERS. NET. 3600000 A 193. 0. 14. 129
;
; operated by ICANN
;
. 3600000 NS L. ROOT-SERVERS. NET.
L. ROOT-SERVERS. NET. 3600000 A 198. 32. 64. 12
;
; operated by WIDE
;
. 3600000 NS M. ROOT-SERVERS. NET.
M. ROOT-SERVERS. NET. 3600000 A 202. 12. 27. 33
; End of File
```

【说明】

- 以“;”开始的行都是注释行。
- 其他每两行都和某个域名服务器有关，分别是 NS 和 A 资源记录。
- 行“. 3600000 IN NS A. ROOT-SERVERS. NET.”的含义是：“.”表示根域；3600000 是存活期；IN 是资源记录的网络类型，表示 Internet 类型；NS 是资源记录类型；“A. ROOT-SERVERS. NET.”是主机域名。
- 行“A. ROOT-SERVERS. NET. 3600000 A 198. 41. 0. 4”的含义是：A 资源记录用于指定根域服务器的 IP 地址。“A. ROOT-SERVERS. NET.”是主机名；3600000 是存活期；A 是资源记录类型；最后对应的是 IP 地址。
- 其他各行的含义与上面两项基本相同。

由于 named. ca 文件经常会随着根服务器的变化而发生变化，所以建议最好从国际互联网络信息中心（InterNIC）的 FTP 服务器下载最新的版本，下载地址为：ftp://ftp. internic. net/domain/。文件名为 named. root。

（3）/var/named/localhost. zone

该文件是主机名 localhost 到本地回环地址 127. 0. 0. 1 的正向解析文件。该文件不需要修改，可以直接使用。文件内容如下：

```
[root@ CENTOS 7~ ] #  cat/var/named/localhost. zone
$ TTL 86400
@  IN SOA @  root (
42; serial (d. adams)
```

```
3H; refresh
15M; retry
1W; expiry
1D); minimum
IN NS @
IN A 127.0.0.1
```

(4) /var/named/named.local

该文件是本地回环地址 127.0.0.1 到主机名 localhost 的反向解析。文件内容如下：

```
[root@ CENTOS 7~ ] #  cat/var/named/named.local
$ TTL 86400
@  IN SOA localhost.root.localhost. (
1997022700; Serial
28800; Refresh
14400; Retry
3600000; Expire
86400); Minimum
IN NS localhost.
1 IN PTR localhost.
[root@ CENTOS 7~ ] #
```

任务二　DNS 服务器

本节将结合具体实例介绍缓存 DNS、主 DNS、辅助 DNS 等各种 DNS 服务器的配置。

一、缓存 DNS 服务器的配置

Red Hat Linux 默认的 DNS 配置文件提供了缓存 DNS 服务器的配置。缓存 DNS 服务器上只运行域名服务软件，没有域名数据库文件。当客户机试图从该服务器解析域名时，缓存 DNS 服务器从其他某个域名服务器上查询得到结果，并将结果存放在高速缓存中。在一定时间内有客户机查询相同的域名时，缓存 DNS 服务器直接利用缓存中的数据响应客户端的解析请求。

系统只要安装了 caching-nameserver 软件包，并启动 DNS 服务就已经成功配置了高速缓存 DNS 服务器。启动 named 软件包的方法如下：

```
[root@ CENTOS 7 RPMS] #  service named start
```

//或者按以下方法也可以启动 named 进程

```
[root@ CENTOS 7 RPMS] # /etc/rc.d/init.d/named start
```

//可以利用以下命令查看 named 进程的监听端口

```
[root@ CENTOS 7 RPMS] # /netstat-ln| grep named
```

在设置缓存 DNS 服务器时，通常设置域名转发器。方法为在/etc/named.conf 主配置文件的 options 中使用 forwarder 语句即可。

二、配置主 DNS 服务器

下面以建立一个主区域 cjxy.cn 为例，讲解 DNS 主服务器的配置。

【例 6-2】某校园网要架设一台 DNS 服务器负责 cjxy.cn 域的域名解析工作。DNS 服务器的 FQDN 为 dns.cjxy.cn，IP 地址为 192.168.1.2。要求为以下域名实现正反向域名解析服务：

```
dns.cjxy.cn 192.168.1.2
mail.cjxy.cn MX 记录 192.168.0.3
slave.cjxy.cn 192.168.0.4
forward.cjxy.cn 192.168.0.6
www.cjxy.cn 192.168.0.5
computer.cjxy.cn 192.168.22.98
ftp.cjxy.cn 192.168.0.11
stu.cjxy.cn 192.168.21.22
```

另外为 www.cjxy.cn 设置别名为 web.cjxy.cn。

1. 编辑 DNS 服务器的主配置文件，添加如下区域声明

```
[root@ CENTOS 7~ ] # vi/etc/named.conf
zone “cjxy.cn” IN {
type master;
file “cjxy.cn.zone”;
};
zone “168.192.in-addr.arpa” IN {
```

```
type master;
file "192.168.zone";
};
//
```

2. 在/var/named/chroot/var/named 目录下，创建 cjxy.cn.zone 正向区域文件

```
[root@ CENTOS 7~ ] #  vi/var/named/chroot/var/named/cjxy.cn.zone
$ TTL 86400
@  IN SOA dns.cjxy.cn.mail.cjxy.cn.  (
2007100101; serial
3H; refresh
15M; retry
1W; expiry
1D; minimum
)
@  IN NS dns.cjxy.cn.
@  IN MX 10 mail.cjxy.cn.
dns IN A 192.168.1.2
mail IN A 192.168.0.3
slave IN A 192.168.0.4
www IN A 192.168.0.5
forward IN A 192.168.0.6
computer IN A 192.168.22.98
ftp IN A 192.168.0.11
stu IN A 192.168.21.22
web IN CNAME www.cjxy.cn.
//
```

3. 在/var/named/chroot/var/named 目录下，创建 192.168.zone 反向区域文件

```
[root@ CENTOS 7 ~ ] #  vi/var/named/chroot/var/named/192.168.zone
$ TTL 86400
@  IN SOA dns.cjxy.cn.mail.cjxy.cn.  (
2007100101; serial
3H; refresh
15M; retry
1W; expiry
1D; minimum
)
@  IN NS dns.cjxy.cn.
```

```
@  IN MX 10 mail.cjxy.cn.
2.1 IN PTR dns.cjxy.cn.
3.0 IN PTR mail.cjxy.cn.
4.0 IN PTR slave.cjxy.cn.
5.0 IN PTR www.cjxy.cn.
6.0 IN PTR forward.cjxy.cn.
98.22 IN PTR computer.cjxy.cn.
11.0 IN PTR ftp.cjxy.cn.
22.21 IN PTR stu.cjxy.cn.
```

4. 重新启动DNS服务

```
[root@ CENTOS 7 ~ ] #  service named restart
```

或者

```
[root@ CENTOS 7 ~ ] #  service named reload
```

【说明】

①正反向区域文件的名称一定要与/etc/named.conf文件中zone区域声明中指定的文件名一致。

②正反向区域文件的所有记录行都要顶头写，前面不要留有空格。否则可能导致DNS服务不能正常工作。

③第一个有效行为SOA资源记录。该记录的格式如下：

```
@  IN SOA origin.Contact. (
2007100101; serial (d.adams)
3H; refresh
15M; retry
1W; expiry
1D; minimum
)
```

是该域的替代符，例如cjxy.cn.zone文件中的@ 代表cjxy.cn。

IN表示网络类型。

SOA表示资源记录类型。

origin表示该域的主域名服务器的FQDN，用“.”结尾表示这是个绝对名称。

例如cjxy.cn.zone文件中的origin为dns.cjxy.cn.。

contact表示该域的管理员的电子邮件地址。它是正常Email地址的变通，将@变为“.”。例如cjxy.cn.zone文件中的contact为mail.cjxy.cn.。

serial为该文件的版本号，该数据是辅助域名服务器和主域名服务器进行时间同步的，每次修改数据库文件后，都应更新该序列号。习惯上用“yyyymmddnn”，即年月日后加两位数字，表示一日之中第几次修改。

refresh为更新时间间隔。辅助DNS服务器根据此时间间隔周期性地检查主DNS服务器的序列号是否改变，如果改变则更新自己的数据库文件。

retry为重试时间间隔。当辅助DNS服务器没有能够从主DNS服务器更新数据库文件时，在定义的重试时间间隔后重新尝试。

expiry为过期时间。如果辅助DNS服务器在所定义的时间间隔内没有能够与主DNS服务器或另一台DNS服务器取得联系，则该辅助DNS服务器上的数据库文件被认为无效，不再响应查询请求。

TTL为最小时间间隔。对于没有特别指定存活周期的资源记录，默认TTL的取值为1天。

④行“@ IN NS dns. cjxy. cn.”说明该域的域名服务器，至少应该定义一个。

⑤行“@ IN MX 10 mail. cjxy. cn.”用于定义邮件交换器，其中10表示优先级别，数字越小，优先级别越高。

⑥类似于行“www IN A 192. 168. 0. 5”是一系列的主机资源记录，表示主机名和IP地址的对应关系。

⑦行“web IN CNAME www. cjxy. cn.”定义的是别名资源记录，表示web. cjxy. cn. 是www. cjxy. cn. 的别名。

⑧类似于行“98. 22 IN PTR computer. cjxy. cn.”是指针资源记录，表示IP地址与主机名称的对应关系。其中PTR使用相对域名，如“98. 22”，表示“98. 22. 168. 192. in-addr. arpa”，它表示IP地址为192. 168. 22. 98。

三、配置辅助DNS服务器

配置辅助域名服务器相对简单，只需在要配置辅助域名服务器的计算机上对/etc/named. conf主配置文件进行修改，无需配置区数据库文件，区数据库文件将从主域名服务器上自动获得。

需要注意的是，不能在同一台计算机上同时配置同一个域的主域名服务器和辅助域名服务器。

【例6-3】为例6-2的DNS服务器配置cjxy. cn域及其反向区域的辅助域名服务器。辅助域名服务器的FQDN为slave. cjxy. cn，IP地址为192. 168. 0. 4。

1. 在192. 168. 0. 4上编辑DNS服务器的主配置文件，添加如下区域声明：

```
[root@ CENTOS 7 ~ ] # vi/etc/named. conf
zone" cjxy. cn" IN {
type slave;
file" cjxy. cn. zone";
masters {192. 168. 1. 2; };
```

```
};
zone" 168.192.in-addr.arpa" IN {
type slave;
file" 192.168.zone";
masters {192.168.1.2;};
};
```

2. 在 192.168.1.2 的主 DNS 服务器上主配置文件，在 options 中添加如下语句：

```
[root@CENTOS 7~] #vi/etc/named.conf
allow-transfer {192.168.0.4;};
```

四、重新启动 DNS 服务

```
[root@ CENTOS 7~ ] #  service named restart
```

或者

```
[root@ CENTOS 7~ ] #  service named reload
```

说明：

只有在主要名称服务器允许当前可以进行区域传输的情况下，辅助名称服务器才能进行区域复制操作。例如上例中，只有在 192.168.1.2 主要名称服务器的 options 声明中添加"allow-transfer {192.168.0.4;};"语句，辅助名称服务器才能够从主名称服务器进行区域复制。

五、使用直接域名解析

许多用户有直接使用域名访问 Web 网站的习惯，即在浏览器中不输入主机名 www，而是直接使用如 http://baidu.com 或 http://google.com 访问。如图 6-3 所示。

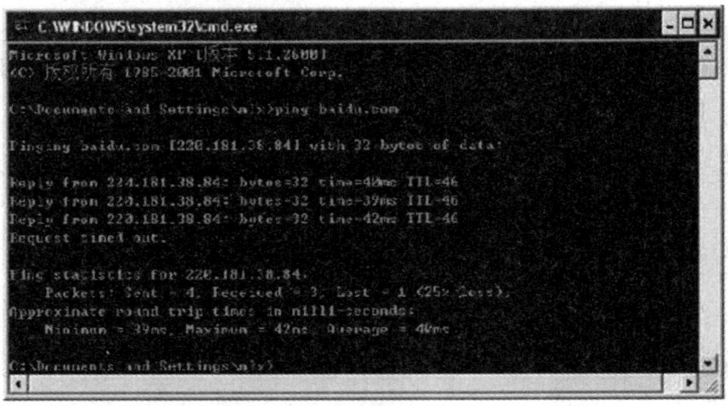

图 6-3　直接域名解析

然而，并不是所有的Web网站都支持这种访问方式，只有DNS服务器能直接解析域名的网站才可以。DNS服务器默认只能解析完全规范域名FQDN，不能直接将域名解析成IP地址。为了方便用户访问，可以在DNS服务器的区域文件加入下面一条特殊的主机资源记录，以便实现直接域名解析功能。

```
cjxy.cn. IN A 192.168.0.5 或者 . IN A 192.168.0.5
```

设置好后，用户只要访问cjxy.cn，DNS服务器就会将其直接解析成IP地址192.168.0.5。

六、使用泛域名解析

泛域名是指一个域名下的所有主机和子域名都被解析到同一个IP地址上，如使用“ping CentOS 7.china.com”和使用“ping linden.china.com”命令，DNS服务器的解析结果是一样的。即域名CentOS 7.china.com和linden.china.com域名对应的IP地址是相同的，如图6-4所示。

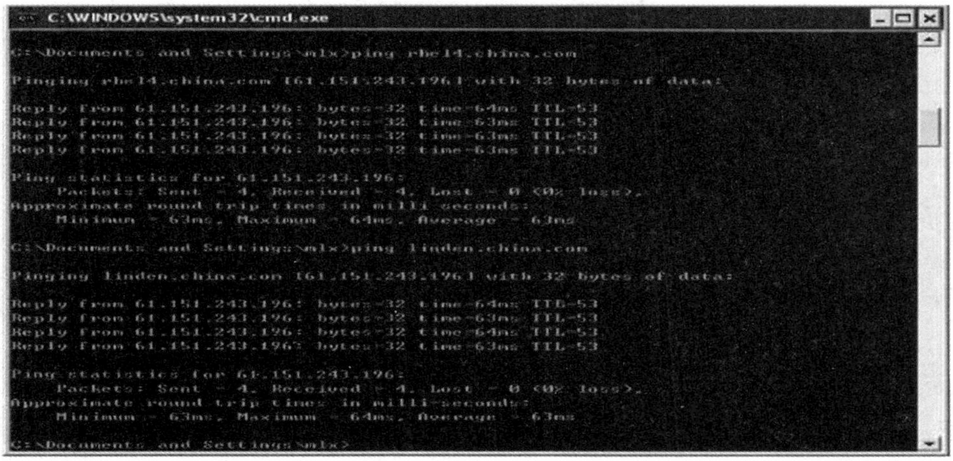

图6-4　泛域名解析

可以在DNS服务器的区域文件的末尾加入下面一条特殊的主机资源记录，以实现泛域名解析功能。

```
*.cjxy.cn. IN A 192.168.0.5 或者* IN A 192.168.0.5
```

任务三　DNS 配置

一、配置 DNS 客户端

DNS 客户端的配置非常简单，假设本地首选 DNS 服务器的 IP 地址为 192.168.1.2，备用 DNS 服务器的 IP 地址为 192.168.0.9，DNS 客户端的设置如下所示：

- Linux 客户端：打开“Internet 协议（TCP/IP）”属性对话框，在如图 6-5 所示的对话框中输入首选和备用 DNS 服务器的 IP 地址即可。

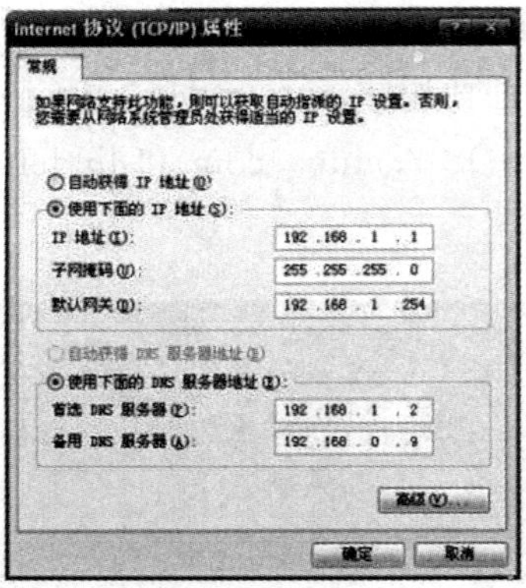

图 6-5　Linux 系统中 DNS 客户端配置

- Linux 客户端：在 Linux 系统中可以通过修改/etc/resolv. conf 文件来设置 DNS 客户端。如下所示：

```
[root@ CENTOS 7 RPMS] #  vi/etc/resolv.conf
nameserver 192.168.1.2
nameserver 192.168.0.9
search cjxy.cn
```

其中 nameserver 指明域名服务器的 IP 地址，可以设置多个 DNS 服务器，查询时按照文件中指定的顺序进行域名解析，只有当第一个 DNS 服务器没有响应时才向下面的 DNS 服务器发出域名解析请求。search 用于指明域名搜索顺序，当查询没有域名后缀的主机名时，将会自动附加由 search 指定的域名。

在 Linux 系统的图形界面下也可以利用网络配置工具（可以利用 system-config-network 命令打开）进行设置。

二、测试 DNS

BIND 软件包提供了三个 DNS 测试工具：nslookup、dig 和 host。其中 dig 和 host 是命令行工具，而 nslookup 命令既可以使用命令行模式也可以使用交互模式。

一、nslookup 命令

下面举例说明 nslookup 命令的使用方法。

//运行 nslookup 命令

```
[root@ CENTOS 7~ ] # nslookup
```

//正向查询，查询域名 www.cjxy.cn 所对应的 IP 地址

```
> www.cjxy.cn
Server: 192.168.1.2
Address: 192.168.1.2# 53
Name: www.cjxy.cn
Address: 192.168.0.5
```

//反向查询，查询 IP 地址 192.168.1.2 所对应的域名

```
> 192.168.1.2
Server: 192.168.1.2
Address: 192.168.1.2# 53
2.1.168.192.in-addr.arpa name= dns.cjxy.cn.
```

//显示当前设置的所有值

```
> set all
Default server: 192.168.1.2
Address: 192.168.1.2# 53
Default server: 192.168.0.1
Address: 192.168.0.1# 53
Default server: 192.168.0.5
Address: 192.168.0.5# 53
Set options:
novc nodebug nod2
```

```
search recurse
timeout= 0 retry= 2 port= 53
querytype= A class= IN
srchlist=
```

//查询 cjxy. cn 域的 NS 资源记录配置

>set type=NS//此行中 type 的取值还可以为 SOA、MX、CNAME、A、PTR 以及 any 等

```
> cjxy. cn
Server: 192. 168. 1. 2
Address: 192. 168. 1. 2# 53
cjxy. cn nameserver= dns. cjxy. cn.
```

二、dig 命令

dig（domain information groper）是一个灵活的命令行方式的域名查询工具，常用于从域名服务器获取特定的信息。例如，通过 dig 命令查看域名 www. cjxy. cn 的信息。

```
[root@ CENTOS 7~ ] # dig www. cjxy. cn
; < < > > DiG 9. 2. 4< < > > www. cjxy. cn
;; global options: printcmd
;; Got answer:
;; -> > HEADER< < -opcode: QUERY, status: NOERROR, id: 59656
;; flags: qr aa rd ra; QUERY: 1, ANSWER: 1, AUTHORITY: 1, ADDI-
TIONAL: 1
;; QUESTION SECTION:
; www. cjxy. cn. IN A
;; ANSWER SECTION:
www. cjxy. cn. 86400 IN A 192. 168. 0. 5
;; AUTHORITY SECTION:
cjxy. cn. 86400 IN NS dns. cjxy. cn.
;; ADDITIONAL SECTION:
dns. cjxy. cn. 86400 IN A 192. 168. 1. 2
;; Query time: 38 msec
;; SERVER: 192. 168. 1. 2# 53 (192. 168. 1. 2)
;; WHEN: Sat Sep 29 20: 22: 48 2007
```

```
;; MSG SIZE rcvd: 79
[root@ CENTOS 7~ ] #
```

三、host 命令

host 命令用来做简单的主机名的信息查询，在缺省情况下，host 只在主机名和 IP 地址之间进行转换。下面是一些常见的 host 命令的使用方法。

//正向查询主机地址

```
[root@ CENTOS 7~ ] # host dns.cjxy.cn
```

//反向查询 IP 地址对应的域名

```
[root@ CENTOS 7~ ] # host 192.168.22.98
```

//查询不同类型的资源记录配置，-t 参数后可以为 SOA、MX、CNAME、A、PTR

```
[root@ CENTOS 7~ ] # host-t NS cjxy.cn
```

//列出整个 cjxy.cn 域的信息

```
[root@ CENTOS 7~ ] # host-l cjxy.cn 192.168.1.2
```

//列出与指定的主机资源记录相关的详细信息

```
[root@ CENTOS 7~ ] # host-a computer.cjxy.cn
```

四、检查 DNS 服务器配置中的常见错误

- 配置文件名写错。在这种情况下，运行 nslookup 命令不会出现命令提示符“>”。
- 主机域名后面没有小点“.”。这是最常犯的错误。
- /etc/resolv.conf 文件中的域名服务器的 IP 地址不正确。在这种情况下，slookup 命令不出现命令提示符。
- 回送地址的数据库文件有问题。同样 nslookup 命令不出现命令提示符。
- 在/etc/named.conf 文件中的 zone 区域声明中定义的文件名与/var/named/

chroot/var/named 目录下的区域数据库文件名不一致。

项目练习

1. 在 Linux 环境下，能实现域名解析的功能软件模块是（　　）。

A. Web　　B. dhcpd　　C. BIND　　D. SQUID

2. www. cjxy. edu. cn 是 Internet 中主机的（　　）。

A. 用户名　　B. 密码　　C. 别名　　D. IP 地址

E. FQDN

3. 在 DNS 服务器配置文件中 A 类资源记录是什么意思？（　　）

A. 官方信息　　B. IP 地址到名字的映射

C. 名字到 IP 地址的映射　　D. 一个 name server 的规范

4. 在 Linux DNS 系统中，根服务器提示文件是（　　）。

A. /etc/named. ca　　B. /var/named/named. ca

C. /var/named/name　　D. locald. /etc/name

D. local

5. DNS 指针记录的标志是（　　）。

A. A　　B. PTR　　C. CNAME　　D. NS

6. DNS 服务使用的端口是（　　）。

A. TCP 53　　B. UDP 53　　C. TCP 54　　D. UDP 54

7. 以下哪个命令可以测试 DNS 服务器的工作情况？（　　）

A. ig　　B. host

C. nslookup　　D. named-checkzone

8. 下列哪个命令可以启动 DNS 服务？（　　）

A. service named start　　B. /etc/init. d/named start

C. service dns start　　D. /etc/init. d/dns start

9. 指定域名服务器位置的文件是（　　）。

A. /etc/hosts　　B. /etc/networks

C. /etc/resolv. conf　　D. /. profile

10. 主域名服务器在 DNS 配置文件/etc/named. conf 中由 zone 语句中的“type master;”来定义。这种说法（　　）。

A. 正确　　B. 错误

项目七　配置与管理 NFS 网络文件系统

项目描述

资源共享是计算机网络的主要应用之一，在不同类 UNIX 系统之间有时需要进行资源共享，而实现资源共享的方法要靠 NFS（网络文件系统）服务。

能力目标

- NFS 服务的基本原理
- NFS 服务器的配置与调试
- NFS 客户端的配置
- NFS 故障排除

相关知识

NFS 即网络文件系统（network file system），是使不同的计算机之间能通过网络进行文件共享的一种网络协议，多用于类 UNIX 系统的网络中。

一、NFS 服务概述

在 Linux 主机之间可以通过共享文件夹来实现存储远程主机上的文件，而在 Linux 系统中通过 NFS 实现类似的功能。NFS 最早是由 Sun 公司于 1984 年开发出来的，其目的就是让不同计算机、不同操作系统之间可以彼此共享文件。由于 NFS 使用起来非常方便，因此很快得到了 Linux 和 UNIX 系统的广泛支持，而且还被 IETE（国际互联网工程组）制定为 RFCl904、RFCl813 和 RFC3010 标准。

NFS 网络文件系统具有以下优点：

（1）被所有用户访问的数据可以存放在一台中央主机（NFS 服务器）上并共享，而其他不同主机上的用户可以通过 NFS 服务访问中央主机上的共享资源。这样既可以提高资源的利用率，节省客户端本地硬盘的空间，也便于对资源进行集中管理。

（2）客户访问远程主机上的文件和访问本地主机上的资源一样，是透明的。

（3）远程主机上的文件的物理位置发生变化不会影响客户访问方式的变化。

（4）可以为不同客户设置不同的访问权限。

二、NFS 工作原理

NFS 服务是基于客户/服务器模式的。NFS 服务器是提供输出文件（共享目录文件）的计算机，而 NFS 客户端是访问输出文件的计算机，它可以将输出文件挂载到自己系统中的某个目录文件中，然后象访问本地文件一样访问 NFS 服务器中的输出文件。

例如，在 Linux 主机 A 中有一个目录文件/source，该目录中有网络中 Linux 主机 B 中用户所需的资源。此时可以把它输出（共享），这样 B 主机上的用户可以把 A：/source 挂载到本机的某个挂载目录（例如/mnt/nfs/source）中，之后 B 主机上的用户就可以访问/mnt/nfs/source 中的文件了。而实际上 B 主机上的用户访问的是 A 主机上的资源。

NFS 客户和 NFS 服务器通过远程过程调用（RPC，remoteprocedurecall）协议实现数据传输。服务器自开启服务之后一直处于等待状态，当客户主机上的应用程序访问远程文件时，客户主机内核向远程服务器发送一个请求，同时客户进程被阻塞并等待服务器应答。服务器接收到客户请求之后，处理请求并将结果返回给客户端。NFS 服务器上的目录如果可以被远程用户访问，称为“导出”（export）；客户主机访问服务器导出目录的过程称为挂载（mount）或导入。

使用 NFS 服务，至少需要启动 3 个系统守护进程：

（1）rpc. nfsd：NFS 基本守护进程，主要功能是管理客户端是否能够登入服务器。

（2）rpc. mountd：RPC 安装守护进程，主要功能是管理 NFS 的文件系统。当客户端顺利地通过 rpc. nfsd 登录 NFS 服务器后，在使用 NFS 服务器所提供的文件前，还必须通过文件使用权限的验证，rpc. mountd 会读取 NFS 的配置文件/etc/exports 对比客户端的权限。

（3）portmap：portmap 的主要功能是进行端口映射工作。当客户端尝试连接并使用 RPC 服务器提供的服务（如 NFS 服务）时，portmap 会将所管理的与服务对应的端口号提供给客户端，从而使客户端可以通过该端口向服务器请求服务。

注意： 虽然 portrnap 只用于 RPC，但它对 NFS 服务来说是必不可少的。如果 portmap 没有运行，NFS 客户端就无法查找 NFS 服务器中共享的目录。

项目设计与准备

一、项目设计

在局域网内，假设域名为 computer. jnrp. cn，网内两台主机 client1 和 server1。现要在 server1 上进行配置 NFS 服务器，作为 NFS 服务器；另一台作为 NFS 客户端。

二、项目准备

在 Vmware 虚拟机中启动两台 Linux 系统，一台作为 NFS 服务器，规划好 IP 地址，比如 192.168.203.1；一台作为 NFS 客户端，同样规划好 IP 地址，比如 192.168.203.2。配置一个 NFS 服务器，使得客户机可以浏览 NFS 服务器中特定目录下的内容。

项目实施

一、安装 DNS 服务器

本节将主要介绍 NFS 服务的安装、配置与启动等内容。

在 Linux 系统中启动 NFS 服务，需要 nfs-utils 和 portmap 两个软件包。Red Hat EnterpriseLinux 4.0 内置的 NFS 和 portmap 软件的版本分别为 nfs-utils-1.0.6-46 和 portmap-4.0-63，如果不知道是否已安装此版本的软件，可以使用下面的命令查询：

```
[root@ CENTOS 7~ ] # rpm-q nfs-utils portmap
nfs-utils-1.0.6-46
portmap-4.0-63
```

如果系统没有安装 NFS 和 portmap 服务，这时需插入第 2 张安装光盘，挂载。然后输入下面的命令完成安装。

//安装 portmap 服务

```
[root @ CENTOS 7 ~ ] # rpm-ivh/media/cdrom/RedHat/RPMS/portmap-4.0-63.i386.rpm
```

//安装 NFS 服务

```
[root @ CENTOS 7 ~ ] # rpm-ivh/media/cdrom/RedHat/RPMS/nfs-utils-1.0.6-46.i386.rpm
```

二、启动 NFS 服务

为了使 NFS 服务器正常工作，需要启动 portmap 和 nfs 这两个服务，并且 portmap 一定要先于 nfs 启动。具体命令如下：

```
[root@ CENTOS 7~ ] #  service portmap start
启动 portmap：[确定]
[root@ CENTOS 7~ ] #  service nfs start
启动 NFS 服务：[确定]
关掉 NFS 配额：[确定]
启动 NFS 守护进程：[确定]
启动 NFS mountd：[确定]
```

三、检查 NFS 服务工作状态

可以利用下面的命令检查 portmap 和 nfs 服务的工作状态。

```
[root@ CENTOS 7~ ] #  service portmap status
portmap (pid 11103) 正在运行...
[root@ CENTOS 7~ ] #  service nfs status
rpc. mountd (pid 11176 11135) 正在运行...
nfsd (pid 11131 11130 11129 11128 11127 11124 11123 11122) 正在运行...
rpc. rquotad (pid 11169 11118) 正在运行...
```

由上面可以看出与 NFS 服务器运行有关的进程（process）有 8 种，可以使用以下的方法进行检查：

```
[root@ CENTOS 7~ ] #  ps-aux| grep nfsd
root11122 0. 0 0. 0 0 0? S 08: 01 0: 00 [nfsd]
root11123 0. 0 0. 0 0 0? S 08: 01 0: 00 [nfsd]
root111240. 0 0. 0 0 0? S 08: 01 0: 00 [nfsd]
root11127 0. 0 0. 0 0 0? S 08: 01 0: 00 [nfsd]
root11128 0. 0 0. 0 0 0? S 08: 01 0: 00 [nfsd]
root11129 0. 0 0. 0 0 0? S 08: 01 0: 00 [nfsd]
root11130 0. 0 0. 0 0 0? S 08: 01 0: 00 [nfsd]
root11131 0. 0 0. 00 0? S 08: 01 0: 00 [nfsd]
```

四、停止 NFS 服务

在停止 nfs 服务时，需要先停止 nfs 服务再停止 portmap 服务，如果系统中还有其他服务（如 NIS）需要 portmap 服务，则可以不用停止 portmap 服务。具体命令如下所示。

```
[root@ CENTOS 7~ ] #  service nfs stop
关闭 NFS mountd：[确定]
关闭 NFS 守护进程：[确定]
关闭 NFS quotas：[确定]
关闭 NFS 服务：[确定]
[root@ CENTOS 7~ ] #  service portmap stop
停止 portmap：[确定]
```

如果需要重新启动 nfs 服务，可以使用下面的命令。

```
[root@ CENTOS 7~ ] #  service nfs restart
关闭 NFS mountd：[确定]
关闭 NFS 守护进程：[确定]
关闭 NFS quotas：[确定]
关闭 NFS 服务：[确定]
启动 NFS 服务：[确定]
关掉 NFS 配额：[确定]
启动 NFS 守护进程：[确定]
启动 NFS mountd：[确定]
```

五、设置 NFS 服务开机自启动

为了避免忘记启动而导致服务器停止服务，建议应该在开机时自动启动 NFS 服务器，以节省每次手动启动的时间。要在开机时自动启动 NFS 服务器，可以使用以下的方法：

1. 利用 ntsysv 命令

执行 ntsysv 命令，启动服务配置程序，找到 nfs 和 portmap 服务，利用空格键分别在其前面加上“*”，确定即可。

2. 利用 chkconfig 命令

//利用 chkconfig 命令查看 portmap 服务的自启动状态

```
[root@ CENTOS 7~ ] #  chkconfig--list portmap
```

```
portmap0: off 1: off 2: off 3: on 4: on 5: on 6: off
```

//利用 chkconfig 命令查看 nfs 服务的自启动状态

```
[root@ CENTOS 7~ ] # chkconfig--list nfs
nfs0: off 1: off 2: off 3: off 4: off 5: off 6: off
```

//利用 chkconfig 命令设置 portmap 服务在运行级别 3 和 5 时自启动

```
[root@ CENTOS 7~ ] # chkconfig--level 35 portmap on
```

//利用 chkconfig 命令设置 nfs 服务在运行级别 3 和 5 时自启动

```
[root@ CENTOS 7~ ] # chkconfig--level 35 nfs on
```

3. 利用 exportfs 命令

NFS 服务在启动时会自动导出/etc/exports 文件设定的文件系统或目录，但如果在 NFS 服务启动后修改了 exports 文件，也可以利用 exportfs 命令导出目录，而不用重新启动 NFS 服务。exportfs 命令的基本用法如下：

```
exportfs [选项]
```

常见的参数选项有：

- -a：输出/etc/exports 文件中的所有目录。
- -i：忽略/etc/exports 文件中列出的信息，取命令行中指定的导出选项。
- -r：重新读取/etc/exports 文件的设置，并立即生效，而不需重新启动 NFS 服务。
- -u：停止输出某一目录。
- -v：显示 exportf s 命令执行时的信息。

【例 7-4】导出/etc/exports 文件中的所有目录。

```
[root@ CENTOS 7~ ] # cat/etc/exports
/home/public* (ro)
/share 192.168.1.2 (rw) 192.168.1.4 (r0)
[root@ CENTOS 7~ ] # exportfs-av
exporting 192.168.1.2: /share
```

```
exporting * : /home/public
```

【例 7-5】重新导出/etc/exports 文件中的所有目录。当在/etc/exports 文件中增加或删除了某项，可以使用该命令。

```
[root@ CENTOS 7~ ] # exportfs-rv
```

【例 7-6】停止输出/etc/exports 文件中的所有目录。

```
[root@ CENTOS 7~ ] # exportfs-auv
```

任务二　配置文件/etc/exports

NFS 的配置设置都集中在/etc/exports 文件中，它是共享资源的访问控制列表，不仅可以在此新建共享资源，同时也能对访问共享资源的客户端进行权限管理。/etc/exports 文件中的每一条记录都代表一个共享资源以及访问权限设置，它的格式如下：

<共享输出目录> [客户端（选项 1，选项 2）]

例如：

```
/home/test www.mlx.com (rw, async)
```

1. 共享输出目录

共享输出目录是指 NFS 系统中需要共享给客户端使用的目录。该目录可以是某个文件系统的根目录，也可以是一个普通目录。

2. 客户端

客户端用来指定允许连接此 NFS 服务器的客户端，可以使用的客户端表示方式有很多种，表 7-1 是常见的客户端表示方式。

3. 选项

选项用来设置输出目录的访问权限、用户映射等。exports 文件中的选项比较多，一般可分为以下 3 类。

表 7-1　NFS 客户端常见表示形式

客户端表示形式	说明
单一主机	这是最常使用的方式，可以指定单一主机的主机名、域名或 IP 地址。如果指定超过一个以上的主机，则必须以空格加以分隔
群组	可以使用“@群组名称”的格式来指定允许连接服务器的群组，如@workgroup
通配符	可以使用“*”或“?”来指定允许连接服务器的客户端，例如“*.mlx.com”表示允许来自 mlx.com 域的所有主机连接。但是要注意的是，通配符不匹配主机名中的“.”。因此“*.mlx.com”不匹配 aaa.test.mlx.com
网络节点	如果要指定 IP 网络节点的客户端，那么可以使用符合 CIDR 格式的表示法，如 192.168.1.0.24 或 192.168.1.0/255.255.255.0

（1）访问权限

NFS 客户端的访问权限分为以下两类，如表 7-2 所示。

表 7-2　NFS 客户端访问权限

访问权限	说明
ro	read only，仅允许客户端读取共享资源内容
rw	read and write，允许客户端读取及写入共享资源。

（2）常见选项

在/etc/exports 文件中允许使用的选项有很多，其说明如表 7-3 所示。

表 7-3　常见选项及说明

常见选项	说明
sync	设置 NFS 服务器同步写磁盘，这样不会轻易丢失数据，建议使用该选项
async	将数据先保存在内在缓冲区中，必要时才写入磁盘
secure	限制客户端只能从小于 1024 的端口连接 NFS 服务器（默认为此设置）
insecure	允许客户端可以从大于 1024 的端口连接 NGS 服务器
wdelay	检查是否有相关的写操作，如果有则将这些写操作一起执行（默认为此设置）
no_wdelay	检查是否有相关的写操作，如果有则立即执行，应与 sync 配合使用
subtree_check	如果输出目录是子目录，则 NFS 服务器将检查其父目录的权限（默认为此设置）
no_subtree_check	如果输出目录是子目录，NFS 服务器将不检查其父目录的权限

（3）用户映射选项

在默认情况下，当客户端访问 NFS 服务器时．若远程访问的用户是 root 用户，则 NFS 服务器会将它映射成一个本地的匿名用户，默认为 nfsnobody。并将它所属的用户组也映射为匿名用户组，默认为 nfsnobody。系统管理员可以对用户映射选项进行调整，如表 7-4 所示。

表 7-4　用户映射选项

用户映射选项	说明
all _ squash	将远程访问的普通用户及所属用户组都映射为匿名用户和用户组
no _ all _ squash	不将远程访问的普通用户及所属用户都映射为匿名用户和用户组（默认为此设置）
root _ squash	将 root 用户及所属用户组都映射为匿名用户和用户组（默认为此设置）
no _ root _ squash	不将 root 用户及所属用户组都映射为匿名用户和用户组
anonuid= * * *	将远程访问的所有用户都映射为本地用户账户的 UID= * * * 的匿名用户
anongid= * * *	将远程访问的所有用户都映射为本地组的 GID= * * * 的匿名用户组

4. NFS 服务配置实例

在/etc/exports 文件中，同一输出目录对于不同的主机可以有不同的设置选项，各主机设置间用空格分隔。下面给出的是几个应用实例。

【例 7-1】将/home/share 目录共享，供 192.168.1.0/24 网段的客户机进行读写，而网络中的其他主机只能读取该目录的内容。

```
/home/share 192.168.1.0/24 (sync, rw) *  (ro)
```

【例 7-2】将/nfs/public 目录共享，＊.mlx.com 域的所有客户都拥有读写权限，允许客户端从大于 1024 的端口访问，并将所有用户及所属用户组都映射为匿名账户 nfsnobody，数据同步写入磁盘。如果有写入操作立即执行。

```
/nfs/public* .mlx.com (rw, in_ secure, all_ squash, sync, no_
wdelay)
```

【例 7-3】在设置/etc/exports 文件时需要特别注意空格的使用，因为在此配置文件中，除了分开共享目录和共享主机，以及分隔多台共享主机外，其余的情形下都不可使用空格。例如，以下的两个范例就分别表示不同的意义：

```
/home client (rw)
/home client  (rw)
```

在上述的第一行中，客户端 client 对/home 目录拥有读取和写入权限，而第二行中 client 对/home 目录只拥有读取权限（这是系统对所有客户端的默认值）。而除 client 之外的其他客户端对/home 目录拥有读取和写入权限。

任务三　配置 NFS 客户端

Linux 下的 NFS 客户端配置非常容易，不需要加载任何新的软件。当 NFS 服务器配置完成之后，在 NFS 客户端可以使用 showmount 命令查看 NFS 服务器上的输出目录，并利用 mount 命令挂载，在不需要时可以使用 umount 命令卸载。在 NFS 客户端也可以对 NFS 服务器上输出目录实现开机自动挂载。

一、查看 NFS 服务器中的输出目录

利用 showmount 命令可以查看 NFS 服务器上有哪些输出目录。showmount 命令的格式如下：

```
showmount  [参数选项]  NFS 服务器的主机名/IP 地址
```

参数选项：

- -e：显示 NFS 服务器上的所有输出目录。
- -a：显示 NFS 服务器的所有客户端主机及其连接的输出目录。
- -d：显示 NFS 服务器中已被客户端连接的所有输出目录。

【例 7-7】显示 IP 地址为 192.168.1.102 的 NFS 服务器上的输出目录。

```
[root@ CENTOS 7~ ] #  showmount-e 192.168.1.102
Export list for 192.168.1.102:
/home/public*
/share 192.168.1.2
```

注意：如果在使用 showmount-e 命令查看 NFS 服务器上的输出目录时，出现下面的情况，其原因可能是 NFS 服务器上的 portmap 服务和 nfs 服务没有启动，也可能是防火墙被过滤了。解决的方法是在 NFS 服务器上启动 portmap 和 nfs 服务，并重新设置防火墙的过滤规则。

```
[root@ CENTOS 7~ ] # showmount-e 192.168.1.103
mount clntudp_ create: RPC: Port mapper failure-RPC: Unable to receive
```

三、挂载 NFS 服务器中的输出目录

在确认 NFS 服务器设置正确后，在客户端主机可以使用 mount 命令挂载 NFS 服务器中的输出目录到本地目录。格式如下：

```
mount-t NFS 服务器的 IP 地址：输出目录本地挂载目录
```

【例 7-8】将 IP 地址为 192.168.1.102 的 NFS 服务器上的/home/public 输出目录，挂载到本地的/mnt/public 目录下。

```
[root@ CENTOS 7 mnt] # mount-t nfs 192.168.1.102: /home/public/
mnt/public
```

NFS 服务器上的输出目录被挂载到客户端之后，客户端可以在本机使用 mount 命令查看该目录的挂载状态。

```
[root@ CENTOS 7~ ] # mount| grep nfs
192.168.1.102: /home/public on/mnt/public type nfs (rw, addr =
192.168.1.102)
```

注意：NFS 客户端在挂载 NFS 服务器上的输出目录时，只能挂载自己被赋予访问权限的那些目录。

三、卸载 NFS 服务器中的输出目录

在不需要使用 NFS 服务器上的输出目录时，可以使用 umount 命令将挂载目录卸载。命令格式如下：

```
umount 挂载点
```

【例 7-9】将例 10-8 中的挂载目录/mnt/public 卸载。

```
[root@ CENTOS 7 ~ ] # umount/mnt/public
```

四、NFS 客户端开机时自动连接 NFS 服务器中的输出目录

要想让 NFS 客户端在系统开机时自动挂载 NFS 服务器上的指定输出目录，应该在/etc/fstab 文件中配置。在/etc/fstab 文件中添加的语句格式如下：

```
NFS 服务器主机名/IP 地址：输出目录本地挂载目录 nfs defaults 0 0
```

【例 7-10】在 NFS 客户端实现每次开机自动挂载 IP 地址为 192.168.1.102 的 NFS 服务器上的/home/public 输出目录，挂载目录为/mnt/public。

要想实现该功能应该在 NFS 客户端的/etc/fstab 文件中添加如下的行语句：

```
192.168.1.102: /home/public/mnt/public nfs defaults 0 0
```

任务四　排除 NFS 故障

NFS 故障的诊断与排除，是 NFS 服务器维护的重要内容。本节将主要介绍 NFS 服务常见故障的诊断与排除。

一、IP 地址问题

在 NFS 服务器上的/etc/exports 文件中配置输出目录时，主机指定如果采用主机名的方法要保证 NFS 客户机的 IP 地址和主机名符合，否则会遭到拒绝。NFS 服务器获得连接自己的客户机 IP 地址后，试图解析为完全符合域名 FQDN，但是如果在/etc/exports 文件中列出的机器名称不完整，NFS 服务器将拒绝服务。例如，服务器默认为 nfs. mlx. com，可在/etc/exports 文件中列出的是 nfs，这时就要检查/etc/hosts 文件和 DNS 的设置。

在 NFS 客户端挂载 NFS 输出目录时，如果使用主机名而不是 IP 地址来指定 NFS 客户机，同样要确保客户机能够正确解析主机名的 IP 地址。如果不能正确解析，就要检查/etc/hosts 文件和 DNS 的配置。

二、故障排除的常用命令

(1) rpcinfo

NFS 服务是基于 RPC 调用的，因此 rpcinfo 命令常用于确定 RPC 服务的信息。可以在 NFS 服务器或 NFS 客户端上利用 rpcinfo 命令确定 NFS 服务器上的 RPC 服务信息。

【例 7-11】在 NFS 客户端执行 rpcinfo 命令确定 IP 地址为 192.168.1.102 的 NFS

服务器上的 RPC 服务信息。

```
[root@ CENTOS 7~ ] #  rpcinfo-u 192.168.1.102 portmap
[root@ CENTOS 7~ ] #  rpcinfo-u 192.168.1.102 nfs
[root@ CENTOS 7~ ] #  rpcinfo-u 192.168.1.102 mountd
```

（2）nfsstat

nfsstat 命令可以显示 nfs 统计信息。命令格式如下：

```
n fsstat [参数选项]
```

参数选项：

• -c：显示客户机上的 NFS 操作，此选项应该在 NFS 客户机上操作。

• -s：显示服务器上的状态，此选项应该在 NFS 服务器上操作。

【例 7-12】在 NFS 服务器上显示 NFS 服务统计信息。

```
[root@ CENTOS 7~ ] #  nfsstat-s
Server rpc stats:
calls     badcalls     badauth     badclnt     xdrcall
 8           1            1           0           0
Server nfs v2:
null     getattr     setattr     root     lookup     readlink
 1        100%  0      0%  0      0%  0      0%  0      0%  0      0%
read     wrcache     write     create     remove     rename
 0        0%  0       0%  0      0%  0      0%  0      0%  0      0%
link     symlink     mkdir     rmdir     readdir     fsstat
 0         0%  0      0%  0     0%  0      0%  0      0%  0      0%
Server nfs v3:
null     getattr     setattr     lookup     access     readlink
 3        50%  1      16%  0      0%  0      0%  0       0%  0    0%
read     write     create     mkdir     symlink     mknod
 0        0%  0     0%  0      0%  0     0%  0      0%  0      0%
remove     rmdir     rename     link     readdir     readdirplus
 0           0%  0     0%  0      0%  0     0%  0      0%  0        0%
fsstat     fsinfo     pathconf     commit
 0           0%  2       33%  0       0%  0      0%
```

三、故障诊断的一般步骤

诊断 NFS 故障的一般步骤如下：

（1）检查 NFS 客户端和 NFS 服务器之间的通信是否正常。

（2）检查 NFS 服务器上的 NFS 服务是否正常运行。

（3）验证 NFS 服务器的/etc/exports 文件的语法是否正确。

（4）检查客户端的 NFS 文件系统服务是否正常。

（5）验证/etc/fstab 文件中的配置是否正确。

项目练习

1. NFS 工作站要 mount 远程 NFS 服务器上一个目录的时候，以下哪一项是服务器端必须的？（　　）

A. portmap 必须启动

B. NFS 服务必须启动

C. 共享目录必须加在/etc/exports 文件里

D. 以上全部都需要

2. 请选择正确的命令，完成加载 NFS 服务器 svr. jnrp. edu. cn 的/home/nfs 共享目录到本机/home2 。（　　）

A. mount-t nfs svr. jnrp. edu. cn：/home/nfs/home2

B. mount-t-s nfs svr. jnrp. edu. cn. /home/nfs/home2

C. nfsmount svr. jnrp. edu. cn：/home/nfs/home2

D. nfsmount -s svr. jnrp. edu. cn/home/nfs/home2

3. 哪个命令用来通过 NFS 使磁盘资源被其他系统使用？（　　）

A. share　　B. mount　　C. export　　D. exportfs

4. 以下 NFS 系统中关于用户 ID 映射正确的描述是（　　）。

A. 服务器上的 root 用户默认值和客户端的一样

B. root 被映射到 nfsnobody 用户

C. root 不被映射到 nfsnobody 用户

D. 默认情况下，anonuid 不需要密码

5. 公司有 10 台 Linux servers，想用 NFS 在 Linux servers 之间共享文件，应该修改的文件是（　　）。

A. /etc/exports　　B. /etc/crontab

C. /etc/named. conf　　D. /etc/smb. conf

6. 查看 NFS 服务器 192. 168. 12. 1 中的共享目录的命令是（　　）。

A. show-e 192. 168. 12. 1　　B. show//192. 168. 12. 1

C. showmount-e 192. 168. 12. 1　　D. showmount-l 192. 168. 12. 1

7. 装载 NFS 服务器 192.168.12.1 的共享目录/tmp 到本地目录/mnt/shere 的命令是（　　）。

A. mount 192.168.12.1/tmp/mnt/shere

B. mount-t nfs 192.168.12.1/tmp/mnt/shere

C. mount-t nfs 192.168.12.1：/tmp/mnt/shere

D. mount-t nfs//192.168.12.1/tmp/mnt/shere

项目八　配置与管理 Web 服务器

项目描述

某学院组建了校园网，建立了学院网站。现需要架设 Web 服务器为学院网站安家，同时在进行网站上传和更新时，需要上传和下载文件，因此需要架设 FTP 服务器，为学院内部和互联网用户提供 WWW、FTP 等服务。本单元将实践配置与管理 Web 服务器。

能力目标

- 认识 Web
- 掌握 Web 服务的安装与启动
- 掌握 Web 服务的主配置文件
- 掌握各种 Web 服务器的配置
- 学会创建 Web 网站和虚拟主机

相关知识

2016 年 6 月，根据 Netcraft（www. netcraft. com）公司对 2006 年 8 月到 2016 年 6 月各种 WEB 服务器使用情况的调查结果显示，Web 是世界上排名第一的 WEB 服务器，如图 8-1 所示。

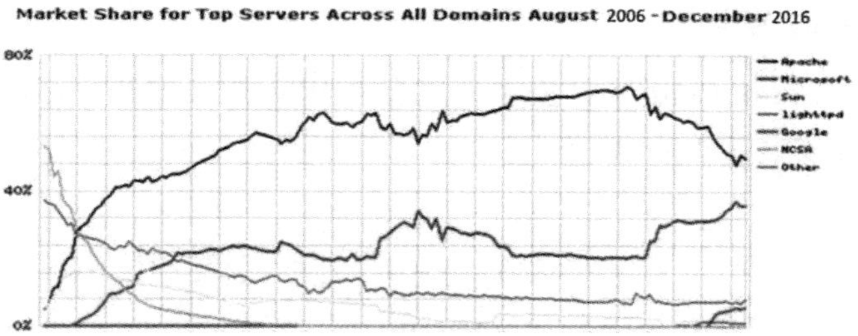

Top Developers

Developer	November 2007	Percent	December 2007	Percent	Change
Apache	76,028,287	50.76%	76,945,640	49.57%	-1.19
Microsoft	53,679,916	35.84%	55,509,223	35.76%	-0.08
Google	7,910,879	5.28%	8,558,256	5.51%	0.23
lighttpd	1,505,122	1.00%	1,521,250	0.98%	-0.02
Sun	619,262	0.41%	588,997	0.38%	-0.03

图 8-1　2006 年 8 月～2016 年 6 月各种 Web 服务器的市场占有率

Web 之所以有这样好的成绩，是与自身的优点分不开的。Web 主要具有如下特性：

- Web 具有跨平台性，可以运行在 UNIX、Linux 和 Windows 等多种操作系统上。
- Web 凭借其开放源代码的优势发展迅速，可以支持很多功能模块。借助这些功能模块，Web 具有无限扩展功能的优点。
- Web 的工作性能和稳定性远远领先于其他同类产品。

项目设计与准备

一、项目设计

利用 Web 服务建立普通 Web 站点、基于主机和用户认证的访问控制。

二、项目准备

安装有企业服务器版 Linux 的 PC 计算机一台、测试用计算机一台（Linux XP）。并且两台计算机都在接入局域网。该环境也可以用虚拟机实现。规划好各台主机的 IP 地址。

项目实施

任务一　安装、启动与停止 Web 服务

前面介绍了 Web，本节将介绍 Web 服务的安装、启动与停止。

1. 安装 Web 服务

默认情况下，Linux CentOS 7 安装程序会将 Web 服务安装，可以使用下面的命令检查系统是否已经安装了 Web 服务：

```
[root@ CENTOS 7~ ] # rpm-q httpd
httpd-2. 0. 52-9. ent
```

这表明系统已经安装了 Web 服务。如果系统没有安装 Web 服务，可以在系统安装后单独安装。Web 服务的软件包在 Linux CentOS 7. 4 的第 2 张安装盘上。

总共包括如下四个软件包：

- httpd-2. 0. 52-9. ent. i386. rpm：Web 2. 0。
- httpd-manual-2. 0. 52-9. ent. i386. rpm：Web 2. 0 手册。
- httpd-suexec-2. 0. 52-9. ent. i386. rpm：允许 Web 以 root 用户身份运行程序的软件包。
- system-config-httpd-1. 3. 1-1. noarch. rpm：Web 服务的图形化配置工具。

插入第 2 张安装盘，挂载。输入下面的命令完成安装。

//挂载光盘

```
[root@ CENTOS 7~ ] # mount/media/cdrom
```

//进入安装文件所在目录

```
[root@ CENTOS 7~ ] # cd/media/cdrom/RedHat/RPMS
```

//安装相应的软件包

```
[root@ CENTOS 7 RPMS] # rpm-ivh httpd-*
```

2. Web 服务启动

启动和重新启动 Web 服务的命令如下所示：

//启动 Web 服务

```
[root@ CENTOS 7~ ] # service httpd start
```

//重新启动 Web 服务

```
[root@ CENTOS 7~ ] # service httpd restart
```

Web 服务启动成功后，在客户端浏览器中输入服务器的 IP 地址，可以看到 Web 的默认页面，如图 8-2 所示。

图 8-2　Web 的默认首页

3. Web 服务停止

停止 Web 服务的命令如下所示：

```
[root@ CENTOS 7~ ] # service httpd stop
```

任务二　认识 Web 服务器的主配置文件

Web 服务器的主配置文件是 httpd. conf，该文件的位置因安装方式的不同而不同，如果使用 RPM 软件包安装，该文件通常存放在/etc/httpd/conf 目录下；如果使用编译源代码的方式安装，该文件通常存放在 Web 安装目录下的 conf 子目录中。下面以 RPM 软件包安装的 httpd. conf 文件为例，讲解该配置文件的主要内容。

httpd. conf 文件不区分大小写，在该文件中以“＃”开始的行为注释行。除了注释和空行外，服务器把其他的行认为是完整的或部分的指令。指令又分为类似于 shell 的命令和伪 HTML 标记。指令的语法格式为“配置参数名称　参数值”。伪 HTML 标记的语法格式如下：

```
< Directory/>
Options FollowSymLinks
AllowOverride None
< /Directory>
```

该文件主要由全局环境配置、主服务器配置和虚拟主机配置 3 部分组成。

1. 全局环境配置（global environment）

（1）ServerTokens OS：当服务器响应主机头（header）信息时显示 Web 的版本和操作系统名称。

（2）ServerRoot" /etc/httpd"：设置存放服务器的配置、出错和记录文件的根目录。

（3）PidFile run/httpd. pid：指定记录 httpd 守护进程的进程号的 PID 文件。

（4）Timeout 120：设置客户程序和服务器连接的超时时间间隔，超过这个时间间隔后服务器将断开与客户机的连接。

（5）KeepAlive Off：设置是否允许在同一个连接上传输多个请求，取值为 on/off。在 HTTP1. 0 中，同一个连接只能传输一次请求，而 HTTP1. 1 支持在同一个连接上传输多个请求。设置为 on 可以改善客户端浏览网页的性能，尤其是对于包含很多图像文件的网页。

（6）MaxKeepAliveRequests 100：设置一次连接可以进行的 HTTP 请求的最大请求次数。将其值设置为 0，将支持在一次连接内进行无限次的传输请求。

（7）KeepAliveTimeout 15：设置一次连接中的多次请求传输之间的时间，如果服务器已经完成了一次请求，但一直没有接收到客户端程序的下一次请求，在间隔时间超过了这个参数设置的值之后，服务器将断开连接。

（8）MPM 多处理模块：Web 中有多个 MPM 多处理模块，这些模块可以分为：Prefork、Worker 和 Perchild 三类。例如，在 Prefork 模块中，可以看到如下的类似配置：

```
< IfModule prefork.c>
StartServers 8
MinSpareServers 5
MaxSpareServers 20
ServerLimit 256
MaxClients 256
MaxRequestsPerChild 4000
< /IfModule>
```

（9）Listen12. 34. 56. 78：80：设置 Web 服务的监听 IP 和端口。如果不指定 IP 地址，则 Web 服务将监听系统上所有网络接口的 IP 地址。

（10）LoadModule 参数值：设置动态加载模块。

（11）Include conf. d/ * . conf：将由 Serverroot 参数指定的目录中的子目录 conf. d 中的 * . conf 文件包含进来，即将/etc/httpd/conf. d 目录中的 * . conf 文件包含进来。

2. 主服务器配置（main server configuration）

（1）UserWeb 和 Group Web：设置运行 Web 服务器的用户和组。

（2）ServerAdmin root@localhost：设置管理 Web 服务器的管理员的邮件地址。

（3）ServerName new. host. name：80：设置服务器的主机名和端口以标识网站。该选项默认是被注释掉的，服务器将自动通过名称解析过程来获得自己的名字，但建议用户明确定义该选项。由 ServerName 指定的名称应该是 FQDN，也可以使用 IP 地址。如果同时设置了虚拟主机，则在虚拟主机中的设置会替换这里的设置。

（4）UseCanonicalName Off：用于设置 Web 服务器如何构造 URL，取值为 on/off。如果设置为 on，服务器将根据 httpd. conf 文件中的 ServerName 来构造 URL；如果取值为 off，服务器会根据客户发送的请求获得服务器的名称和端口号来构造 URL。

（5）DocumentRoot "/var/www/html"：设置 Web 服务器对外发布的网页文档的存放路径，客户程序请求的 URL 将被映射为这个目录下的网页文件。这个目录下的子目录，以及使用符号链接指出的文件和目录都能被浏览器访问，只是要在 URL 上使用同样的相对应目录名。用户也可以根据自己的实际情况设置存放网站的目录。

（6）Directory 目录容器：Web 服务器可以利用 Directory 容器设置对指定目录的访问控制。例如下面的例子是对"/"目录进行的默认访问控制的设置。

```
< Directory/>
Options FollowSymLinks
AllowOverride None
< /Directory>
```

（7）DirectoryIndex index. html index. html. var：用于设置网站的默认首页的网页文件名。在客户机访问网站根目录时，无需在 URL 中包含要访问的网页文件名称，Web 服务器会根据该项设置将默认的网页文件传送给客户机。如果服务器在目录中找不到 DirectoryIndex 指定的文件，并且允许列目录，则客户机浏览器上会看到该目录的文件列表，否则客户机会得到一个错误消息。

（8）AccessFileName. htaccess：设置访问控制的文件名，默认为隐藏文件 . htaccess。为了避免客户浏览网站时看到以 . ht 开头的文件，可以使用下面的配置：

```
< Files~ " ^\ .ht" >
Order allow, deny
Deny from all
< /Files>
```

（9）TypesConfig/etc/mime. types：设置 MIME 类型配置文件。MIME 的最初目

的是在电子邮件中发送除文本之外的其他二进制文件，如声音、图像等。默认设置为/etc/mime. types 文件，该文件包含了文件扩展名与注册过的文件类型的映射关系。例如，有了这个信息，浏览器在浏览到 . pdf 文档时会自动打开 Adobe PDF 阅读器。

（10）DefaultType text/plain：有些文件没有 . pdf、. doc 这样的扩展名，可以通过 DefaultType 指定默认文件类型。

（11）HostnameLookups Off：设置只记录连接 Web 服务器的 IP 地址，而不记录主机名。

（12）ErrorLog logs/error _ log：指定错误日志的存放位置，此目录为相对目录，是相对于 ServerRoot 目录而言的。

（13）LogLevel warn：指定记录的错误信息的详细等级为 warn 等级。

（14）LogFormat　参数值：定义记录日志的格式。

（15）CustomLog logs/access _ log combined：指定访问日志的记录格式及存放位置。

（16）ServerSignature On：指定是否允许配置服务器端生成文档的页脚（错误信息、mod _ proxy 的 ftp 目录列表、mod _ info 的输出）。

（17）Alias/icons/" /var/www/icons/"：设置内容协商目录的访问别名。

（18）ScriptAlias/cgi-bin/" /var/www/cgi-bin/"：映射 CGI 程序路径。网站中的可执行文件一般都放在“/var/www/cgi-bin/”目录中，通过上面的设置可以把/var/www/cgi-bin 映射到 DocumentRoot 目录下。

（19）IndexOptions FancyIndexing VersionSort NameWidth= *：设置客户机浏览器自动生成目录列表的显示方式。FancyIndexing 表示对每一种类型的文件前加上一个小图标加以区别；VersionSort 表示对同一个软件的不同版本进行排序；NameWidth= * 表示文件名字段自动适应当前目录下的最长文件名。

在对目录列清单时，系统会自动使用不同的图标表示不同的文件类型。这些特征通过 AddIconByEncoding、AddIconByType、AddIcon 等参数设定。其中 AddIconByEncoding 设定压缩文件；AddIconByType 表示按照 MIME 类型设定图标；AddIcon 表示把文件类型按照扩展名与相应图标进行关联。下面是具体的设置实例：

```
AddIconByEncoding (CMP, /icons/compressed.gif) x-compress x-gzip
AddIconByType (TXT, /icons/text.gif) text/*
AddIconByType (IMG, /icons/image2.gif) image/*
AddIconByType (SND, /icons/sound2.gif) audio/*
AddIconByType (VID, /icons/movie.gif) video/*
AddIcon/icons/binary.gif.bin.exe
AddIcon/icons/binhex.gif.hqx
AddIcon/icons/tar.gif.tar
```

```
AddIcon/icons/world2.gif.wrl.wrl.gz.vrml.vrm.iv
AddIcon/icons/compressed.gif.Z.z.tgz.gz.zip
AddIcon/icons/a.gif.ps.ai.eps
AddIcon/icons/layout.gif.html.shtml.htm.pdf
AddIcon/icons/text.gif.txt
AddIcon/icons/c.gif.c
AddIcon/icons/p.gif.pl.py
AddIcon/icons/f.gif.for
AddIcon/icons/dvi.gif.dvi
AddIcon/icons/uuencoded.gif.uu
AddIcon/icons/script.gif.conf.sh.shar.csh.ksh.tcl
AddIcon/icons/tex.gif.tex
AddIcon/icons/bomb.gif core
AddIcon/icons/back.gif..
AddIcon/icons/hand.right.gif README
AddIcon/icons/folder.gif^^DIRECTORY^^
AddIcon/icons/blank.gif^^BLANKICON^^
```

(20) DefaultIcon/icons/unknown.gif：设置当使用了 IndexOptions FancyIndexing 之后，且无法识别文件类型时显示此处定义的图标。

(21) AddLanguage 参数值：在浏览器启用内容协商时，设置网页内容的语言种类，对中文网页，此项无实际意义。

(22) LanguagePriority en ca cs da de el eo es et fr he hr it ja ko ltz nl nn no pl pt pt-BR ru sv zh-CN zh-TW：当启用内容协商时，设置语言的先后顺序。

(23) AddDefaultCharset UTF-8：设置默认字符集。

(24) AddCharset 参数值：设置各种字符集。

(25) Alias/error/" /var/www/error/"：设置错误页面目录的别名。

(26) BrowserMatch 参数值：设置浏览器匹配。

3. 虚拟主机配置（Virtual Hosts）

通过配置虚拟主机，可以在单个服务器上运行多个 Web 站点。对于访问量不大的站点来说，这样做可以降低单个站点的运营成本。虚拟主机可以是基于 IP 地址、主机名或端口号的。基于 IP 地址的虚拟主机需要计算机上配有多个 IP 地址，并为每个 Web 站点分配一个唯一的 IP 地址。基于主机名的虚拟主机，要求拥有多个主机名，并且为每个 Web 站点分配一个主机名。基于端口号的虚拟主机，要求不同的 Web 站点通过不同的端口号监听，这些端口号只要系统不用就可以。

下面是虚拟主机部分的默认配置示例，具体配置见 12.4.5 节。

```
NameVirtualHost* : 80
< VirtualHost* : 80>
ServerAdmin webmaster@ dummy-host. example. com
DocumentRoot/www/docs/dummy-host. example. com
ServerName dummy-host. example. com
ErrorLog logs/dummy-host. example. com-error_ log
CustomLog logs/dummy-host. example. com-access_ log common
< /VirtualHost>
```

任务三　配置各种 Web 服务器

正如前面介绍的，Web 是功能非常强大的 Web 服务器，除了提供基本的 Web 服务之外，还可以实现为用户设置个人主页、访问控制、用户认证和虚拟主机等功能。

一、用户个人主页

现在许多网站都允许用户拥有自己的主页空间，而用户可以很容易地管理自己的主页空间。Web 可以实现用户的个人主页。客户端在浏览器中浏览个人主页的 URL 地址格式一般为：

```
http: //域名/~ username
```

其中，“username”在利用 Linux 系统中的 Web 服务器来实现时，是 Linux 系统的合法用户名（该用户必须在 Linux 系统中存在）。

用户的主页存放的目录由 Web 服务器的主配置文件 httpd. conf 文件中的主要设置参数 UserDir 设定。下面是 httpd. conf 文件中关于用户主页的存放目录及目录访问权限的设置。

（1）设置 Linux 系统用户个人主页的目录

Linux 系统用户个人主页的目录由<IfModule mod _ userdir. c>容器实现，默认情况下，UserDir 的取值为 disable，表示不为 Linux 系统用户设置个人主页。如果为 Linux 系统用户设置个人主页可以修改 Userdir 的取值，一般为 public _ html，该目录在用户的家目录下。

下面是<IfModule mod _ userdir. c>容器的默认配置。

```
< IfModule mod_ userdir. c>
```

```
UserDir disable
# UserDir public_ html
< /IfModule>
```

（2）设置用户个人主页所在目录的访问权限

在允许 Linux 系统用户拥有个人主页时，可以利用 Directory 容器为该目录设置访问控制权限。下面是 httpd. conf 文件中对“/home/ * /public _ html”目录的访问控制权限的默认配置（具体的配置语句含义见 12. 4. 3 节），该 Directory 容器默认是被注释掉的。

```
< Directory/home/* /public_ html>
AllowOverride FileInfo AuthConfig Limit
Options MultiViews Indexes SymLinksIfOwnerMatch IncludesNoExec
< Limit GET POST OPTIONS>
Order allow, deny
Allow from all
< /Limit>
< LimitExcept GET POST OPTIONS>
Order deny, allow
Deny from all
< /LimitExcept>
< /Directory>
```

【例 8-1】在 IP 地址为 192. 168. 1. 2 的 Web 服务器中，为系统中的 kingma 用户设置个人主页空间。该用户的家目录为/home/kingma，个人主页空间所在的目录为 public _ html。

（1）修改用户的家目录权限。使其他用户具有读和执行的权限。

```
[root@ CENTOS 7~ ] #  chmod 705/home/kingma
```

（2）创建存放用户个人主页空间的目录。

```
[root@ CENTOS 7~ ] #  mkdir/home/kingma/public_ html
```

（3）创建个人主页空间的默认首页文件。

```
[root@ CENTOS 7~ ] #  cd/home/kingma/public_ html
```

```
[root@ CENTOS 7 public_ html] # echo " this is kingma's web!!!" >
> index.html
```

(4) 修改 httpd. conf 文件中＜IfModule mod _ userdir. c＞模块的内容将 UserDir 的值设置为//public _ html。并将＜Directory/home/ * /public _ html＞容器的注释符去掉

在客户端的浏览器中输入“http：192. 168. 1. 2/～kingma”看到的个人空间的访问效果如图 8-3 所示。

注意：一般不为系统的 root 超级用户设置个人空间，可以添加“UserDir disable root”语句实现该功能。

图 8-3　用户个人空间的访问效果图

二、虚拟目录

要从 Web 站点主目录以外的其他目录发布站点，可以使用虚拟目录实现。虚拟目录是一个位于 Web 服务器主目录之外的目录，它不包含在 Web 服务器的主目录中，但在访问 Web 站点的用户看来，它与位于主目录中的子目录是一样的。每一个虚拟目录都有一个别名，客户端可以通过此别名来访问虚拟目录。

由于每个虚拟目录都可以分别设置不同的访问权限，因此，非常适合于不同用户对不同目录拥有不同权限的情况。另外，只有知道虚拟目录名的用户才可以访问此虚拟目录，除此之外的其他用户将无法访问此虚拟目录。

在 Web 服务器的主配置文件 httpd. conf 文件中，通过 Alias 指令设置虚拟目录。默认情况下，该文件中已经建立了“/icons/”和“/manual/”两个虚拟目录，他们分别对应的物理路径是“/var/www/icons/”和“/var/www/manual/”。

【例 8-2】在 IP 地址为 192. 168. 1. 2 的 Web 服务器中，创建名为/test/的虚拟目录，它对应的物理路径是“/dir1/test/”，并在客户端测试。

(1) 创建物理目录/dir1/test/

[root@ CENTOS 7~] # mkdir -p/dir1/test

(2) 创建虚拟目录中的默认首页文件。

[root@ CENTOS 7 test] # echo " this is/dir1/test Directory!!!!" > > index. html

(3) 修改默认文件的权限，使其他用户具有读和执行权限。

[root@ CENTOS 7 test] # chmod 705 index. html

(4) 修改 httpd. conf 文件，添加下面的语句：

Alias/test/ "/dir1/test/"

(5) 利用"service httpd restart"命令，重新启动服务。

在客户端的浏览器中看到的虚拟目录的访问效果如图 8-4 所示。

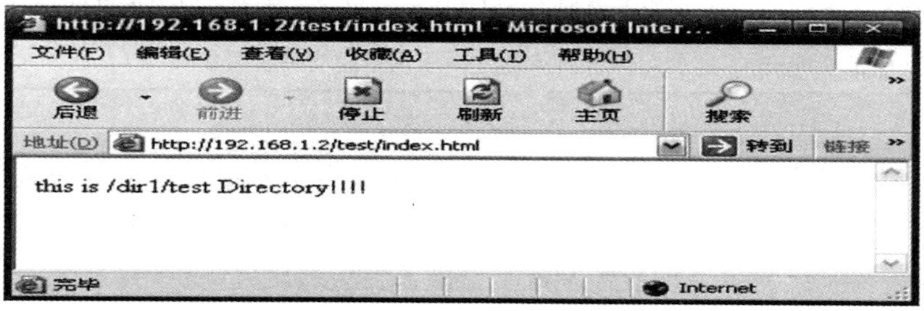

图 8-4　/test 虚拟目录的访问效果图

三、基于主机的访问控制

有时可能需要将一些敏感的信息放到 Internet/Intranet 网络中，这时可以利用 Web 的访问控制机制实现。本节和 12.4.4 节主要通过一些实例介绍基于主机的和基于用户身份认证的访问控制机制。在 httpd. conf 文件中，有很多类似于<Directory "目录">…</Directory>的容器，在每个容器中有 Options、Allowoverride、Limit 等指令，它们都是和访问控制相关的。如表 8-1 所示。

表 8-1　Web 目录访问控制选项

访问控制选项	描述
Options	设置特定目录中的服务器特性，具体参数选项的取值见表 8-2 所示
Allowoverride	设置如何使用访问控制文件 htaccess，具体参数选项的取值见表 8-3 所示
Order	设置 Apache 缺省的访问权限及 Allow 和 Deny 语句的处理顺序
Allow	设置允许访问 Apache 服务器的主机，可以是主机名也可以是 IP 地址
Deny	设置拒绝访问 Apache 服务器的主机，可以是主机名也可以是 IP 地址

表 8-2　Options 选项的取值

可用选项取值	描述
Indexes	允许目录浏览。当访问的目录中没有 DirectoryIndex 参数指定的网页文件时，会列出目录中的上当清单
Multiviews	允许内容协商的多重视图
All	支持除 Multiviews 以外的所有选项，如果没 Options 语句，默认为 All
ExecCGI	允许在该目录下执行 CGI 脚本
FollowSymLinks	可以在该目录中使用符号链接，以访问其他目录
Includes	允许服务器端使用 SSI（服务器包含）技术
IncludesNoExec	允许服务器使用 SSI（服务器包含）技术，但禁止执行 CGI 脚本
SymLinksIfOwnerMatch	目录文件与目录属于同一用户时支持符号链接

注意：可以使用“+”或“-”号在 Options 选项中添加或取消某个选项的值。如果不使用这两个符号，那么在容器中的 Options 选项的取值将完全覆盖以前的 Options 指令的取值。

表 8-3　Allowoverride 指令所使用的指令组

指令组	可用指令	说明
AuthConfig	AuthDBMGroupFile，AuthDBMUserFile，AuthGroupFile，AuthName，AuthType，AuthUserFile，Require	进行认证、授权以及安全的相关指令
FileInfo	DefaultType，ErrorDocument，ForceType，LanguagePriority，SetHandler，SetInputFilter，SetOutputFilter	控制文件处理方式的相关指令
Indexes	AddDescription，AddIcon，AddIconByEncoding，DefaultIcon，AddIconByType，DirectoryIndex，ReadmeName FancyIndexing，HeaderName，IndexIgnore，IndexOptions	控制目录列表方式的相关指令
Limit	Allow，Deny，Order	进行目录访问控制的相关指令
Options	Options，XBitHack	启用不能在主配置文件中使用的各种选项
All	全部指令组	可以使用以上所有指令
None	禁止使用所有指令	禁止处理 htaccess 文件

【例 8-3】设置对于例 12-2 中的/test 虚拟目录，允许列出目录列表。

(1) 在/dir1/test 目录中创建目录 subdir1 和 subdir2

```
[root@ CENTOS 7 test] # mkdir subdir1 subdir2
[root@ CENTOS 7 test] # ls
index. html subdir1 subdir2
```

（2）将该目录下的默认首页文件 index. html 改名为 index. html1（只有在没有默认首页文件时，才列目录列表）

```
[root@ CENTOS 7 test] # mv index. html index. html1
```

（3）修改 httpd. conf 文件，添加下面的语句：

```
< Directory" /dir1/test/" >
options Indexes
< /Directory>
```

（4）重新启动 httpd 网络服务。

在客户端的浏览器中看到的允许列目录列表的虚拟目录的访问效果如图 8-5 所示。

【例 8-4】在例 8-3 的基础上禁止对/test 虚拟目录列出目录列表。

（1）修改 httpd. conf 文件中对应的行：

```
< Directory" /dir1/test/" >
options-Indexes//只修改此行
< /Directory>
```

（2）重新启动 httpd 网络服务。

在客户端的浏览器中看到的禁止列目录列表的虚拟目录的访问效果如图 8-6 所示。

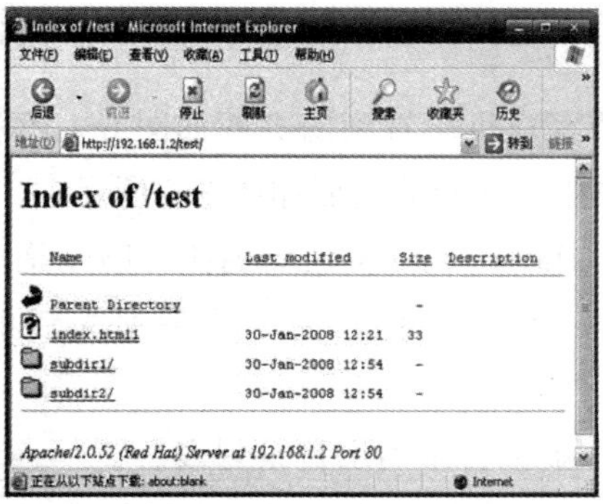

图 8-5　允许目录列表的访问效果图

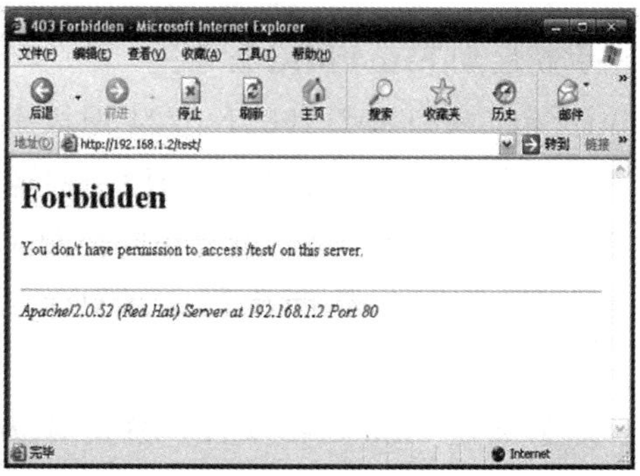

图 8-6　禁止目录列表的访问效果图

【例 8-5】设置/test 虚拟目录，只允许来自 jnrp. net 域和 192. 168. 1. 0/24 网段的用户访问。

要实现此功能需要使用 Order 选项实现。Order 选项用于定义缺省的访问权限与 Allow 和 Deny 语句的处理顺序。Allow 和 Deny 语句可以针对客户机的域名或 IP 地址进行设置，以决定哪些客户机能够访问服务器。Order 语句通常设置为以下两种值之一：

- Order allow，deny：缺省禁止所有的客户机访问，且 Allow 语句在 Deny 语句之前被匹配。如果某条件即匹配 allow 语句又匹配 deny 语句，则 deny 语句起作用。
- Order deny，allow：缺省允许所有的客户机访问，且 Deny 语句在 Allow 语句之前被匹配。如果某条件即匹配 allow 语句又匹配 deny 语句，则 allow 语句起作用。

下面是例 8-5 的一种解决方案。

（1）将该目录下的默认首页文件 index. html1 改名为 index. html

```
[root@ CENTOS 7 test] #  mv index. html1 index. html
```

（2）在 httpd. conf 文件中添加对应的行：

```
< Directory" /dir1/test/" >
options Indexes//修改此行
order allow, deny//添加此行
allow from jnrp. net//添加此行
allow from 192. 168. 1. 0/24//添加此行
< /Directory>
```

（3）重新启动 httpd 网络服务。

在 jnrp. net 域和 192. 168. 1. 0/24 网段中的客户机中看到的页面如图 8-4 所示，在除 jnrp. net 域和 192. 168. 1. 0/24 网段中的客户机中看到的页面如图 8-6 所示。

注意：在利用 order 语句设置访问控制时，allow 和 deny 语句的执行顺序是至关重要的。allow 和 deny 语句的执行顺序只由 order 语句决定，而不受书写先后顺序的限制。

【例 8-6】通过 . htaccess 文件，禁止对/test 虚拟目录列出目录列表。

. htaccess 文件可以改变 httpd. conf 主配置文件中的配置，但是它只能设置对目录的访问控制。这个目录就是 . htaccess 文件存放的目录。在 . htaccess 文件中的配置将

覆盖 httpd. conf 主配置文件中的配置，但它只有在 Allowoverride 的取值为非 none 时才生效。如果 Allowoverride 的取值为 none，服务器将不会读取 . htaccess 文件的内容，这样可以加快服务器的响应时间。

下面是例 8-6 的一种解决方案。

(1) 将该目录下的默认首页文件 index. html 改名为 index. html1（只有在没有默认首页文件时，才列目录列表）

```
[root@ CENTOS 7 test] #  mv index. html index. html1
```

(2) 修改 httpd. conf 文件中<Directory" /dir1/test/" >容器的内容，修改后的结果如下所示：

```
< Directory" /dir1/test/" >
Allowoverride options
< /Directory>
```

(3) 进入/dir1/test 目录中，利用 vi 编辑器生成 . htaccess 文件，该文件的内容如下：

```
[root@ CENTOS 7 ~ ] #  cd/dir1/test
[root@ CENTOS 7 test] #  cat. htaccess
options-indexes
```

(4) 重新启动 httpd 网络服务。

在客户端的浏览器中看到的禁止访问效果如图 8-6 所示。但此时是通过 . htaccess 文件来实现的。

(5) 基于用户认证的访问控制。

相信很多人都有过这样的经历，当访问某些网站或网页时需要输入合法的用户名和密码才能登录。用户身份认证是防止非法用户使用资源的有效手段，也是管理注册用户的有效方法。现在很多网站都使用用户身份认证来管理用户资源，对用户的访问权限进行严格的限制。

Web 服务器允许在主配置文件 httpd. conf 或 . htaccess 文件中对相应的目录进行强制口令保护。对于口令保护的目录，必须通过 AuthName、AuthType、AuthUserFile 和 AuthGroupFile4 个指令设置认证访问控制，具体含义如表 8-4 所示。

表 8-4　Web 服务的认证配置指令

指令	语法	说明
AuthName	AuthName 领域名称	定义受保护领域的名称
AuthType	AuthType Basic 或 Digest	定义使用的认证方式
AuthUserFile	AuthUserFile 文件名	指定认证用户的口令文件的存放位置
AuthGroupFile	AuthGroupFile 文件名	指定认证组文件的存放位置

除此之外还需要用 require 命令指出满足什么条件的用户才能被授权访问。require 指令的三种使用格式如表 8-5 所示。

表 8-5　require 指令的三种格式

require 指令语法格式	说明
require user 用户名［用户名］……	授权给指定的一个或多个用户，各用户之间使用空格分隔
require group 组名［组名］……	授权给指定的一个或多个组，各组之间使用空格分隔
require valid-user	授权给认证口令文件中的所有用户

例如：

```
require user user1 user2//只授权给 user1 和 user2 用户访问
require group group1//只授权给 group1 组的用户访问
```

下面通过一个具体的实例讲解 Web 服务器基于用户认证的访问控制。

【例 8-7】对/test 虚拟目录进行保护，只有输入合法的用户名和密码才能访问该目录。操作步骤如下所示：

（1）配置 httpd. conf 文件。在 httpd. conf 文件中配置内容如下所示。

```
< Directory" /dir1/test/" >
Options indexes
AllowOverride none
AuthName" This is protects for test directory!!" //设置受保护领域的名称字符串
AuthType Basic//设置用户认证方式为 Basic
AuthUserFile/var/www/htpasswdfile//设置用户认证口令文件
require valid-user//设置 htpasswdfile 文件中的所有用户都为合法用户
< /Directory>
```

（2）利用 htpasswd 命令生成用户密码文件。例如为 kingma 用户生成密码文件的命令如下所示：

```
[root@ CENTOS 7 test] # htpasswd-c/var/www/htpasswdfile kingma
New password:
Re-type new password:
Adding password for user kingma
```

htpasswd 命令中的-c 选项表述无论密码文件是否已经存在，都重新写入文件并删除文件中的原有内容。所以在向密码文件中添加第二个用户时，就不再需要使用-c 选项了。

（3）利用 service httpd restart 命令，重新启动 Web 服务。

（4）在客户端进行测试。

此时在客户端的浏览器中，输入 http：192. 168. 1. 2/test 看到的测试界面如图 8-7 所示。在输入合法的用户名和口令之后，就可以访问该目录了。如图 8-8 所示。

图 8-7　访问相应的目录需要输入用户名和口令

图 8-8　通过用户认证后的访问界面

任务四　配置虚拟主机

Web 服务器 httpd. conf 主配置文件中的第 3 部分是关于实现虚拟主机的。前面已经讲过虚拟主机是在一台 Web 服务器上，可以为多个独立的 IP 地址、域名或端口号提供不同的 Web 站点。对于访问量不大的站点来说，这样做可以降低单个站点的运营成本。

一、基于 IP 地址的虚拟主机的配置

基于 IP 地址的虚拟主机的配置需要在服务器上绑定多个 IP 地址，然后配置 Web，把多个网站绑定在不同的 IP 地址上，访问服务器上不同的 IP 地址，就可以看到不同的网站。

【例 8-8】假设 Web 服务器具有 192.168.1.2 和 192.168.1.3 两个 IP 地址。现需要利用这两个 IP 地址分别创建 2 个基于 IP 地址的虚拟主机，要求不同的虚拟主机对应的主目录不同，默认文档的内容也不同。

配置步骤如下：

(1) 分别创建/var/www/ip2 和/var/www/ip3 两个主目录和默认文件。

```
[root@ CENTOS 7 test] # mkdir/var/www/ip2/var/www/ip3
[root@ CENTOS 7 test] # echo" this is 192.168.1.2's web!!!!" > /var/www/ip2/index.html
[root@ CENTOS 7 test] # echo" this is 192.168.1.3's web!!!!" > /var/www/ip3/index.html
```

(2) 修改 httpd.conf 文件。该文件的修改内容如下：

//设置基于 IP 地址为 192.168.1.2 的虚拟主机

```
< Virtualhost 192.168.1.2>
DocumentRoot/var/www/ip2//设置该虚拟主机的主目录
DirectoryIndex index.html//设置默认文件的文件名
ServerAdmin mlx_ teaching@ 163.com//设置管理员的邮件地址
ErrorLog logs/ip2-error_ log//设置错误日志的存放位置
CustomLog logs/ip2-access_ log common//设置访问日志的存放位置
< /Virtualhost>
```

//设置基于 IP 地址为 192.168.1.3 的虚拟主机

```
< Virtualhost 192.168.1.3>
DocumentRoot/var/www/ip3//设置该虚拟主机的主目录
DirectoryIndex index.html//设置默认文件的文件名
ServerAdmin kingyueguang@ 163.com//设置管理员的邮件地址
ErrorLog logs/ip3-error_ log//设置错误日志的存放位置
```

```
CustomLog logs/ip3-access_ log common//设置访问日志的存放位置
< /Virtualhost>
```

（3）重新启动 httpd 服务。

（4）在客户端浏览器中看到的访问界面分别如图 8-9 和图 8-10 所示。

图 8-9 虚拟主机 192. 168. 1. 2 的访问界面

图 8-10 虚拟主机 192. 168. 1. 3 的访问界面

二、基于域名的虚拟主机的配置

基于域名的虚拟主机的配置只需服务器有一个 IP 地址即可，所有的虚拟主机共享同一个 IP，各虚拟主机之间通过域名进行区分。

要建立基于域名的虚拟主机，DNS 服务器中应建立多个主机资源记录，使它们解析到同一个 IP 地址。例如：

```
www. mlx. com. IN A 192. 168. 1. 2
www. king. com. IN A 192. 168. 1. 2
```

【例 8-9】假设 Web 服务器 IP 地址为 192. 168. 1. 2。在本地 DNS 服务器中该 IP 地址对应的域名分别为 www. mlx. com 和 www. king. com。现需要创建基于域名的虚拟主机，要求不同的虚拟主机对应的主目录不同，默认文档的内容也不同。配置步骤如下：

（1）分别创建/var/www/mlx 和/var/www/king 两个主目录和默认文件。

```
[root@ CENTOS 7 test] # mkdir/var/www/mlx/var/www/king
[root@ CENTOS 7 test] #  echo" this is www. mlx. com's web!!!!" > /
var/www/mlx/index. html
[root@ CENTOS 7 test] #  echo" this is www. king. com's web!!!!" > /
```

var/www/king/index.html

（2）修改 httpd.conf 文件。该文件的修改内容如下：

NameVirtualhost 192.168.1.2//指定虚拟主机所使用的 IP 地址，该 IP 地址将对应多个域名。

<Virtualhost 192.168.1.2>//VirtualHost 后面可以跟 IP 地址或域名

```
DocumentRoot/var/www/mlx
DirectoryIndex index.html
ServerName www.mlx.com//指定该虚拟主机的 FQDN
ServerAdmin mlx_ teaching@ 163.com
ErrorLog logs/www.mlx.com-error_ log
CustomLog logs/www.mlx.com-access_ log common
< /Virtualhost>
< Virtualhost 192.168.1.2>
DocumentRoot/var/www/king
DirectoryIndex index.html
ServerName www.king.com//指定该虚拟主机的 FQDN
ServerAdmin kingyueguang@ 163.com
ErrorLog logs/www.king.com-error_ log
CustomLog logs/www.king.com-access_ log common
< /Virtualhost>
```

（3）重新启动 httpd 服务。

（4）在客户端浏览器中看到的访问界面分别如图 8-11 和图 8-12 所示。

图 8-11　虚拟主机 www.mlx.com 的访问界面

图 8-12　虚拟主机 www.king.com 的访问界面

三、基于端口号的虚拟主机的配置

基于端口号的虚拟主机的配置只需服务器有一个 IP 地址即可，所有的虚拟主机共享同一个 IP，各虚拟主机之间通过不同的端口号进行区分。在设置基于端口号的虚拟主机的配置时，需要利用 Listen 语句设置所监听的端口。

【例 8-10】假设 Web 服务器 IP 地址为 192.168.1.2。现需要创建基于 8000 和 8800 两个不同端口号的虚拟主机，要求不同的虚拟主机对应的主目录不同，默认文档的内容也不同。配置步骤如下：

（1）分别创建/var/www/port8000 和/var/www/port8800 两个主目录和默认文件。

```
[root@ CENTOS 7 test] # mkdir/var/www/port8000/var/www/port8800
[root@ CENTOS 7 test] # echo" this is 8000 ports web!!!!" > /var/www/port8000/index.html
[root@ CENTOS 7 test] # echo" this is 8800 ports web!!!!" > /var/www/port8800/index.html
```

（2）修改 httpd.conf 文件。该文件的修改内容如下：

```
Listen 8800//设置监听端口
Listen 8000
<VirtualHost 192.168.1.2：8800>//VirtualHost 后面跟上 IP 地址和端口号，二者之间用冒号分隔
DocumentRoot/var/www/port8800
DirectoryIndex index.html
ErrorLog logs/port8800-error_ log
CustomLog logs/port8800-access_ log common
< /VirtualHost>
< VirtualHost 192.168.1.2: 8000>
DocumentRoot/var/www/port8000
DirectoryIndex index.html
ErrorLog logs/port8000-error_ log
CustomLog logs/port8000-access_ log common
< /VirtualHost>
```

（3）重新启动 httpd 服务。

(4) 在客户端浏览器中看到的访问界面分别如图 8-13 和图 8-14 所示。

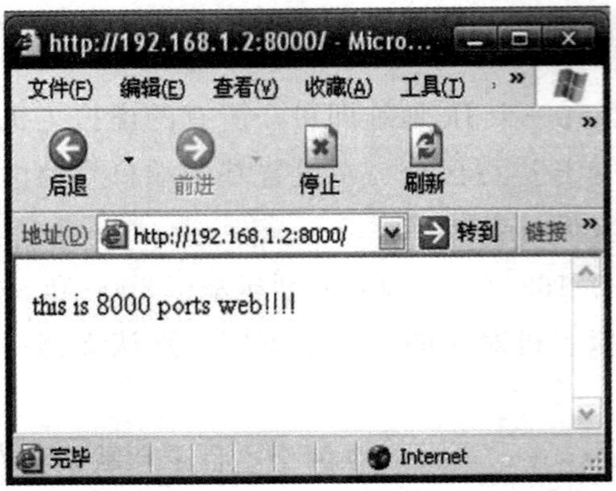

图 8-13 基于 8000 端口的虚拟主机的访问界面

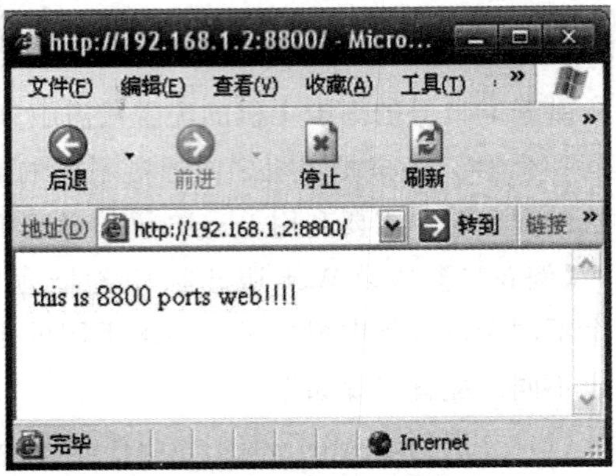

图 8-14 基于 8800 端口的虚拟主机的访问界面

企业实战与应用

一、企业环境及需求

公司要为自己的网站建立一个论坛实现与广大用户的在线交流。内网所采用的 IP 地址为 192.168.1.80，要求服务器可以满足 500 人同时访问，并且服务器上有一个非常重要的目录/security，里面的内容仅允许来自 .team0.com 这个域的成员访问，其他全部拒绝。管理员邮箱设置为 root@team0.com，首页设置为 index.php。Web 根目录和文档目录保持默认设置，如图 8-15 所示。

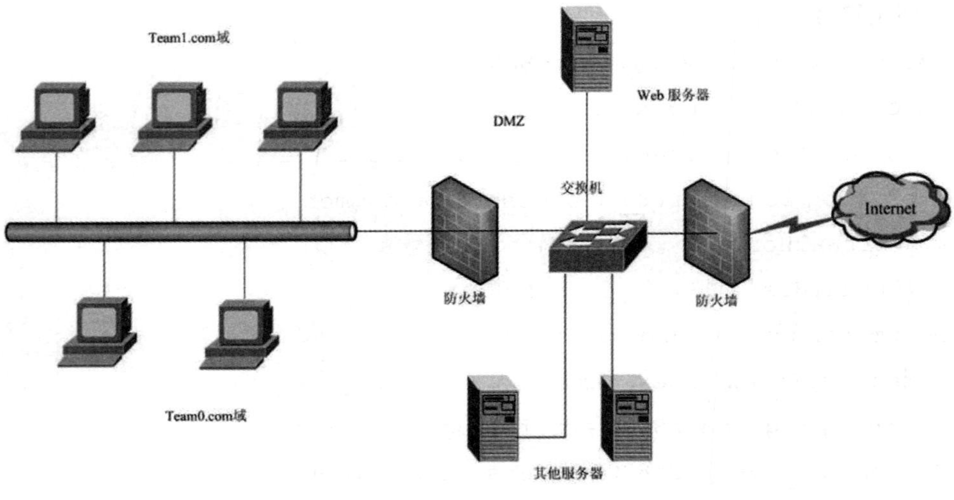

图 8-15 动网论坛网络拓扑

二、需求分析

对于要搭建动态网站的设计工程人员而言，首先要把相关的软件安装好，LAMP是一种非常好的选择。对于特殊的要求可以在主配置文件中采用相应的字段进行设置，比如 ServerAdmin 字段可以设置管理员邮箱地址，DirectoryIndex 字段可以设置首页文件，MaxClients 字段可以设置客户端连接数等。

三、解决方案

1. 安装 LAMP 所需软件

第 1 步：MySQL 的安装。

(1) MySQL 所需软件

安装 MySQL 数据库需要的软件包较多，如下所示。

- perl-DBI-1.52-1.fc6.i386.rpm。该软件包位于第二张系统光盘内。
- perl-DBD-MySQL-3.0007-1.fc6.i386.rpm。该软件包位于第二张系统光盘内。
- MySQL-5.0.22-2.1.i386.rpm。该软件包位于第二张系统光盘内。
- MySQL-server-5.0.22-2.1.i386.rpm。该软件包位于第二张系统光盘内。
- MySQL-devel-5.0.22-2.1.i386.rpm。该软件包位于第二张系统光盘内。

(2) 安装顺序

在安装 MySQL 的时候，请注意安装顺序，否则无法正常安装。参考以下安装顺序即可顺利完成安装。

首先安装 perl-DBI-1.52-1.fc6.i386.rpm。

```
[root@ www Server] # rpm -ivh perl-DBI-1.52-1.fc6.i386.rpm
warning: perl-DBI-1.52-1.fc6.i386.rpm: Header V3 DSA Signature: NOKEY key ID 37017186
Preparing ############################################################ [100%]
1: perl-DBI ############################################################ [100%]
```

其次安装 MySQL-5.0.22-2.1.i386.rpm

```
[root@ www Server] # rpm-ivh MySQL-5.0.22-2.1.i386.rpm
warning: MySQL-5.0.22-2.1.i386.rpm: Header V3 DSA Signature: NOKEY key ID 37017186
Preparing ##############################
```

```
######################## [100%]
   1:   MySQL##############################
######################## [100%]
```

接下来安装 perl-DBD-MySQL-3.0007-1.fc6.i386.rpm。

```
[root@ www Server】# rpm-ivh perl-DBD-MySQL-3.0007-1.fc6.i386.rpm
warning: perl-DBD-MySQL-3.0007-1.fc6.i386.rpm: Header V3 DSA Signature: NOKEY keyID 37017186
Preparing ###############################
################## [100%]
1: perl-DBD-MySQL############################
##################### [100%]
```

最后安装 MySQL-server-5.0.22.2.1.i386.rpm。

```
[root@ www Server】# rpm-ivh MySQL-server-5.0.22.2.1.i386.rpm
warning: MySQL-server-5.0.22.2.1.i386.rpm: Header V3 DSA Signature: NOKEY key ID37017186
Preparing ###############################
################## [100%]
1: MySQL-server##############################
#################### [100%]
```

(3) 启动服务

安装完毕后，重启 MySQLd 服务，检查服务器的状态，如下所示。

```
[root@ www Server]# service MySQLd restart
Stopping MySQL: [OK]
Starting MySQL: [OK]
```

(4) 设置管理员账号密码并测试

使用 MySQLadmin 命令建立管理员账号，如下所示：

```
[root@ www Server]# MySQLadmin-u root password 123
```

使用 MySQL-u root-p 进行登录，如下所示：

```
[root@ www Server] # MySQL-u root-P


Enter password: # 输入正确密码
Welcome to the MySQL monitor. Commands end with; or\ g
Your MySQL connection id is 8 to server version: 5. 0. 22
Type 'help;' or '\ h' for help. Type '\ c' to clear the buffer.
MySQL> # 成功登录
```

第 2 步：PHP 的安装。

(1) PHP 所需软件包

Php-5. 1. 6-5. el5. i386. rpm。该软件包位于第二张系统光盘内。

Php-common-5. 1. 6-5. el5. i386. rpm。该软件包位于第二张系统光盘内。

Php-pdo-5. 1. 6-5. el5. i386. rpm。该软件包位于第二张系统光盘内。

Php-cli-5. 1. 6-5. el5. i386. rpm。该软件包位于第二张系统光盘内。

php-MySQL-5. 1. 6-5. el5. i386. rpm。该软件包位于第三张系统光盘内。

(2) 安装 PHP 软件包

当使用 rpm-qa | grep php 命令后，会发现有一些软件包已经安装过，如下所示：

```
[root@ www Server] # rpm-qa| grep php
Php-common-5. 1. 6-5. el5
Php-cli-5. 1. 6-5. el5
Php-ldap-5. 1. 6-5. el5
Php-5. 1. 6-5. el5
```

所以，只需要将还未安装的软件包装上即可，如下所示：

```
[root@ www Server] # rpm-ivh php-pdo-5. 1. 6-5. el5. i386. rpm
warning: php-pdo-5. 1. 6-5. el5. i386. rpm: Header V3 DSA Signature: NO-
KEY key ID 37017186
Preparing…… # # # # # # # # # # # # # # # # # # # # # # # # # # #
# # # # # # # # # # # # # # # # # # # # # # [100%]
1: php-pdo# # # # # # # # # # # # # # # # # # # # # # # # # # # # # #
# # # # # # # # # # # # # # # # # # # [100%]
```

```
[root@ www Server] # rpm-ivh php-MySQL-5. 1. 6-5. el5. i386. rpm
warning: php-MySQL-5. 1. 6-5. el5. i386. rpm: Header V3 DSA Signature:
NOKEY key ID 37017186
Preparing…… ############################################################## [100%]
1: php-MySQL################################################################ [100%]
```

2. 编辑配置文件 httpd. conf

```
[root@ www conf] # vi/etc/httpd/conf/httpd. conf
ServerRoot" /etc/httpd"  ①
< IfModule prefork. c>
StartServers 8
MinSpareServers 5
MaxSpareServers 20
ServerLimit 500
MaxClients 500②
MaxRequestSPerChild 4000
< /IfModule>
ServerAdmin root@ team0. com  ③
ServerName 192. 168. 1. 80: 80  ④
DocumentRoot" /var/www/html/bbs"  ⑤
< Directory" /var/www/html/bbs"
Options Indexes FollowSymLinkS
AllowOverride None
Order allow, deny
Allow from all ⑥
< /Directory>
Directory Index index. php  ⑦
```

以上配置文件中其后带有序号的各行代码功能说明如下。

①设置 Web 的根目录为/etc/httpd。

②设置客户端最大连接数为 500。

③设置管理员邮箱地址为 root@team0. com。

④设置服务器的主机名和端口。

⑤设置文档目录为/var/www/html/bbs。

⑥允许所有人访问/var/www/html/bbs 目录。

⑦设置首页文件为 index. php。

3. 修改/security 目录设置权限

仅允许 team0. com 域的客户端访问。

```
< Directory" /security" >
Options FollowSymLinks
AllowOverride None
Order allow, deny
Allow from. team0. com
< /Directory>
```

4. 重新启动 httpd 服务

```
[root@ www conf] #  service httpd restart
Stopping httpd: [OK]
Starting httpd: [OK]
```

5. 创建 BBS 目录

建立/var/www/html/bbs 目录，并将动网论坛的所有文件复制到该目录下。

6. 更改目录权限

```
[root@ www conf] #  chmod-R 777/var/www/html/bbs/
```

7. 安装动网论坛

(1) 在客户端开启浏览器（这里以 IE 为例），在地址栏输入 http：192. 168. 1. 80/install/install. php，然后选择语言种类。

(2) 选择【简体中文 GBK】后，进入确认配置文件界面。

(3) 注意数据库用户名必须为 MySQL 数据库管理员账号。另外，如果没有将/var/www/html/bbs 目录权限设置 777 的话，则会无法安装。

(4) 如果权限设置正确，在选择【保存配置信息】后，出现“所有检查已通过，您现在可以开始安装和使用 Dvbbs 了！”的提示。

(5) 单击【开始安装和使用 Dvbbs 了】链接。

(6) 单击【下一步，安装论坛基本信息】按钮。

(7) 单击【即将完成——设置管理员登录信息】后，设置管理员密码。

(8) 建议更改管理员用户名和密码，尽可能用复杂的密码，而且建议前后台管理员账号分别使用不同的账号。

8. 相关测试

到此，所有的安装和配置工作都已完成，打开任意客户端的浏览器，在其地址栏中输入 http：192. 168. 1. 80/即可打开自己搭建的动网论坛。一起测试一下吧！

项目练习

1. 哪个命令可以用于配置 Red Hat Linux 启动时自动启动 httpd 服务？（　　）

A. service　　B. ntsysv　　C. useradd　　D. startx

2. 在 Red Hat Linux 中手工安装 Web 服务器时，默认的 Web 站点的目录为（　　）。

A. /etc/httpd　　B. /var/www/html

C. /etc/home　　D. /home/httpd

3. 对于 Web 服务器，提供的子进程的缺省的用户是（　　）。

A. root　　B. Webd　　C. httpd　　D. nobody

4. 世界上排名第一的 WEB 服务器是（　　）。

A. Web　　B. IIS　　C. SunONE　　D. NCSA

5. Web 服务器默认的工作方式是（　　）

A. inetd　　B. xinetd　　C. standby　　D. standalone

6. 用户的主页存放的目录有文件 httpd. conf 的参数（　　）设定。

A. UserDir　　B. Directory

C. public _ html　　D. DocumentRoot

7. 设置 Web 服务器时，一般将服务的端口绑定到系统的（　　）端口上。

A. 10000　　B. 23　　C. 80　　D. 53

8. 下面（　　）不是 Apahce 基于主机的访问控制指令。

A. allow　　B. deny　　C. order　　D. all

9. 用来设定当服务器产生错误时，显示在浏览器上的管理员的 E-mail 地址的是（　　）。

A. Servername　　B. ServerAdmin

C. ServerRoot　　D. DocumentRoot

10. 在 Web 基于用户名的访问控制中，生成用户密码文件的命令是（　　）。

A. smbpasswd　　B. htpasswd

C. passwd　　D. password

项目九　配置与管理 FTP 服务器

项目描述

某学院组建了校园网，建立了学院网站，架设了 Web 服务器为学院网站安家，但网站上传和更新时，需要文件的上传和下载，因此需要架设 FTP 服务器，为学院内部的和互联网用户提供 FTP 等服务。本单元将实践配置与管理 Web 服务器。

能力目标

- 掌握 FTP 服务的工作原理
- 学会配置 vsftpd 服务器
- 掌握配置基于虚拟用户的 FTP 服务器
- 实践典型的 FTP 服务器配置案例

相关知识

一、FTP 服务概述

FTP 文件传输协议是一种用于从一台主机到网络中另外一台主机的传送文件的协议。该协议的历史可追溯 1971 年（当时因特网尚处于实验之中），不过至今使用仍然极为广泛。FTP 在 RFC959 中有具体说明。在一个典型的 FTP 会话中，用户坐在本地主机前，想把文件传送到一台远程主机（上传）或者想把文件从一台远程主机传送过来（下载），该用户必须提供一个合法的用户名和口令才能访问远程主机。给出这些身份认证信息后，它就可以在本地文件系统和远程文件系统之间传送文件了。

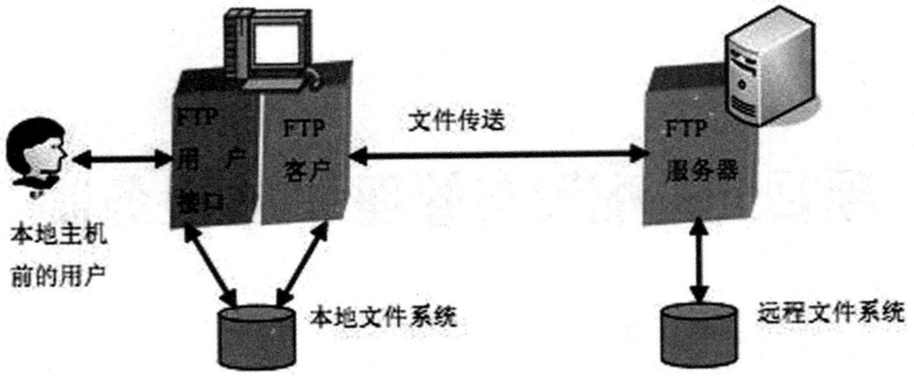

图 9-1 FTP 在本地和远程文件系统之间传输文件

如图 9-1 所示，用户通过一个 FTP 用户接口（一般为 FTP 服务客户端软件）与 FTP 服务器交互。他首先提供一个远程主机的主机名，这使得本地主机中的 FTP 客户进程建立一个与远程主机中的 FTP 服务器进程之间的连接。用户接着提供用户名和口令，这些信息将作为 FTP 命令参数经由 TCP 连接传送到服务器。服务器批准之后，该用户就在本地文件系统和远程文件系统之间传输文件。

FTP 服务不受计算机类型以及操作系统的限制，无论是 PC 机、服务器、大型机，也不管操作系统是 Linux、DOS 还是 Linux，只要建立 FTP 连接的双方都支持 FTP 协议，就可以方便地传输文件。目前 FTP 服务主要应用于以下几个方面：

- 文件的上传与下载
- 软件的高速下载
- Web 站点的维护与更新

目前在 Linux 系统下常见的 FTP 服务器软件有 vsftpd、proftpd 和 wu-ftpd。在 Red Hat Enterprise Linux4 中默认带有 vsftpd 的安装软件包，本章将重点介绍 vsftpd 服务器的配置和管理。

二、FTP 工作原理

FTP 服务采用客户机/服务器模式，FTP 客户机和服务器使用 TCP 建立连接。FTP 服务器使用两个并行的 TCP 连接来传送文件，一个是控制连接，一个是数据连接。如图 9-2 所示。

控制连接用于在客户主机和服务器主机之间发送控制信息，例如用户名和口令、改变远程目录的命令、取放文件的命令。

数据连接用于真正传输文件。

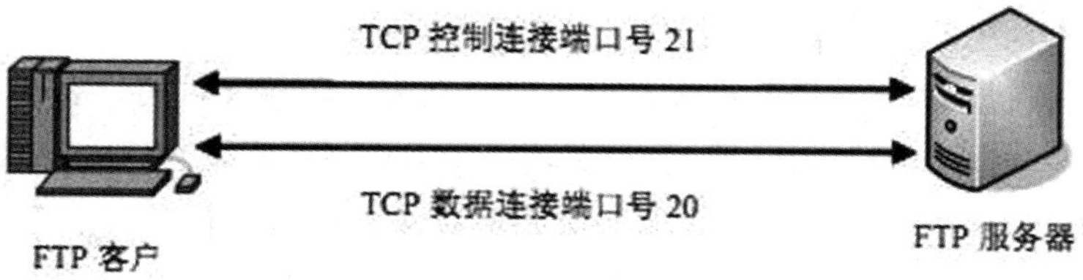

图 9-2　FTP 会话过程

在图 9-2 所示的 FTP 客户机和服务器的会话建立过程中，具体经过以下几个阶段：

（1）当 FTP 客户机启动与远程 FTP 服务器间的一个 FTP 会话时，FTP 客户机首先发起建立与 FTP 服务器 21 端口之间的控制连接，然后经由该控制连接把用户名和口令发送给服务器。

（2）客户机还经由该控制连接把本地临时分配的数据端口告知服务器，以便服务器发起建立一个从 FTP 服务器端口 20 到客户机指定端口之间的数据连接。

需要注意的是，为便于绕过防火墙，较新的 FTP 版本允许客户告知服务器改由客户发起建立到服务器 20 端口的数据连接。用户执行的一些命令也由客户经由控制连接发送给服务器。

（3）当用户每次请求传送文件时（无论上传或下载），FTP 将在服务器的 20 端口打开一个数据连接（其发起端既可以是服务器，也可以是客户机）。当数据传输完毕后，用于建立数据连接的端口会自动关闭，到再有文件传送请求时重新打开。

（4）在 FTP 会话中，控制连接在整个用户会话期间一直处于打开状态，而数据连接则为每次文件传送请求重新打开一次。也就是说，在整个 FTP 会话过程中，控制连接是持久的，而数据连接是非持久的。

注意： 在整个会话期间，FTP 服务器必须维护关于用户的状态。具体地说，服务器必须把控制连接与特定的用户关联起来，必须随用户在远程目录树中的移动跟踪其当前目录。为每个活跃的用户会话保持这些状态信息极大地限制了 FTP 能够同时维护的会话数。

三、FTP 的数据传输模式

FTP 的数据传输模式是针对 FTP 数据连接而言的，分为主动传输模式、被动传输模式和单端口传输模式 3 种。

1. 主动传输模式

当 FTP 的控制连接建立后，且客户提出目录列表、传输文件时，客户端发出 PORT 命令与服务器进行协商，FTP 服务器使用一个标准的端口 20 作为服务器端的数据连接端口（ftp-data）与客户建立数据连接。端口 20 只用于连接的源地址是服务器端的情况，并且在端口 20 上没有监听进程监听客户请求。在主动传输模式下，FTP 的数据连接和控制连接的方向是相反的，也就是说，是服务器向客户端发起一个用于数据传输的连接。客户端的连接端口是由服务器端和客户端通过协商确定的。

2. 被动传输模式

当 FTP 的控制连接建立后，且客户提出目录列表、传输文件时，客户端发送 PASV 命令使服务器处于被动传输模式，FTP 服务器等待客户与其联系。FTP 服务器在非 20 端口的其他数据传输端口（ftp-data）上监听客户的请求。在被动传输模式下，FTP 的数据连接和控制连接的方向是一致的，也就是说，是客户端向服务器发起一个用于数据传输的连接。客户端的连接端口是发起这个数据连接请求时使用的端口号。当 FTP 客户在包过滤防火墙之后对外访问 FTP 服务器时，需要使用被动传输模式。

3. 单端口传输模式

除上述两种模式外，还有一种单端口模式。如果客户程序既不向服务器发出 PASV 命令也不发送 PORT 命令，当 FTP 的控制连接建立后，且客户提出目录列表、传输文件时，FTP 服务器就会使用 FTP 协议的数据传输端口 20 和客户端的控制连接源端口建立一个数据传输连接。这就需要客户程序在这个端口上监听。这种模式的数据连接请求是由 FTP 服务器发起的。使用这种传输模式时，客户端的控制连接所使用的端口和客户端的数据连接所使用的端口是一致的。由于这种模式无法在短时间连续输入数据、传输命令等，所以这种模式并不常用。

四、FTP 命令

FTP 命令是 FTP 客户端程序，在 Linux 或 Linux 系统的字符界面下可以利用 FTP 命令登录 FTP 服务器，进行文件的上传、下载等操作。FTP 命令的格式如下：

ftp 主机名或 IP 地址

若连接成功，系统提示用户输入用户名和口令。在登录 FTP 服务器时，如果允许匿名用户登录，常见的匿名用户为 anonymous 和 ftp，密码为空或者是某个电子邮箱地址。

如图 9-3 和图 9-4 所示，是分别在 Windows 系统和 Linux 系统中利用 FTP 命令以匿名用户 ftp 登录 IP 地址为 192.168.1.2 的 FTP 服务器的登录界面。

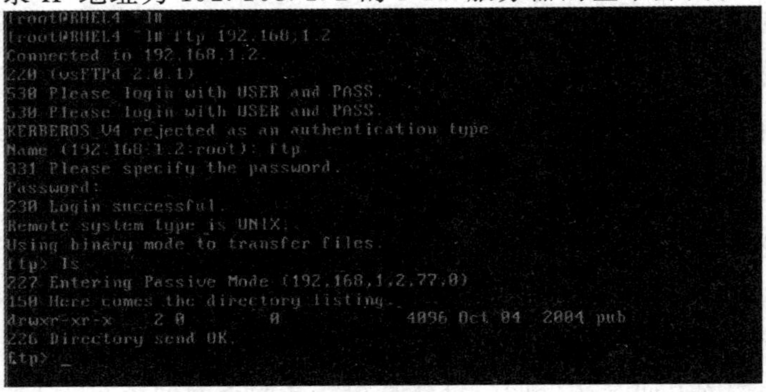

图 9-3 Linux 系统中 FTP 命令的登录界面

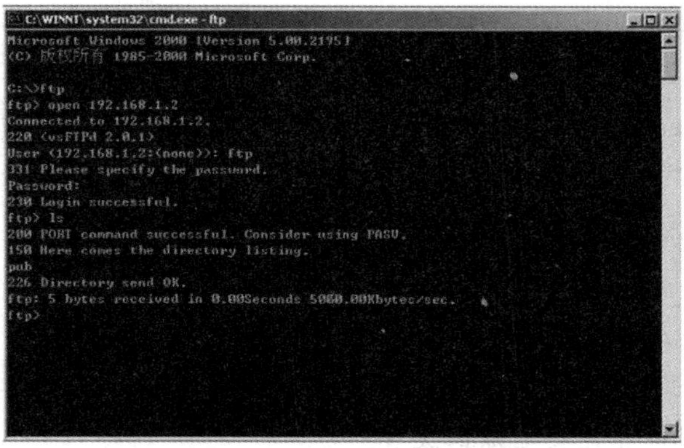

图 9-4　Linux 系统中 FTP 命令的登录界面

在登录成功之后，用户就可以进行相应的文件传输操作了。其中常用到的一些重要命令如下：

（1）FTP>：显示 ftp 命令说明。与 help 相同。

```
格式:? [command]
```

说明：[command] 指定需要帮助的命令名称。如果没有指定 command，ftp 将显示全部的命令列表。

（2）FTP>append：使用当前文件类型设置将本地文件附加到远程计算机上的文件。

```
格式：appendlocal-file [remote-file]
```

说明：local-file 指定要添加的本地文件。remote-file 指定要添加 local-file 的远程计算机上的文件。如果省略了 remote-file，本地文件名将被用作远程文件名。

（3）FTP>ascii：将文件传送类型设置为默认的 ASCII。

说明：FTP 支持两种文件传送类型，ASCII 码和二进制图像。在传送文本文件时应该使用 ASCII。

（4）FTP>binary（或 bi）：将文件传送类型设置为二进制。

（5）FTP>bell：切换响铃以在每个文件传送命令完成后响铃。默认情况下，铃声是关闭的。

（6）FTP>bye（或 by）：结束与远程计算机的 FTP 会话并退出 ftp。

（7）FTP>cd：更改远程计算机上的工作目录。

```
格式：cd remote-directory
```

说明： remote-directory 指定要更改的远程计算机上的目录。

(8) FTP>close：结束与远程服务器的 FTP 会话并返回命令解释程序。

(9) FTP>debug：切换调试。当调试打开时，发送到远程计算机的每个命令都打印，前面是字符串“>”。默认情况下，调试是关闭的。

(10) FTP>delete：删除远程计算机上的文件。

格式：delete remote-file

说明： remote-file 指定要删除的文件。

(11) FTP>dir：显示远程目录文件和子目录列表。

格式：dir [remote-directory] [local-file]

说明： remote-directory 指定要查看其列表的目录。如果没有指定目录，将使用远程计算机中的当前工作目录。Local-file 指定要存储列表的本地文件。如果没有指定，输出将显示在屏幕上。

(12) FTP>disconnect：从远程计算机断开，保留 ftp 提示。

(13) FTP>get：使用当前文件转换类型将远程文件复制到本地计算机。

格式：get remote-file [local-file]

说明： remote-file 指定要复制的远程文件。local-file 指定要在本地计算机上使用的名称。如果没有指定，文件将命名为 remote-file。

(14) FTP>glob：切换文件名组合。组合允许在内部文件或路径名中使用通配符（*和?）。默认情况下，组合是打开的。

(15) FTP>hash：切换已传输的每个数据块的数字签名（#）打印。数据块的大小是 2048B。默认情况下，散列符号打印是关闭的。

(16) FTP>help：显示 ftp 命令说明。

格式：help [command]

说明： command 指定需要有关说明的命令的名称。如果没有指定 command，ftp 将显示全部命令的列表。

(17) FTP>lcd：更改本地计算机上的工作目录。默认情况下，工作目录是启动 ftp 的目录。

格式：lcd [directory]

说明： directory 指定要更改的本地计算机上的目录。如果没有指定 directory，将显示本地计算机中当前的工作目录。

(18) FTP>literal：将参数逐字发送到远程 FTP 服务器。将返回单个的 FTP 回复代码。

格式：literal argument [...]

说明： argument 指定要发送到 FTP 服务器的参数。

(19) FTP>ls：显示远程目录文件和子目录的缩写列表。

格式：ls [remote-directory] [local-file]

说明： remote-directory 指定要查看其列表的目录。如果没有指定目录，将使用远程计算机中的当前工作目录。local-file 指定要存储列表的本地文件。如果没有指定，输出将显示在屏幕上。

(20) FTP>mdelete：删除远程计算机上的文件。

格式：mdelete remote-files [...]

说明： remote-files 指定要删除的远程文件。

(21) FTP>mdir：显示远程目录文件和子目录列表。可以使用 mdir 指定多个文件。

格式：mdir remote-files [...] local-file

说明： remote-files 指定要查看列表的目录。必须指定 remote-files。键入"-"表示使用远程计算机上的当前工作目录。local-file 指定要还原列表的本地文件。键入"-"在屏幕上显示列表。

(22) FTP>mget：使用当前文件传送类型将远程文件复制到本地计算机。

格式：mget remote-files [...]

说明： remote-files 指定要复制到本地计算机的远程文件。

(23) FTP>mkdir：创建远程目录。

格式：mkdir directory

说明：directory 指定新的远程目录的名称。

(24) FTP>mls：显示远程目录文件和子目录的缩写列表。

格式：mls remote-files [...] local-file

说明：remote-files 指定要查看列表的文件。必须指定 remote-files；键入“-”使用远程计算机上的当前工作目录。local-file 指定要存储列表的本地文件。键入“-”以在屏幕上显示列表。

(25) FTP>mput：使用当前文件传送类型将本地文件复制到远程计算机上。

格式：mput local-files [...]

说明：local-files 指定要复制到远程计算机的本地文件。

(26) FTP>open：与指定的 FTP 服务器连接。

格式：open computer [port]

说明：computer 指定要连接的远程计算机。可以通过 IP 地址或计算机名称指定计算机。如果自动登录打开（默认），ftp 还将尝试自动将用户登录到 FTP 服务器。port 是可选项，用来指定 FTP 服务器的端口号。

(27) FTP>prompt：切换提示。如果关闭提示时 mget 及 mput 传送所有文件，ftp 在多文件传送过程中将提示允许有选择地检索或存储文件。默认情况下，提示是打开的。

(28) FTP>put：使用当前文件传送类型将本地文件复制到远程计算机上。

格式：put local-file [remote-file]

说明：local-file 指定要复制的本地文件。remote-file 指定要在远程计算机上使用的名称。如果没有指定，文件将命名为 local-file。

(29) FTP>pwd：显示远程计算机上的当前目录。

(30) FTP>quit：结束与远程计算机的 FTP 会话并退出 ftp。

(31) FTP>remotehelp：显示远程命令帮助。

格式：remotehelp [command]

说明：command 指定需要帮助的命令的名称。如果没有指定 command，ftp 将显示全部远程命令的列表。

(32) FTP>rename：重命名远程文件。

格式：rename filename newfilename

说明：filename 指定要重命名的文件。newfilename 指定新的文件名。

(33) FTP>rmdir：删除远程目录。

格式：rmdir directory

说明：directory 指定要删除的远程目录的名称。

(34) FTP>send：使用当前文件传送类型将本地文件复制到远程计算机。与 put 相同。

格式：send local-file [remote-file]

说明：local-file 指定要复制的本地文件。remote-file 指定要在远程计算机上使用的名称。如果没有指定，文件将命名为 local-file。

(35) FTP>status：显示 FTP 连接和切换的当前状态。

(36) FTP>trace：切换数据包跟踪。trace 在运行 ftp 命令时显示每个数据包的路由。

(37) FTP>type：设置或显示文件传送类型。

格式：type [type-name]

说明：type-name 指定文件传送类型。默认设置为 ascii。如果没有指定 type-name，将显示当前的类型。

(38) FTP>user：指定远程计算机的用户。

格式：user username [password] [account]

说明：user-name 指定登录到远程计算机所使用的用户名。password 指定 user-name 的密码。如果没有指定，ftp 会提示输入密码。account 指定登录到远程计算机所使用的账户。如果没有指定 ftp 会提示输入账户。

(39) FTP>verbose：切换 verbose 模式。如果打开，将显示所有 ftp 响应。在文件传送完成后，将同时显示与传送效率有关的统计信息。默认情况下，verbose 是打开的。当执行不同命令时，会发现 FTP 服务器返回一组数字，不同的数字代表的不同的信息。

常见的数字及表示的信息如表 9-1 所示。

表 9-1　FTP 命令的返回值及含义

数字	含义	数字	含义
125	打开数据连接，传输开始	230	用户登录成功
200	命令被接受	331	用户名被接受，需要密码
211	系统状态，或者系统回帮助	421	服务不可用
212	目录状态	425	不能打开数据连接
213	文件状态	426	连接关闭，传输失败
214	帮助信息	452	写文件出错
220	服务就绪	500	语法错误，不可识别的命令
221	控制连接关闭	501	命令参数错误
225	打开数据连接，当前没有传输进程	502	命令不能执行
226	关闭数据连接	503	命令顺序错误
227	进入被动传输状态	530	登录不成功

项目设计与准备

一、项目设计

在 vmware 虚拟机中启动一台 Linux 服务器作为 VSFTPD 服务器，在该系统中添加用户 user1 和 user2。在客户端对 VSFTPD 服务器进行测试。

最后介绍一个典型 vsftpd 服务器配置案例，以达到融会贯通的教学目标。

二、项目准备

vsftpd 服务器配置需要如下设备。

(1) PC 计算机 2 台，其中一台安装企业版 Linux 网络操作系统，另一台作为测试客户端。

(2) 推荐使用虚拟机进行网络环境搭建。

项目实施

任务一　安装、启动与停止 vsftpd 服务

一、安装 vsftpd 服务

可以使用下面的命令检查系统是否已经安装了 vsftpd 服务：

```
[root@ CENTOS 7~ ] #  rpm-q vsftpd
vsftpd-2. 0. 1-5
```

这表明系统已经安装了 vsftpd 服务。如果系统没有安装 vsftpd 服务，也可以在系统安装后单独安装。vsftpd 服务的软件包在 Linux CentOS 7. 4 的第 1 张安装盘中，软件包为 vsftpd-2. 0. 1-5. i386. rpm。

插入第 1 张安装盘，挂载。输入下面的命令完成安装。

```
//挂载光盘
[root@ CENTOS 7~ ] #  mount/media/cdrom
//进入安装文件所在目录
[root@ CENTOS 7~ ] #  cd/media/cdrom/RedHat/RPMS
//安装相应的软件包
[root@ CENTOS 7 RPMS] #  rpm-ivh vsftpd-2. 0. 1-5. i386. rpm
warning: vsftpd-2. 0. 1-5. i386. rpm: V3  DSA  signature: NOKEY,  key ID db42a60e
Preparing...# # # # # # # # # # # # # # # # # # # # # # # # # # # # # # # # # # # # # # # # # # # #  [100% ]
1: vsftpd# # # # # # # # # # # # # # # # # # # # # # # # # # # # # # # # # # # # # # # # # # # #  [100% ]
```

二、vsftpd 服务启动

安装完 vsftpd 服务后，下一步就是启动了。vsftpd 服务可以以独立或被动方式启动。在 Linux CentOS 7. 4 中，默认以独立方式启动。输入下面的命令即可启动 vsftpd 服务。

//启动 vsftpd 服务

```
[root@ CENTOS 7~ ] # service vsftpd start
```

为 vsftpd 启动 vsftpd：[确定]

要想重新启动 vsftpd 服务，可以输入下面的命令：

//重新启动 vsftpd 服务

```
[root@ CENTOS 7~ ] # service vsftpd restart
关闭 vsftpd：[确定]
为 vsftpd 启动 vsftpd：[确定]
```

三、vsftpd 服务停止

停止 vsftpd 服务的命令如下所示：

//停止 vsftpd 服务

```
[root@ CENTOS 7~ ] # service vsftpd stop
关闭 vsftpd：[确定]
```

若希望在每次开机时，自动启动 vsftpd 服务可以使用 ntsysv 或 chkconfig 命令设置。这两个命令在前面的章节中已经讲过，在此不再赘述。

四、测试 vsftpd 服务

vsftpd 服务器安装并启动服务后，用其默认配置就可以正常工作了。vsftpd 默认的匿名用户帐号为 ftp，密码也为 ftp。默认允许匿名用户登录，登录后所在的 FTP 站点的根目录为/var/ftp 目录。下面使用 ftp 命令登录 vsftpd 服务器，以检测该服务器能否正常工作。

```
[root@ CENTOS 7 ftp] # ftp 192.168.1.2
Connected to 192.168.1.2.
220 (vsFTPd 2.0.1)
530 Please login with USER and PASS.
530 Please login with USER and PASS.
KERBEROS_ V4 rejected as an authentication type
Name (192.168.1.2: root): ftp
```

```
331 Please specify the password.
Password:
230 Login successful.
Remote system type is UNIX.
Using binary mode to transfer files.
ftp>
```

FTP 登录成功后，将出现 FTP 的命令行提示符 ftp>。在命令行中，输入 FTP 命令，即可实现相关的操作。

任务二　配置 vsftpd 服务器

一、vsftpd 服务相关的配置文件

vsftpd 服务的相关配置文件包括以下几个：

- /etc/vsftpd/vsftpd. conf：vsftpd 服务器的主配置文件。
- /etc/vsftpd. ftpusers：在该文件中列出的用户清单将不能访问 FTP 服务器。
- /etc/vstpd. user _ list：当/etc/vsftpd/vsftpd. conf 文件中的 userlist _ enable 和 userlist _ deny 的值都为 YES 时，在该文件中列出的用户不能访问 FTP 服务器。

当/etc/vsftpd/vsftpd. conf 文件中的 userlist _ enable 的取值为 YES 而 userlist _ deny 的取值为 NO 时，只有/etc/vstpd. user _ list 文件中列出的用户才能访问 FTP 服务器。

二、/etc/vsftpd/vsftpd. conf 文件的常用配置参数

为了让 FTP 服务器能更好的按需求提供服务，需要对/etc/vsftpd/vsftpd. conf 文件进行合理有效的配置。vsftpd 提供的配置命令较多，默认配置文件只列出了最基本的配置命令，很多配置命令在配置文件中并未列出。下面介绍一些常用的配置命令。

/etc/vsftpd/vsftpd. conf 配置文件采用“#”作为注释符，以“#”开头的行是注释行，其余各行被视为配置命令行，每个配置命令的“=”两边不要留有空格。主要包含以下几类配置参数。

（1）登录及对匿名用户的设置

- anonymous _ enable=YES：设置是否允许匿名用户登录 FTP 服务器。
- local _ enable=YES：设置是否允许本地用户登录 FTP 服务器。
- write _ enable=YES：全局性设置，设置是否对登录用户开启写权限。
- local _ umask=022：设置本地用户的文件生成掩码为 022。则对应权限为 755

(777-022=755)。

- anon _ umask=022：设置匿名用户新增文件的 umask 掩码。
- anon _ upload _ enable=YES：设置是否允许匿名用户上传文件，只有在 write _ enable 的值为 YES 时，该配置项才有效。
- anon _ mkdir _ write _ enable=YES：设置是否允许匿名用户创建目录，只有在 write _ enable 的值为 YES 时，该配置项才有效。
- anon _ other _ write _ enable=NO：若设置为 YES，则匿名用户会被允许拥有多于上传和建立目录的权限，还有删除和更名的权限。默认值为 NO。
- ftp _ username=ftp：设置匿名用户的账户名称，默认值为 ftp。
- no _ anon _ password=YES：设置匿名用户登录时是否询问口令。设置为 YES，不询问。

(2) 设置欢迎信息

用户登录 FTP 服务器成功后，服务器可以向登录用户输出预设置的欢迎信息。

- ftpd _ banner=Welcome to blah FTP service.：设置登录 FTP 服务器时显示的信息。
- banner _ file=/etc/vsftpd/banner：设置用户登录时，将要显示 banner 文件中的内容，该设置将覆盖 ftpd _ banner 的设置。
- dirmessage _ enable=YES：设置进入目录时是否显示目录消息。若设置为 YES，则用户进入目录时，将显示该目录中由 message _ file 配置项指定文件 (.message) 中的内容。
- message _ file=.message：设置目录消息文件的文件名。如果 dirmessage _ enable 的取值为 YES，则用户在进入目录时，会显示该文件的内容。

(3) 设置用户在 FTP 客户端登录后所在的目录

- local _ root=/var/ftp：设置本地用户登录后所在的目录，默认情况下，没有此项配置。
- 在 vsftpd.conf 文件的默认配置中，本地用户登录 FTP 服务器后，所在的目录为用户的家目录。
- anon _ root=/var/ftp：设置匿名用户登录 FTP 服务器时所在的目录。若未指定，则默认未/var/ftp 目录。

(4) 设置是否将用户锁定在指定的 FTP 目录

默认情况下，匿名用户会被锁定在默认的 FTP 目录中，而本地用户可以访问到自己 FTP 目录以外的内容。出于安全性的考虑，建议将本地用户也锁定在指定的 FTP 目录中。可以使用以下几个参数进行设置。

- chroot _ list _ enable=YES：设置是否启用 chroot _ list _ file 配置项指定的用户列表文件。
- chroot _ local _ user=YES：用于指定用户列表文件中的用户，是否允许切换到指定 FTP 目录以外的其他目录。

- chroot _ list _ file=/etc/vsftpd. chroot _ list：用于指定用户列表文件，该文件用于控制哪些用户可以切换到指定 FTP 目录以外的其他目录。

具体情况有以下几种：

- 当 chroot _ list _ enable=NO 且 chroot _ local _ user=NO 时，所有用户都可以切换到指定 FTP 目录以外的其他目录。
- 当 chroot _ list _ enable=NO 且 chroot _ local _ user=YES 时，所有用户均不可以切换到指定 FTP 目录以外的其他目录。
- 当 chroot _ list _ enable=YES 且 chroot _ local _ user=NO 时，在/etc/vsftpd. chroot _ list 文件中列出的用户不可以切换到指定 FTP 目录以外的其他目录，未在该文件中列出的用户可以切换到指定 FTP 目录以外的其他目录。
- 当 chroot _ list _ enable = YES 且 chroot _ local _ user = YES 时，在/etc/vsftpd. chroot _ list
- 文件中列出的用户可以切换到指定 FTP 目录以外的其他目录，未在该文件中列出的用户不可以切换到指定 FTP 目录以外的其他目录。

（5）设置用户访问控制

对用户的访问控制由/etc/vsftpd. user _ list 和/etc/vsftpd. ftpusers 文件控制。

- /etc/vsftpd. ftpusers 文件专门用于设置不能访问 FTP 服务器的用户列表。而/etc/vsftpd. user _ list 由下面的参数决定。
- userlist _ enable=YES：取值为 YES 时，/etc/vsftpd. user _ list 文件生效，取值为 NO，时/etc/vsftpd. user _ list 文件不生效。
- userlist _ deny=YES：设置/etc/vsftpd. user _ list 文件中的用户是否允许访问 FTP 服务器。若设置为 YES 时，/etc/vsftpd. user _ list 文件中的用户不能访问 FTP 服务器；若设置为 NO 时，只有/etc/vsftpd. user _ list 文件中的用户才能访问 FTP 服务器。

（6）设置主机访问控制

- tcp _ wrappers = YES：设置是否支持 tcp _ wrappers。若取值为 YES，则由/etc/hosts. allow 和/etc/hosts. deny 文件中的内容控制主机或用户的访问。若取值为 NO，则不支持。

（7）设置 FTP 服务的启动方式及监听 IP vsftpd 服务既可以以独立方式启动也可以由 Xinetd 进程监听以被动方式启动。

- listen=YES：若取值为 YES 则 vsftpd 服务以独立方式启动。如果想以被动方式启动将本行注释掉即可。
- listen _ address=IP：设置监听 FTP 服务的 IP 地址，适合于 FTP 服务器有多个 IP 地址的情况。如果不设置，则在所有的 IP 地址监听 FTP 请求。只有 vsftpd 服务在独立启动方式下才有效。

(8) 与客户连接相关的设置

- anon_max_rate=0：设置匿名用户的最大传输速度，若取值为 0，则不受限制。
- local_max_rate=0：设置本地用户的最大传输速度，若取值为 0，则不受限制。
- max_clients=0：设置 vsftpd 在独立启动方式下允许的最大连接数，若取值为 0，则不受限制。
- max_per_ip=0：设置 vsftpd 在独立启动方式下允许每个 IP 地址同时建立的连接数目。若取值为 0，则不受限制。
- accept_timeout=60：设置建立 FTP 连接的超时时间间隔，以秒为单位。
- connect_timeout=120：设置 FTP 服务器在主动传输模式下建立数据连接的超时时间，单位为秒。
- data_connect_timeout=120：设置建立 FTP 数据连接的超时时间，单位为秒。
- idle_session_timeout=600：设置断开 FTP 连接的空闲时间间隔，单位为秒。
- pam_service_name=vsftpd：设置 PAM 所使用的名称。

(9) 设置上传文档的所属关系和权限

- chown_uploads=YES：设置是否改变匿名用户上传文档的属主，默认为 NO。若设置为 YES，则匿名用户上传的文档属主将由 chown_username 参数指定。
- chown_username=whoever：设置匿名用户上传的文档的属主。建议不要使用 root。
- file_open_mode=755：设置上传文档的权限。

(10) 设置数据传输模式

FTP 客户端和服务器间在传输数据时，既可以采用二进制方式也可以采用 ASCII 码方式。

- ascii_download_enable=YES：设置是否启用 ASCII 码模式下载数据，默认为 NO。
- ascii_upload_enable=YES：设置是否启用 ASCII 码模式上传数据，默认为 NO。

(11) 设置日志文件

- xferlog_enable=YES：设置是否启用上传/下载日志记录。
- xferlog_file=/var/log/vsftpd.log：设置日志文件的文件名及存储路径。
- xferlog_std_format=YES：设置日志文件是否启用标准的 xferlog 格式。

任务三　设置 vsftpd 服务以 xinetd 方式启动

Linux CentOS 7.4 中 vsftpd 服务默认以独立方式启动，如果想让 vsftpd 服务由 xinetd 进程监听，以被动方式启动需要做如下设置。

（1）修改/etc/vsftpd/vsftpd.conf 文件，将该文件中 listen＝YES 和 tcp _ wrappers＝YES 两行的内容注释掉。

（2）停掉以独立方式启动的 vsftpd 服务。命令如下：

```
[root@ CENTOS 7~] #  service vsftpd stop
关闭 vsftpd：[确定]
```

（3）建立被动启动方式的配置文件/etc/xinetd.d/vsftpd。该文件默认情况下不存在，可以由 vsftpd 安装包的模板文件复制生成。具体步骤如下：

```
[root@ CENTOS 7~ ] #  cd/usr/share/doc/vsftpd-2.0.1/
[root@ CENTOS 7 vsftpd-2.0.1] #  cp vsftpd.xinetd/etc/xinetd.d/vs-
ftpd
```

（4）修改/etc/xinetd.d/vsftpd 文件，将 disable 的值设置为 NO。

（5）执行以下命令重新启动 xinetd 服务，以使 xinetd 监听 FTP 服务。

```
[root@ CENTOS 7~ ] #  service xinetd restart
```

（6）查看 21 端口的服务运行情况，如下所示。

```
[root@ CENTOS 7 ~ ] #  lsof-i: 21
COMMAND PID USER FD TYPE DEVICE SIZE NODE NAME
xinetd 7940 root 5u IPv4 64132 TCP* : ftp (LISTEN)
```

可以看出 FTP 服务是由 xinetd 进程在监听。

任务四　配置基于虚拟用户的 FTP 服务器

一、vsftpd 中的三类用户

（1）匿名用户匿名用户在登录 FTP 服务器时并不需要特别的密码就能访问服务器。通常采用一个电子邮件的地址作为匿名用户的登录密码，但并不是必须的。一般匿名用户的用户名为 anonymous 或者 ftp。采用匿名用户登录 vsftpd 服务器后将映射为指定的本地用户，一般为 ftp。匿名用户登录 FTP 服务器之后所在的指定 FTP 目录为/var/ftp。

（2）本地用户

本地用户是指具有本地登录权限的用户。这类用户在登录 FTP 服务器时，所用的登录名为本地用户名，采用的密码为本地用户的口令。登录成功之后进入的为本地用户的家目录。

（3）虚拟用户

虚拟用户只具有从远程登录 FTP 服务器的权限，只能访问为其提供的 FTP 服务。虚拟用户不具有本地登录权限。虚拟用户的用户名和口令都是由用户口令库指定。一般采用 PAM 进行认证。

二、使用 PAM 实现虚拟用户 FTP 服务器

PAM（pluggable authentication modules）是一套身份验证共享文件，用于限定特定应用程序的访问。使用 PAM 身份验证机制，可以实现 vsftpd 的虚拟用户功能。

使用 PAM 实现基于虚拟用户的 FTP 服务器的关键是创建 PAM 用户数据库文件和修改 vsftpd 的 PAM 配置文件。具体操作步骤如下：

（1）创建虚拟用户口令库文件。

//生成建立口令库文件的文本文件

```
[root@ CENTOS 7~ ] # cat/root/login.txt

peter//此行指定虚拟用户 peter
123456//此行设置 peter 用户的 FTP 密码
tom//此行指定虚拟用户 tom
213456//此行设置 tom 用户的 FTP 密码
//使用 db_ load 命令生成口令库文件
```

[root @ CENTOS 7/] # db _ load-T-t hash-f/root/login.txt/etc/vsftpd/vsftpd_ login.db

//修改数据库文件的本地权限

[root@ CENTOS 7~] # chmod 600/etc/vsftpd/vsftpd_ login.db

注意： db _ load 命令对应的软件包为 db4-utils，在第 3 张安装光盘中。

(2) 生成虚拟用户所需的 PAM 配置文件/etc/pam.d/vsftpd。

[root@ CENTOS 7~] # vi/etc/pam.d/vsftpd

//添加如下两行

auth required/lib/security/pam _ userd B.so db = /etc/vsftpd/vsftpd_ login

account required/lib/security/pam_ userd B.so db= /etc/vsftpd/vsftpd_ login

(3) 修改 vsftpd.conf 文件。

[root@ CENTOS 7~] # vi/etc/vsftpd/vsftpd.conf

//保证具有下面三行

guest_ enable= YES//启用虚拟用户功能

guest_ username= ftp//将虚拟用户映射成 ftp 帐号，利用虚拟用户登录后，会在 ftp 用户所在目录下。

pam_ service_ name= vsftpd//指定 PAM 配置文件是 vsftpd

(4) 利用下面的命令重新启动 vsftpd 服务即可。

[root@ CENTOS 7~] # service vsftpd restart

(5) 测试。

```
[root@ CENTOS 7~ ] #  ftp 192.168.1.2
Connected to 192.168.1.2.
220 (vsFTPd 2.0.1)
530 Please login with USER and PASS.
530 Please login with USER and PASS.
KERBEROS_ V4 rejected as an authentication type
Name (192.168.1.2: root): peter
331 Please specify the password.
Password:
230 Login successful.
```

任务五　典型 vsftpd 服务器配置案例

【例 9-1】设置匿名帐号拥有上传、创建目录权限。

//修改本地权限，使匿名用户对/var/ftp 目录拥有写入权限

```
[root@ CENTOS 7 var] #  chmod  o+ w  /var/ftp
```

//修改 vsftpd.conf 文件

```
[root@ CENTOS 7 ftp] #  vi/etc/vsftpd/vsftpd.conf
```

//添加下面两行：

```
a non_ upload_ enable= YES
anon_ mkdir_ write_ enable= YES
```

//测试部分略

注意：用户在 FTP 客户端的权限受 FTP 权限和本地权限的双重限制，二者之间取最严格的。

【例 9-2】利用/etc/vsftpd.ftpusers 文件，设置禁止本地 user1 用户登录 ftp 服务器。

//利用 vi 编辑器打开 vsftpd.ftpusers 文件

```
[root@ CENTOS 7 var] # vi/etc/vsftpd.ftpusers
```

```
//添加下面的行：
user1
```

//重新启动 vsftpd 服务，即可。

【例 9-3】设置本地用户 user2 在登录 FTP 服务器之后，在进入 dir 目录时显示提示信息“welcome”。

//以 user2 用户登录系统，并进入 user2 用户家目录/home/user2 目录下的 dir1 目录 [user2@CENTOS 7 dir] $ cd～/dir

//新建 . message 文件并输入“welcome”

```
[user2@ CENTOS 7 dir] $  echo" welcome" > .message
```

//以下为测试结果

```
[user2@ CENTOS 7 dir] $  ftp 192.168.1.2
Connected to 192.168.1.2.
220 (vsFTPd 2.0.1)
530 Please login with USER and PASS.
530 Please login with USER and PASS.
KERBEROS_ V4 rejected as an authentication type
Name (192.168.1.2: user2): user2
331 Please specify the password.
Password:
230-welcome
230 Login successful.
Remote system type is UNIX.
Using binary mode to transfer files.
ftp>  ls
227 Entering Passive Mode (192, 168, 1, 2, 179, 18)
150 Here comes the directory listing.
drwxrwxr-x 2 502 502 4096 Jan 01 15: 21 dir
226 Directory send OK.
ftp>  cd dir//切换到 dir 目录
250-welcome//显示 .message 文件的内容
250 Directory successfully changed.
```

【例 9-4】设置将所有本地用户都锁定在家目录中。

//修改 vsftpd. conf 文件，做如下设置

[root@CENTOS 7 ftp] # vi/etc/vsftpd/vsftpd. conf

```
chroot_ list_ enable= NO//修改该参数的取值为 NO
chroot_ local_ user= YES//修改该参数的取值为 YES
```

//重新启动 vsftpd 服务即可

//测试部分略

【例 9-5】设置只有在/etc/vsftpd. user _ list 文件中指定本地用户 user1 和 user2 可以访问 FTP 服务器，其他用户都不可以。

//将例中/etc/vsftpd. ftpusers 文件中的 user1 删除

//修改 vsftpd. conf 文件，做如下设置

```
[root@ CENTOS 7 ftp] # vi/etc/vsftpd/vsftpd. conf
userlist_ enable= YES//修改该参数的取值为 YES
usrelist_ deny= NO//添加此行
userlist_ file= /etc/vsftpd. user_ list//添加此行
```

//利用 vi 编辑器打开/etc/vsftpd. user _ list 文件

```
[root@ CENTOS 7~ ] # vi/etc/vsftpd. user_ list
```

//添加如下两行并保存退出：

```
user1
user2
```

//重新启动 vsftpd 服务即可

//测试部分略

思考：为什么必须先把/etc/vsftpd. ftpusers 文件中的 user1 删除？

【例 9-6】配置基于主机的访问控制，实现如下功能：

- 拒绝 192. 168. 6. 0/24 访问。
- 对域 jnrp. net 和 192. 168. 2. 0/24 内的主机不做连接数和最大传输速率限制。
- 对其他主机的访问限制每个 IP 的连接数为 1，最大传输速率为 20KB/S。

//修改 vsftpd. conf 文件

```
[root@ CENTOS 7~ ] # vi/etc/vsftpd/vsftpd.conf
tcp_ wrappers= YES//确保支持 tcp_ wrappers
```

//添加如下两行并保存退出：

```
local_ max_ rate= 20000
anon_ max_ rate= 20000
max_ per_ ip= 1
```

//编辑/etc/host.allow 文件

```
[root@ CENTOS 7~ ] # vi/etc/hosts.allow
```

//添加下面两行：

```
vsftpd: jnrp.net, 192.168.2.0/24: setenv VSFTPD_ LOAD_ CONF/etc/vsftpd/vsftpd_ tcp_ wrap.conf
vsftpd: 192.168.6.0/24: DENY
```

//编辑/etc/vsftpd/vsftpd_tcp_wrap.conf 文件

```
[root@ CENTOS 7~ ] # vi/etc/vsftpd/vsftpd_ tcp_ wrap.conf
//添加下面三行：
local_ max_ rate= 0
anon_ max_ rate= 0
max_ per_ ip= 0
```

//重新启动 vsftpd 服务即可
//测试部分略

说明：

(1) 一般情况下由于/etc/hosts.allow 文件中可以使用 DENY 语句，所以可以只使用 hosts.allow 文件而不用/etc/hosts.deny 文件。

(2) 当 vsftpd 服务在启动时，会首先读取/etc/vsftpd/vsftpd.conf 文件的内容，当列在/etc/hosts.allow 文件中的主机访问时，再用此类主机单独的配置文件中的配置覆盖主配置文件中的配置。

企业实战与应用

一、企业环境

公司为了宣传最新的产品信息，计划搭建 FTP 服务器，为客户提供相关文档的下载。

对所有互联网用户开放共享目录，允许下载产品信息，禁止上传。公司的合作单位能够使用 FTP 服务器进行上传和下载，但不能删除数据。并且为保证服务器的稳定性，进行适当优化设置。

二、需求分析

根据企业的需求，对于不同用户进行不同的权限限制，FTP 服务器需要实现用户审核。

考虑服务器的安全性，关闭实体用户登录，使用虚拟账户验证机制，并对不同虚拟账号设置不同的权限。为了保证服务器的性能，还需要根据用户的等级，限制客户端的连接数，以及下载速度。

三、解决方案

1. 创建用户数据库

Step1：创建用户文本文件。

首先建立用户文本文件 ftpuser. txt，添加 3 个虚拟账户，公共账户 ftp，客户账户 vip，如下所示。

```
[root@ CENTOS 7~ ] #  mkdir/ftpuser
[root@ CENTOS 7~ ] #  vi/ftpuser/ftpuser. txt
ftp
123
vip
nihao123
```

Step2：生成数据库。

使用 db _ load 命令生成 db 数据库文件，如下所示。

```
[root@ CENTOS 7~] #  db_ load-T-thash-f/ftpuser/ftpuser. txt
/ftpuser/ftpuser. db
```

Step3：修改数据库文件访问权限。

为了保证数据库文件的安全，需要修改该文件的访问权限，如下所示。

```
[root@ CENTOS 7~ ] #  chmod 700/ftpuser/ftpuser.db
[root@ Red Hat1 vftp] #  ll/ftpuser
total 16
-rwx------1 root   root 12288  Oct 12  14: 47  ftpuser.db
-rw-r-r------1 root   root 20  Oct 12  13: 46  ftpuser.txt
```

2. 配置 PAM 文件

修改 vsftp 对应的 PAM 配置文件/etc/pam.d/vsftpd，如下所示。

```
# %PAM—1.0
# session optional pam_ keyinit.so force  revoke
#  auth required pam_ listfile.so  item= user sense= deny
file= /etc/vsftpd/ftpusers onerr= succeed
auth required pam_ shells.so
#  auth include system-auth
#  account include system-auth
#  session include svstem-auth
#  session required pam_ loginuid.so
auth required/lib/security/pam_ userd    B.so db= /vsftpd/ftpuser
account required/lib/security/pam_ userd    B.so  db= /vsftpd/ftpuser
```

3. 创建虚拟账户对应系统用户

对于公共账户和客户账户，因为需要配置不同的权限，所以可以将两个账户的目录进行隔离，控制用户的文件访问。公共账户 ftp 对应系统账户 ftpuser，并指定其主目录为/var/ftp/share，而客户账户 vip 对应系统账户 ftpvip，指定主目录为/var/ftp/vip。

```
[root@ CENTOS 7~ ] #  useradd-d/var/ftp/share ftpuser
[root@ CENTOS 7~ ] #  mkdir/var/ftp/share
[root@ CENTOS 7~ ] #  chown ftpuser.ftpuser/var/ftp/share
[root@ CENTOS 7~ ] #  chmod o= r/var/ftp/share  ①
```

```
[root@ CENTOS 7~ ] # useradd-d/var/ftp/vip ftpvip
[root@ CENTOS 7 ~ ] # mkdir/var/ftp/vip
[root@ RHEL5 —] # chown ftpvip. ftpvip/var/ftp/vip
[root@ CENTOS 7~ 】# chmod o= rw/var/ftp/vip ②
```

行末有序号的两行命令功能说明如下。

①公共账户 ftp 只允许下载，修改 share 目录其他用户权限为 read，只读。

②客户账户 vip 允许上传和下载，所以对 vip 目录权限设置为 read 和 write，可读写。

4. 建立配置文件

设置多个虚拟账户的不同权限，若使用一个配置文件无法实现该功能，这时需要为每个虚拟账户建立独立的配置文件，并根据需要进行相应的设置。

Step1：修改 vsftpd. conf。

配置主配置文件 vsftpd. conf，添加虚拟账号的共同设置，并添加 user _ config _ dir 字段，定义虚拟账号的配置文件目录，如下所示。

```
A nonymous_ enable= N0
Anon_ upload_ enable= NO
Anon_ mkdir_ write_ enable= NO
Anon_ other_ write_ enable= N0
Local_ enable= YES
Chroot_ local_ user= YES
listen= YES
pam_ service_ name= vsftpd①
user_ config_ dir= /ftpconfig②
max_ clients= 300③
max_ per_ ip= 10④
```

以上文件中其行末带序号的几行代码的功能说明如下。

①配置 vsftp 使用的 PAM 模块为 vsftpd。

②设置虚拟账号的主目录为/ftpconfig。

③设置 FTP 服务器最大接入客户端数量为 300。

④每个 IP 地址最大连接数为 10。

Step2：建立虚拟账号配置文件。

在 user _ config _ dir 指定路径下，建立与虚拟账号同名的配置文件，并添加相应的配置字段。首先创建公共账号 ftpo 的配置文件，如下所示。

```
[root@ CENTOS 7~ ] # vi/ftpconfig/ftp
guest_ enable= yes ①
guest_ username= ftpuser ②
anon_ world_ readable_ only= yes ③
anon_ max_ rate= 30000 ④
```

以上文件中行末带序号的几行代码的功能说明如下。

①开启虚拟账号登录。

②设置 ftp 对应的系统账号为 ftpuser。

③配置虚拟账号全局可读，允许其下载数据。

④限定传输速率为 30KB/s。

```
[root@ CENTOS 7~ ] # vi/ftpconfig/vip
guest_ enable= yes
guest_ username= ftpvip ①
anon_ world_ readable_ only= no ②
write_ enable= yes ③
anon_ upload_ enable= yes ④
anon_ max_ rate= 60000 ⑤
```

以上文件中其行末序号的几行代码的功能说明如下。

①设置 vip 账户对应的系统账户为 ftpvip。

②关闭匿名账户只读。

③允许在文件系统使用 ftp 命令进行操作。

④开启匿名账户的上传功能。

⑤限定传输速度为 60KB/s。

5. 启动 vsftpd

```
[root@ CENTOS 7~ ] # service vsftpd restart
Shutting down vsftpd: [OK]
Starting vsftpd for vsftpd: [OK]
```

6. 测试

(1) 首先使用公共账户 ftp 登录服务器，可以浏览下载文件，但是当尝试上传文件时，会提示错误信息。

（2）接着使用客户账号 vip 登录测试，vip 账号拥有上传权限，上传“XXX 文件”，测试成功。

（3）但是该账户删除文件时，会返回 550 错误提示，表明无法删除该文件。

四、FTP 排错

相比其他的服务而言，vsftp 配置操作并不复杂，但因为管理员的疏忽，也会造成客户端无法正常访问 FTP 服务器。本节将通过几个常见错误，讲解 vsftp 的排错方法。

1. 拒绝账户登录（错误提示：OOPS 无法改变目录）

当客户端使用 ftp 账号登录服务器时，提示“500 OOPS”错误。接收到该错误信息，其实并不是 vsftpd.conf 配置文件设置有问题，而重点是“cannot change directory”，无法更改目录。造成这个错误，主要有以下两个原因。

（1）目录权限设置错误

该错误一般在本地账户登录时发生，如果管理员在设置该账户主目录权限时，忘记添加执行权限（X），那么，就会收到该错误信息。FTP 中的本地账号，需要拥有目录的执行权限，请使用 chmod 命令添加“X”权限，保证用户能够浏览目录信息，否则拒绝登录。对于 FTP 的虚拟账号，即使不具备目录的执行权限，也可以登录 FTP 服务器，但会有其他错误提示。为了保证 FTP 用户的正常访问，请开启目录的执行权限。

（2）SELinux

FTP 服务器开启了 SELinux 针对 FTP 数据传输的策略，也会造成“无法切换目录”的错误提示，如果目录权限设置正确，那么，需要检查 SELinux 的配置。用户可以通过 setsebool 命令，禁用 SELinux 的 FTP 传输审核功能。

```
[root@ CENTOS 7~ ] # setsebool-P ftpd_ disable_ trans 1
```

重新启动 vsftpd 服务，用户能够成功登录 FTP 服务器。

2. 客户端连接 FTP 服务器超时

造成客户端访问服务器超时的原因，主要有以下几种情况。

（1）线路不通

使用 ping 命令测试网络连通性，如果出现“Request Timed Out”，说明客户端与服务器的网络连接存在问题，检查线路的故障。

（2）防火墙设置

如果防火墙屏蔽了 FTP 服务器控制端口 21，以及其他的数据端口，则会造成客户端无法连接服务器，生成“超时”的错误提示。需要设置防火墙开放 21 端口，此外，还应该开启主动模式的 20 端口，以及被动模式使用的端口范围，防止数据的连接错误。

3. 账户登录失败

客户端登录 FTP 服务器时，还有可能会收到“登录失败”的错误提示。

登录失败，实际上涉及到身份验证，以及其他一些登录的设置。

（1）密码错误

请保证登录密码的正确性，如果 FTP 服务器更新了密码设置，则使用新密码重新登录。

（2）PAM 验证模块

当输入密码无误，但仍然无法登录 FTP 服务器时，很有可能是 PAM 模块中 vsftpd 的配置文件设置错误造成的。PAM 的配置比较复杂，其中 auth 字段主要是接受用户名和密码，进而对该用户的密码进行认证，account 字段主要是检查账户是否被允许登录系统，账号是否已经过期，账号的登录是否有时间段的限制等，保证这两个字段配置的正确性，否则 FTP 账号将无法登录服务器。事实上，大部分账号登录失败都是由这个错误造成的。

（3）用户目录权限

FTP 账号对于主目录没有任何权限时，也会收到“登录失败”的错误提示，根据该账号的用户身份，重新设置其主目录权限，重启 vsftpd 服务，使配置生效。

项目练习

1. ftp 命令的哪个参数可以与指定的机器建立连接（　　）?

A. connect　　B. close　　C. cdup　　D. open

2. FTP 服务使用的端口是（　　）。

A. 21　　B. 23　　C. 25　　D. 53

3. 我们从 Internet 上获得软件最常采用的是（　　）。

A. WWW　　B. telnet　　C. FTP　　D. DNS

4. 一次可以下载多个文件用（　　）命令。

A. mget　　B. get　　C. put　　D. mput

5. 下面（　　）不是 FTP 用户的类别。

A. real　　B. anonymous　　C. guest　　D. users

6. 修改文件 vsftpd. conf 的（　　）可以实现 vsftpd 服务独立启动。

A. listen＝YES　　B. listen＝NO

C. boot＝standalone　　D. ＃listen＝YES

7. 将用户加入以下（　　）文件中可能会阻止用户访问 FTP 服务器。

A. vsftpd. ftpusers　　B. vsftpd. user _ list

C. ftpd. ftpusers　　D. ftpd. userlist

项目十　配置与管理电子邮件服务器

项目描述

某高校组建了学校的校园网，现需要在校园网中部署一台电子邮件服务器，用于进行公文发送和工作交流。利用基于 Linux 平台的 sendmail 邮件服务器的配置及基于 Web 界面的 Open Webmail 邮件服务器既能满足需要，又节省了资金。

在进行该项目之前，首先应当规划好电子邮件服务器的存放位置、所属网段、IP 地址、域名等信息；其次，要确定每个用户的用户名，以便为其创建账号等。

能力目标

- 了解电子邮件服务的工作原理
- 掌握 sendmail 和 POP3 邮件服务器的配置
- 掌握电子邮件服务器的测试
- 掌握 Open WebMail

相关知识

一、电子邮件服务概述

电子邮件（electronic mail，简称 e-mail）服务是 Internet 最基本也是最重要的服务之一。与传统邮件相比，电子邮件服务的好处在于传递迅速。如果采用传统的方式发送信件，发一封特快专递需要至少一天的时间，而发一封电子邮件给异地的用户，通常来说，对方几秒钟之内就能收到。跟最常用的日常通信手段——电话相比，电子邮件在速度上虽然不占优势，但它不要求通信双方同时在线。由于电子邮件采用存储转发的方式发送邮件，发送邮件时并不需要收件人处于在线状态，收件人可以根据实际情况随时上网从邮件服务器上收取邮件，方便了信息的交流。

与现实生活中的邮件传递类似，每个人必须有一个唯一的电子邮件地址。电子邮件地址的格式是“USER@SERVER.COM”，由三部分组成。第一部分“USER”代表用户邮箱帐号，对于同一个邮件接收服务器来说，这个帐号必须是唯一的；第二部分“@”是分隔符；第三部分“SERVER.COM”是用户邮箱的邮件接收服务器域名，用以标志其所在的位置。这样的一个电子邮件地址表明该用户在指定的计算机（邮件服务器）上有一块存储空间。

Linux 邮件服务器上的邮件存储空间通常是位于/var/spool/mail 目录下的文件。与常用的网络通信方式不同，电子邮件系统采用缓冲池（spooling）技术处理传递的延迟。用户发送邮件时，邮件服务器将完整的邮件信息存放到缓冲区队列中，系统后台进程会在适当的时候将队列中的邮件发送出去。RFC822 定义了电子邮件的标准格式，它将一封电子邮件分成头部（head）和正文（body）两部分。邮件的头部包含了邮件的发送方、接收方、发送日期、邮件主题等内容，而正文通常是要发送的信息。

二、电子邮件系统的组成

Linux 系统中的电子邮件系统包括三个组件：MUA（mail user agent，邮件用户代理）、MTA（mail transfer agent，邮件传送代理）和 MDA（mail dilivery agent，邮件投递代理）。

1. MUA

MUA 是电子邮件系统的客户端程序。它是用户与电子邮件系统的接口，主要负责邮件的发送和接收以及邮件的撰写、阅读等工作。目前主流的邮件用户代理软件有基于 Linux 平台的 Outlook、Foxmail 和基于 Linux 平台的 mail、elm、pine、Evolution 等。

2. MTA

MTA 是电子邮件系统的服务器端程序。它主要负责邮件的存储和转发。最常用的 MTA 软件有基于 Linux 平台的 Exchange 和基于 Linux 平台的 sendmail、qmail 和 postfix 等。

3. MDA

MDA 有时也称为 LDA（local dilivery agent，本地投递代理）。MTA 把邮件投递到邮件接收者所在的邮件服务器，MDA 则负责把邮件按照接收者的用户名投递到邮箱中。

4. MUA、MTA 和 MDA 协同工作

总的来说，当使用 MUA 程序写信（例如 elm，pine 或 mail）时，应用程序把信件传给 sendmail 或 postfix 这样的 MTA 程序。如果信件是寄给局域网或本地主机的，那么 MTA 程序应该从地址上就可以确定这个信息。如果信件是发给远程系统用户的，那么 MTA 程序必须能够选择路由，与远程邮件服务器建立连接并发送邮件。MTA 程序还必须能够处理发送邮件时产生的问题，并且能向发信人报告出错信息。例如，当邮

件没有填写地址或收信人不存在时，MTA 程序要向发信人报错。MTA 程序还支持别名机制，使得用户能够方便地使用不同的名字与其他用户、主机或网络通信。而 MDA 的作用主要是把接收者 MTA 收到的邮件信息投递到相应的邮箱中。

三、电子邮件传输过程

电子邮件与普通邮件有类似的地方，发信者注明收件人的姓名与地址（即邮件地址），发送方服务器把邮件传到收件方服务器，收件方服务器再把邮件发到收件人的邮箱中。如图 10-1 所示。

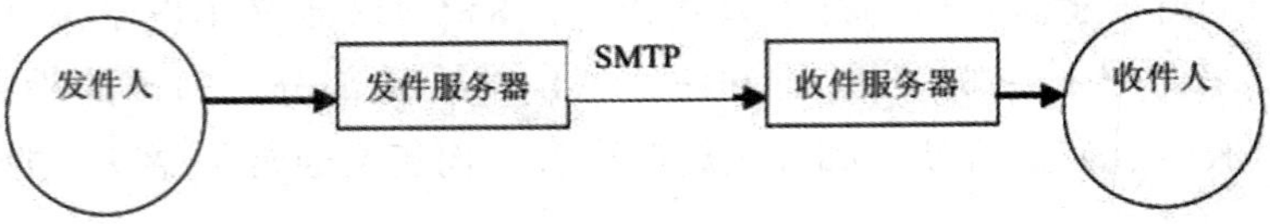

图 10-1　电子邮件发送示意图

下面是以一封邮件的传递过程为例，邮件发送的基本过程，如图 10-2 所示。

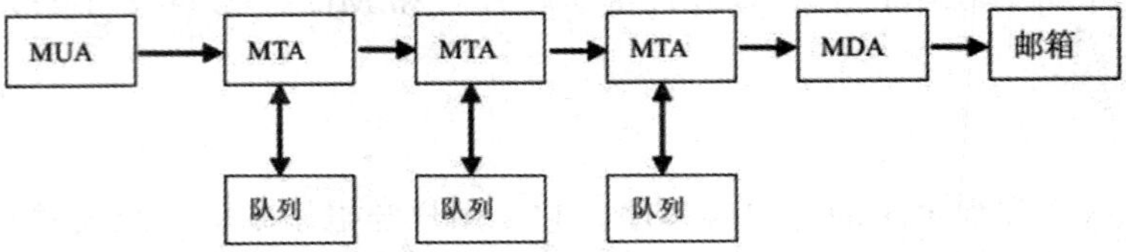

图 10-2　电子邮件传输过程

（1）邮件用户在客户机使用 MUA 撰写邮件，并将写好的邮件提交给本地 MTA 上的服 Linux 网络缓冲区。

（2）MTA 每隔一定时间发送一次缓冲区中的邮件队列。MTA 根据邮件的接收者地址，使用 DNS 服务器的 MX（邮件交换器资源记录）解析邮件地址的域名部分，从而决定将邮件投递到哪一个目标主机。

（3）目标主机上的 MTA 收到邮件以后，根据邮件地址中的用户名部分判断用户的邮箱，并使用 MDA 将邮件投递到该用户的邮箱中。

（4）该邮件的接收者可以使用常用的 MUA 软件登录邮箱，查阅新邮件，并根据自己的需要作相应的处理。

四、与电子邮件相关的协议

常用的与电子邮件相关的协议有 SMTP、POP3 和 IMAP4。

1. SMTP（simple mail transfer protocol）协议

SMTP 即简单邮件传输协议，该协议默认工作在 TCP 协议的 25 端口。SMTP 协议属于客户机/服务器模型，它是一组用于由源地址到目的地址传送邮件的规则，由它来控制信件的中转方式。SMTP 协议属于 TCP/IP 协议簇，它帮助每台计算机在发送或中转信件时找到下一个目的地。通过 SMTP 协议所指定的服务器，就可以把电子邮件寄到收件人的服务器上了。SMTP 服务器则是遵循 SMTP 协议的发送邮件服务器，用来发送或中转发出的电子邮件。SMTP 协议仅能用来传输基本的文本信息，但不支持字体、颜色、声音、图像等信息的传输。为了传输这些内容，目前在 Internet 网络中广为使用的是 MIME（multipurpose internet mail extension，多用途 Internet 邮件扩展）协议。MIME 协议弥补了 SMTP 协议的不足，解决了 SMTP 仅能传送 ASCII 码文本的限制。

目前，SMTP 和 MIME 协议已经广泛应用于各种电子邮件系统中。

2. POP3（post office protocol 3）协议

POP3 即邮局协议的第 3 个版本，该协议默认工作在 TCP 协议的 110 端口。POP3 协议同样也属于客户机/服务器模型，它是规定怎样将个人计算机连接到 Internet 的邮件服务器和下载电子邮件的协议。它是 Internet 电子邮件的第一个离线协议标准，POP3 允许从服务器上把邮件存储到本地主机即自己的计算机上，同时删除保存在邮件服务器上的邮件。遵循 POP3 协议来接收电子邮件的服务器是 POP3 服务器。

3. IMAP4（internet message access protocol 4）协议

IMAP4 即 Internet 信息访问协议的第 4 个版本，该协议默认工作在 TCP 协议的 143 端口。是用于从本地服务器上访问电子邮件的协议，它也是一个客户机/服务器模型协议，用户的电子邮件由服务器负责接收保存，用户可以通过浏览信件头来决定是否要下载此信件。用户也可以在服务器上创建或更改文件夹或邮箱，删除信件或检索信件的特定部分。

注意：虽然 POP3 和 IMAP4 都用于处理电子邮件的接收，但二者在机制上却有所不同。在用户访问电子邮件时，IMAP4 需要持续访问邮件服务器，而 POP3 则是将信件保存在服务器上。当用户阅读信件时，所有内容都会被立即下载到用户的计算机上。

项目设计与准备

一、项目设计

本项目选择企业版 Linux 网络操作系统提供的电子邮件系统 sendmail 来部署电子邮件服项目务，利用 Open WebMail 来收发邮件。

二、项目准备

部署电子邮件服务应满足下列需求：

（1）安装好的企业版 Linux 网络操作系统，并且必须保证 Web 服务和 perl 语言解释器正常工作。客户端使用 Linux 或 Linux 网络操作系统。服务器和客户端能够通过网络进行通信。

（2）电子邮件服务器的 IP 地址、子网掩码等 TCP/IP 参数应手工配置。

（3）电子邮件服务器应拥有一个友好的 DNS 名称，并且应能够被正常解析，且拥有电子邮件服务所需要的 MX 资源记录。

（4）创建任何电子邮件域之前，规划并设置好 POP3 服务器的身份验证方法。

项目实施

任务一　安装、启动与停止 sendmail 服务

前面讲过，在 E-mail 系统中 MTA 是指系统中负责处理邮件收发工作的程序，在 Linux 中比较广泛使用的是 sendmail。如果想要自行架设邮件主机，则必须对 sendmail 电子邮件服务器配置有进一步的了解。

一、安装 sendmail 服务

可以使用下面的命令检查系统是否已经安装了 sendmail 服务：

```
[root@ CENTOS 7~ ] #  rpm-q sendmail
sendmail-8.13.1-2
```

这表明系统已经安装了 sendmail 服务。如果系统没有安装 sendmail 服务，也可以在系统安装后单独安装。sendmail 服务的软件包可以在 Linux CentOS 7.4 的安装盘中找到。总共包括如下四个软件包：

sendmail-8.13.1-2.i386.rpm：sendmail 服务端软件，在第 2 张安装光盘上。

sendmail-cf-8.13.1-2.i386.rpm：与 sendmail 相关的服务器端配置文件和程序，在第 4 张安装光盘上。

sendmail-doc-8.13.1-2.i386.rpm：sendmail 服务器端的文档，在第 4 张安装光盘上。

sendmail-devel-8.13.1-2.i386.rpm：sendmail 开发库文档，在第 4 张安装光盘上。

m4-1.4.1-16.i386.rpm：GNU 宏处理器，sendmail 服务使用该程序转换宏文件，在第 2 张安装光盘上。

分别插入第 2 和第 4 张安装盘，挂载。然后输入下面的命令完成安装。
//挂载光盘

```
[root@ CENTOS 7~ ] # mount/media/cdrom
```

//进入安装文件所在目录

```
[root@ CENTOS 7~ ] # cd/media/cdrom/RedHat/RPMS
```

//安装相应的软件包

```
[root@ CENTOS 7 RPMS] # rpm-ivh sendmail-8. 13. 1-2. i386. rpm
[root@ CENTOS 7 RPMS] # rpm-ivh m4-1. 4. 1-16. i386. rpm
[root@ CENTOS 7 RPMS] # rpm-ivh sendmail-cf-8. 13. 1-2. i386. rpm
[root@ CENTOS 7 RPMS] # rpm-ivh sendmail-doc-8. 13. 1-2. i386. rpm
[root@ CENTOS 7 RPMS] # rpm-ivh sendmail-devel-8. 13. 1-2. i386. rpm
```

二、sendmail 服务启动

启动和重新启动 sendmail 服务的命令和界面如下所示：
//启动 sendmail 服务

```
[root@ CENTOS 7~ ] # service sendmail start
启动 sendmail：[确定]
启动 sm-client：[确定]
```

//重新启动 sendmail 服务

```
[root@ CENTOS 7~ ] # service sendmail restart
关闭 sendmail：[确定]
关闭 sm-client：[确定]
启动 sendmail：[确定]
启动 sm-client：[确定]
```

三、sendmail 服务停止

停止 sendmail 服务的命令和界面如下所示：

```
[root@ CENTOS 7~ ] #  service sendmail stop
关闭 sendmail：[确定]
关闭 sm-client：[确定]
```

任务二　配置 sendmail 邮件服务器

一、sendmail 服务的主要配置文件

- /etc/mail/sendmail. cf：sendmail 服务的主配置文件。该文件控制 sendmail 服务的所有行为。但因为该文件可读性很差，一般不直接改动该文件而是利用 sendmail. mc 文件生成。
- /etc/mail/sendmail. mc：sendmail 服务的宏文件。由于 sendmail. cf 文件可读性很差，网络管理员在配置邮件服务器时，往往先修改 sendmail. mc 宏配置文件，再利用
- m4 命令编译生成所需的 sendmail. cf 文件。
- /etc/mail/local-host-names：用于设置 sendmail 服务器所负责投递的域。
- /etc/mail/access. db：sendmail 访问数据库文件，用于实现邮件中继代理。
- /etc/aliases：用于定义 sendmail 邮箱别名。
- /etc/mail/virtusertable. db：用于定义虚拟用户和域的数据库文件。

二、查看 sendmail. mc 宏文件的默认配置

//显示/etc/mail/sendmail. mc 文件的内容，过滤掉以 dnl 开始的注释行

```
[root@ CENTOS 7 mail] #  grep -v'^dnl'/etc/mail/sendmail.mc
```

//用于一段长篇注释的开始

```
divert (-1) dnl
```

//将/usr/share/sendmail-cf/m4/cf. m4 文件包含进来

```
include ('/usr/share/sendmail-cf/m4/cf.m4') dnl
//定义版本控制信息
VERSIONID ('setup for Red Hat Linux') dnl
//选择包含操作系统指定属性的文件
OSTYPE ('linux') dnl
//指定 sendmail 服务使用的用户的 UID 为 8，组的 GID 为 12
define ('confDEF_ USER_ ID'," 8: 12" ) dnl
//设置等待连接的最大时间间隔为 1 秒钟
define ('confTO_ CONNECT', '1m') dnl
//若 MX 资源记录指向本机，则 sendmail 直接连接到远程主机
define ('confTRY_ NULL_ MX_ LIST', true) dnl
//定义 sendmail 服务不会自动将服务器的网络接口视为有效地址
define ('confDONT_ PROBE_ INTERFACES', true) dnl
//设置 procmail 的存放路径
define ('PROCMAIL_ MAILER_ PATH', '/usr/bin/procmail') dnl
//设置邮件别名文件的存放路径
define ('ALIAS_ FILE', '/etc/aliases') dnl
//设置日志文件的存放路径
```

```
define ('STATUS_ FILE', '/var/log/mail/statistics') dnl
//设置基于 UUCP 协议的 Mailer 处理信息的最大限制为 2MB
define ('UUCP_ MAILER_ MAX', '2000000') dnl
//设置用户数据库文件的存放路径
define ('confUSERDB_ SPEC', '/etc/mail/userdb.db') dnl
//设置限制某些命令的标志
define ('confPRIVACY_ FLAGS', 'authwarnings, novrfy, noexpn, restrictqrun') dnl
//仅在授权成功时，将 AUTH 参数加到邮件的消息头中
define ('confAUTH_ OPTIONS', 'A') dnl
//设置 ident 查询响应的最大等待时间为 0，即为不等待
define ('confTO_ IDENT', '0') dnl
//允许 MSA 被 DAMEMON _ OPTION 覆盖的默认设置
FEATURE ('no_ default_ msa', 'dnl') dnl
//设置邮件发送器 smrsh 的存放位置
FEATURE ('smrsh', '/usr/sbin/smrsh') dnl
//设置邮件发送器数据库的存放路径
FEATURE ('mailertable', 'hash-o/etc/mail/mailertable.db') dnl
//设置虚拟邮件域数据库的存放路径
```

```
FEATURE ('virtusertable', 'hash-o/etc/mail/virtusertable.db') dnl
//支持 .redirect 虚拟域
FEATURE (redirect) dnl
//增加本地域名到所有本地发送的邮件
FEATURE (always_ add_ domain) dnl
//装载/etc/mail/local-host-names 文件中定义的域名
FEATURE (use_ cw_ file) dnl
//装载可信任用户列表
FEATURE (use_ ct_ file) dnl
//使用 procmail 作为本地邮件发送者
FEATURE (local_ procmail, '', 'procmail-t-Y-a $ h-d $ u') dnl
//从/etc/mail/access. db 文件中装载中继域
FEATURE ('access_ db', 'hash-T< TMPF> -o/etc/mail/access. db') dnl
//根据访问数据库的值过滤外来邮件
FEATURE ('blacklist_ recipients') dnl
//禁止伪装发送者地址中出现 root 用户
EXPOSED_ USER ('root') dnl
//指定 sendmail 作为 MTA 时的运行参数
```

```
DAEMON_OPTIONS ('Port= smtp, Addr= 192.168.1.2, Name= MTA') dnl
```

//设置可以接收不能由 DNS 解析的主机发送的邮件

```
FEATURE ('accept_unresolvable_domains') dnl
```

//设置本地域名

```
LOCAL_DOMAIN ('localhost.localdomain') dnl
```

//指定 sendmail 所有 SMTP 发送者

```
MAILER (smtp) dnl
```

//指定使用 procmail 作为本地邮件发送者

```
MAILER (procmail) dnl
```

三、配置基本的 sendmail 邮件服务器

下面结合一个案例讲解基本 sendmail 邮件服务的配置方法。

【例 10-1】某局域网内要求配置一台 sendmail 邮件服务器。该邮件服务器的 IP 地址为 192.168.1.2，负责投递的域为 cjxy.com。该局域网内部的 DNS 服务器为 192.168.0.9，该 DNS 服务器负责 cjxy.com 域的域名解析工作。要求通过配置该邮件服务器可以实现用户 user1 利用邮箱帐号 user1@cjxy.com 给邮箱帐号为 user@cjxy.com 的用户 user 发送邮件。

(1) 修改/etc/mail/sendmail.mc 文件，使得 sendmail 可以在正确的网络端口监听服务请求。具体设置方法如下所示：

//利用 vi 编辑器打开 sendmail.mc 文件

```
[root@ CENTOS 7 mail] # vi/etc/mail/sendmail.mc
```

//找到下面的行

```
DAEMON_OPTIONS ('Port= smtp, Addr= 127.0.0.1, Name= MTA') dnl
```

//修改为：

```
DAEMON_ OPTIONS ('Port= smtp, Addr= 192.168.1.2, Name= MTA') dnl
```

（2）将 sendmail.mc 文件利用 m4 宏编译工具编译生成新的 sendmail.cf 文件，具体方法如下所示：

```
[root@ CENTOS 7 mail] #  m4/etc/mail/sendmail.mc> /etc/mail/send-
mail.cf
```

（3）修改/etc/mail/local-host-names 文件，设置本地邮件服务器所投递的域。具体方法如下所示：

//利用 vi 编辑器打开 local-host-names 文件

```
[root@ CENTOS 7 mail] #  vi/etc/mail/local-host-names
```

//添加下面的行：

```
jyg.com
```

也可以通过修改 sendmail.cf 文件，进行设置。具体方法如下所示：

//利用 vi 编辑器打开 sendmail.cf 文件

```
[root@ CENTOS 7 mail] #  vi/etc/mail/sendmail.cf
```

//找到 Cw 开始的行，修改如下：

```
Cwcjxy.com.
```

设置完成后可以使用下面的命令查看当前的 w 类设置。

//利用 vi 编辑器打开 sendmail.cf 文件

```
[root@ CENTOS 7 mail] #  senmail-bt
ADDRESS TEST MODE (ruleset 3 NOT automatically invoked)
Enter< ruleset> < address>
> $ = w
```

```
localhost.localdomain
Cjxy.com.
CENTOS 7
>
```

//按（ctrl+d）可以结束该命令

(4) 在系统中利用 useradd 命令添加 user1 和 user 帐号。并利用 passwd 命令设置这两个帐号的密码。具体方法如下所示：

```
[root@ CENTOS 7 mail] #  useradd user1
[root@ CENTOS 7 mail] #  useradd user
[root@ CENTOS 7 mail] #  passwd user1
[root@ CENTOS 7 mail] #  passwd user
```

(5) 为了使邮件服务器可以正常的接收电子邮件，必须修改 DNS 服务器的 MX 资源记录。在此例中应该在 DNS 服务器上的 jyg.com 域的数据库文件中添加 MX 资源记录。如下所示：

//利用 cat 命令查看 cjxy.com 域的区域数据库文件

```
[root@ CENTOS 7 named] #  cat/var/named/chroot/var/named/jyg.zone
$ TTL 1D
@  IN SOA dns.jyg.com.mail.jyg.com. (
2007102302; serial
3H; refresh
15M; retry
1W; expire
1D; min ttl
)
@  IN NS dns.jyg.com.
@  IN MX 10 mail.jyg.com. //此行为新添加的MX资源记录
dns IN A 192.168.1.3
mail IN A 192.168.1.2
smtp IN A 192.168.1.2
pop3 IN A 192.168.1.2
```

(6) 各项参数都设置好后，可以利用下面的命令启动 sendmail 服务。

```
[root@ CENTOS 7 mail] #  service sendmail start
启动 sendmail：[确定]
启动 sm-client：[确定]
```

任务三　邮件中继和 SMTP 验证

当需要把邮件从一个 MTA 传送到另一个 MTA 时，这个邮件中转的动作称为邮件中继。

sendmail 服务使用/etc/mail/access. db 文件实现邮件中继的功能。access 数据库是 sendmail 服务非常重要的一个数据库。因为默认情况下，smtp 协议是不需要身份认证的，也就是说任何人都能利用 smtp 协议的 25 端口发送的邮件。为了避免麻烦，sendmail 缺省情况下直接禁止其他不明身份的主机利用本地服务器投递邮件。这种情况下，一个非本地的机器使用本地服务器进行投递时会产生“550 relay denied”错误。在需要使用邮件中继代理时，可以利用/etc/mail/access. db 文件或 SMTP 验证来实现该功能。

一、设置邮件中继

/etc/mail/access. db 文件是一个散列表数据库，它是用/etc/mail/access 文件产生的。/etc/mail/access 文件是一个纯文本文件，文件每一行的格式如下：

```
< 地址> < 动作> //其中地址和动作之间用空格分隔。
```

地址部分的表示可以使用如下的格式：

- 域名，如 jyg. com。
- email 地址，如 user@jyg. com。
- email 地址的用户名部分，如 user@。
- IP 地址，如 192. 168. 1. 1。
- 网络地址，如 192. 168. 1。

对满足条件的地址，可以采用如下几种动作：

- RELAY：允许通过该邮件服务器进行邮件中继。
- REJECT：拒绝邮件中继并显示内部错误提示信息。
- DISCARD：拒绝邮件中继但不返回错误提示信息。

下面通过一个例子讲述邮件中继的具体设置步骤。

【例 10-2】设置例 10-1 中配置的邮件服务器为 163. com 域和 192. 168. 1. 0/24 网段

进行邮件中继。拒绝为邮件地址为 user2@jyg. com 的用户进行邮件中继，但不给出错误提示信息。拒绝为 IP 地址为 192. 168. 2. 1 的计算机进行邮件中继，给出“sorry，try again later”的错误提示信息。具体配置步骤如下：

（1）修改/etc/mail/access 文件，添加如下内容：

//利用 vi 编辑器打开/etc/mail/access 文件

```
[root@ CENTOS 7~ ] # vi/etc/mail/access
//添加下面四行内容：
163. com RELAY
192. 168. 1 RELAY
user2@ jyg. com DISCARD
192. 168. 2. 1" sorry, try again later"
```

（2）使用 makemap 命令生成/etc/mail/access. db 文件。

```
[root@ CENTOS 7 mail] # makemap hash/etc/mail/access. db< /etc/mail/access
```

完成上面的配置之后不需要重新启动 sendmail 服务就可以对指定网络和客户机进行邮件中继。但需要注意的是，默认的 sendmail 配置使得本地系统用户可以收发电子邮件，而不是使用另外的用户数据库，因此在利用 Foxmail 等邮件客户端软件进行测试时，必须保证测试用户账户在系统中已经存在。

二、设置 SMTP 验证

利用 access. db 文件实现邮件中继代理，对于利用拨号上网的用户不太现实，因为此类用户的 IP 地址是通过 DHCP 服务器分配的，是动态变化的。此时可以使用 SMTP 验证机制对指定的用户进行邮件中继。

利用 SMTP 验证机制，可以实现用户级别的邮件中继控制。在 Linux CentOS 7. 4 中，利用 saslauthd 服务提供 SMTP 身份验证，该服务由 cyrus-sasl 软件包提供。一般情况下这些软件包是默认安装的。可以使用下面的命令查看系统是否安装了相应的软件包。

```
[root@ CENTOS 7 mail] # rpm-qa| grep sasl
cyrus-sasl-md5-2. 1. 19-5. EL4
cyrus-sasl-sql-2. 1. 19-5. EL4
cyrus-sasl-2. 1. 19-5. EL4
```

```
cyrus-sasl-plain-2.1.19-5.EL4
cyrus-sasl-devel-2.1.19-5.EL4
cyrus-sasl-ntlm-2.1.19-5.EL4
cyrus-sasl-gssapi-2.1.19-5.EL4
```

可以使用下面的命令查看其支持的验证方法：

```
[root@ CENTOS 7 mail] # saslauthd-v
saslauthd 2.1.19
authentication mechanisms: getpwent kerberos5 pam rimap
shadow ldap
```

为了使 sendmail 服务器支持 SMTP 身份验证功能，需要执行以下的操作步骤：

（1）编辑/etc/mail/sendmail.mc 文件，修改和认证相关的配置行。

```
[root@ CENTOS 7 mail] # vi/etc/mail/sendmail.mc
```

//修改和认证相关的配置行（删除每行开始的 dnl 注释符）

```
TRUST_ AUTH_ MECH ('EXTERNAL DIGEST-MD5 CRAM-MD5 LOGIN PLAIN') dnl
define ('confAUTH_ MECHANISMS', 'EXTERNAL GSSAPI DIGEST-MD5 CRAM-
MD5 LOGIN PLAIN')
dnl
```

（2）使用 m4 命令重新生成/etc/mail/sendmail.cf 文件。

```
[root@ CENTOS 7 mail] # m4/etc/mail/sendmail.mc> /etc/mail/send-
mail.cf
```

（3）利用“service sendmail restart”命令重新启动服务，以使设置生效。

（4）利用下面的命令启动 saslauthd 服务。

```
[root@ CENTOS 7 mail] # service saslauthd start
启动 saslauthd：[确定]
```

接下来用户可以在 Outlook 或者 Foxmail 等客户端测试。有关 SMTP 认证的配置界面如图 10-3 所示。

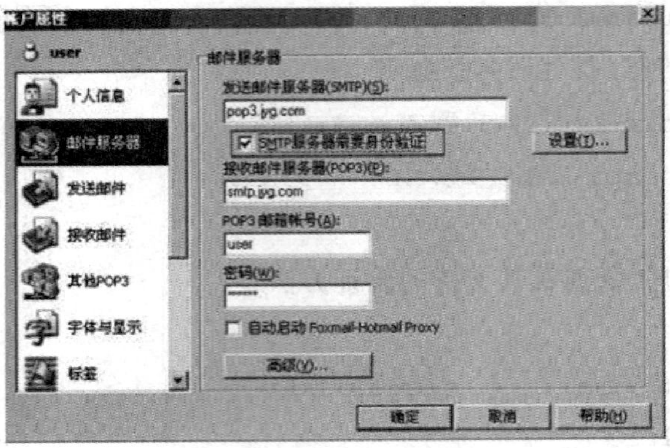

图 10-3 Foxmail 中 SMTP 认证的设置

任务四 设置用户别名的设置

用户别名是 sendmail 最重要的功能之一。使用别名机制可以实现为单个用户指定别名、保护登录帐号、邮件转发以及实现群组邮递（邮件列表）等功能。用户别名机制是通过/etc/aliases 文件实现的。aliases 文件是一个文本文件，该文件中的每一行的格式如下：

```
alias: recipient [, recipient, …]
```

其中，alias 为邮件地址中的用户名（别名），而 recipient 是实际接收该邮件的用户。下面通过几个例子来说明用户别名的设置方法。

【例 10-3】为 user1 帐号设置别名为 zhangsan，为 user 帐号设置别名为 lisi。方法如下：

//利用 vi 编辑器打开/etc/aliases 文件

```
[root@ CENTOS 7~ ] # vi/etc/aliases
```

//添加下面两行：

```
zhangsan: user1
lisi: user
```

【例 10-4】假设网络组的每位成员在本地 Linux 系统中都拥有一个真实的电子邮件账户，现在要给网络组的所有成员发送一封相同内容的电子邮件。可以使用用户别名机制中的邮件列表功能实现。方法如下：

//利用 vi 编辑器打开/etc/aliases 文件

```
[root@ CENTOS 7~ ] # vi/etc/aliases
```

//添加下面两行：

```
network_ group: peter, Tom, mlx, jyg
ower-network_ group: jyg
```

这样，通过给 network _ group@jyg.com 发送信件就可以给网络组中的 peter、Tom、mlx 和 jyg 都发送了一封同样的信件。其中语句“ower-network _ group：jyg”表示 jyg 负责维护 network _ group 这个邮件列表，如果在给 network _ group 传送邮件过程中发生错误，则会将有关的错误信息发送给 jyg。

【例 10-5】邮件转发：将发送给 Linux 系统本地用户 jyg 的信件转发到其位于 Internet 上的电子邮件地址 kingyueguang@163.com 中。方法如下：

//利用 vi 编辑器打开/etc/aliases 文件

```
[root@ CENTOS 7~ ] # vi/etc/aliases
```

//添加下面的行：

```
jyg: kingyueguang@ 163.com
```

注意：在使用别名时，必须注意不要造成循环。例如 user1 转发给 user，user 再转发给 user1……，如此循环。在这种情况下，转发 17 次后，sendmail 会将此信件退还给发件人。

任务五　设置虚拟域用户

使用虚拟域，可以将发给虚拟域的邮件投递到真实域的用户邮箱中。利用虚拟域也可以实现邮件列表的功能。这里的虚拟域可以是实际并不存在的域，而真实域既可以是本地域，也可以是远程域或 Internet 中的域。虚拟域是真实域的别名，通过虚拟域用户表/etc/mail/virtusertable.db，实现了虚拟域的邮件地址到真实域的邮件地址的重定向。虚拟域用户表/etc/mail/virtusertable.db 文件，是通过/etc/mail/virtusertable

文件生成的。该文件的格式类似于 aliases 文件，如下所示：

```
虚拟域地址真实域地址
```

虚拟域地址和真实域地址之间用 Tab 键或者空格键分隔。该文件中虚拟域地址和真实域地址可以写完整的邮件地址格式也可以只有域名或者只有用户名。如下所示的几种格式都是正确的。

```
@ mlx. com @ jyg. com
user1@ mlx. com user2
user1@ mlx. com user2, mlx, jyg
```

如果要实现邮件列表功能，则各个真实域地址之间用逗号分隔。

下面通过一个例子说明虚拟域用户的配置方法。

【例 10-6】为例 10-1 中的 sendmail 邮件服务器设置虚拟域 mlx. com，并为 user1@jyg. com 指定虚拟域别名 user1@mlx. com。具体配置步骤如下所示。

(1) 配置 DNS 服务器，并设置虚拟域的 MX 资源记录。

//修改 DNS 服务的主配置文件

```
[root@ CENTOS 7 mail] # vi/etc/named. conf
```

//添加 mlx. com 域的区域声明

```
z one" mlx. com" IN {
type master;
file" mlx. zone";};
```

//编辑 mlx. com 区域的正向解析数据库文件

```
[root@ CENTOS 7 mail] # vi/var/named/chroot/var/named/mlx. zone
```

//添加如下的配置

```
$ TTL 1D
@  IN SOA dns. mlx. com. mail. mlx. com. (
2007102302; serial
```

```
3H; refresh
15M; retry
1W; expire
1D; min ttl
)
@  IN NS dns.mlx.com.
@  IN MX 10 mail.mlx.com.
dns IN A 192.168.1.3
mail IN A 192.168.1.2
smtp IN A 192.168.1.2
pop3 IN A 192.168.1.2
```

//利用下面的命令重新启动 DNS 服务，使配置生效

```
[root@ CENTOS 7 mail] #  service named restart
停止 named：[确定]
启动 named：[确定]
```

（2）将虚拟域 mlx.com 添加到/etc/mail/local-host-names 文件中。

```
[root @  CENTOS  7  mail] #   echo " mlx.com " > > /etc/mail/local-host-names
```

（3）配置邮件中继。

//利用 vi 编辑器打开/etc/mail/access 文件

```
[root@ CENTOS 7 mail] # vi/etc/mail/access
```

//添加下面的行

```
m lx.com RELAY
```

//使用 makemap 命令生成/etc/mail/access.db 文件

```
[root@ CENTOS  7  mail] #  makemap hash/etc/mail/access.db < /etc/mail/access
```

(4) 设置虚拟域用户表/etc/mail/virtusertable，并生成/etc/mail/virtusertable. db。

//利用 vi 编辑器打开/etc/mail/access 文件

```
[root@ CENTOS 7 mail] # vi/etc/mail/virtusertable
```

//添加下面的行

```
u ser1@ mlx. com user1@ jyg. com
```

//使用 makemap 命令生成/etc/mail/ virtusertable. db 文件

```
[root@ CENTOS 7 mail] #  makemap hash/etc/mail/ virtusertable. db
< /etc/mail/ virtusertable
```

(5) 利用 service sendmail restart 命令，重新启动 sendmail 服务即可。

任务六　配置 POP3 服务器

sendmail 服务只是一个 MTA（邮件传输代理），它只提供 SMTP 服务，也就是只提供邮件的转发及本地邮件的分发工作。要实现邮件的异地收发，还必须安装 POP3 服务或 IMAP4 服务。在 Linux CentOS 7. 4 中，可以利用 dovecot 软件提供 POP3 服务或 IMAP4 服务。通常情况下，是将 SMTP 服务和 POP3 或 IMAP4 安装在同一台服务器上，那么这台服务器也就被称为电子邮件服务器。

1. dovecot 软件包的安装

Linux CentOS 7. 4 默认没有安装 dovecot 软件包。可以将 Linux CentOS 7. 4 的第四张安装光盘放入光驱，加载光驱后利用 rpm 命令安装。具体步骤如下所示：

//挂载光盘

```
[root@ CENTOS 7~ ] #  mount/media/cdrom
```

//进入安装文件所在目录

```
[root@ CENTOS 7~ ] # cd/media/cdrom/RedHat/RPMS
```

//安装 dovecot 软件包

```
[root@ CENTOS 7 RPMS] # rpm-ivh dovecot-0.99.11-2.EL4.1.i386.rpm
warning: dovecot-0.99.11-2.EL4.1.i386.rpm: V3 DSA signature: NOKEY, key ID db42a60e
Preparing...############################################ [100% ]
1: dovecot########################################## [100% ]
```

2. dovecot 服务的基本配置

dovecot 服务的配置文件是/etc/dovecot.conf。要启动最基本的 dovecot 服务，使其支持 POP3 服务，只需要修改该配置文件中的以下内容：

```
protocols= pop3
pop3_ listen= *
```

其中，第一行语句用于指定本邮件主机所运行的协议为 POP3，第二行语句用来指定 POP3 服务所监听的网络接口，“*”表示监听本机上的所有网络接口。

3. 启动 dovecot 服务

启动 dovecot 服务的命令如下所示：

```
[root@ CENTOS 7 RPMS] # service dovecot restart
停止 Dovecot Imap:[确定]
启动 Dovecot Imap:[确定]
```

利用 lsof 命令查看 110 端口的监听状态：

```
[root@ CENTOS 7 RPMS] # lsof-i: 110
COMMAND PID USER FD TYPE DEVICE SIZE NODE NAME
dovecot 4013 root 5u IPv4 44628 TCP* : pop3 (LISTEN)
pop3-logi 4017 dovecot 0u IPv4 44628 TCP* : pop3 (LISTEN)
pop3-logi 4018 dovecot 0u IPv4 44628 TCP* : pop3 (LISTEN)
```

pop3-logi 4019 dovecot 0u IPv4 44628 TCP* : pop3 (LISTEN)

通过上述结果可以看到，POP3 服务已经正常启动。

任务七　电子邮件服务器的测试

通过上面的配置基本完成了 SMTP 服务器和 POP3 服务器的配置，电子邮件客户端就可以利用这台电子邮件服务器进行邮件的转发了。常见的 Foxmail 和 Outlook 等客户端软件都可以进行电子邮件的收发。这类软件的用法非常简单，在此不再赘述。这里重点介绍利用 telnet 命令进行电子邮件的收发。这还有可帮助网络管理员发现存在的问题。

1. 利用 telnet 命令发送电子邮件

【例 10-7】sendmail 电子邮件服务器地址为 192.168.1.2，利用 telnet 命令完成邮件地址为 user1@jyg.com 的用户向邮件地址为 user@jyg.com 的用户发送主题为“The first mail”的邮件。具体过程如下所示：

```
[root@ CENTOS 7 RPMS] # telnet 192.168.1.2 25//利用 telnet 命令连接邮件服务器的 25 端口
Trying 192.168.1.2...
Connected to mail.mlx.com (192.168.1.2).
Escape character is '^]'.
220CENTOS 7 ESMTP sendmail 8.13.1/8.13.1; Mon, 31 Dec 2007 02: 39: 25 + 0800
helo jyg.com//利用 helo 命令向邮件服务器表明身份
250CENTOS 7 Hello pop3.jyg.com [192.168.1.2], pleased to meet you
mail from: user1@ jyg.com//利用 mail from 命令输入发件人的邮件地址
250 2.1.0 user1@ jyg.com... Sender ok
rcpt to: user@ jyg.com//利用 rcpt to 命令输入收件人的邮件地址
250 2.1.5 user@ jyg.com... Recipient ok data//输入 data 命令，表示之后输入的内容为邮件内容
354 Enter mail, end with "." on a line by itself
from: user1@ jyg.com//邮件的发件人
to: user@ jyg.com//邮件的收件人
subject: the first mail//邮件主题
```

```
hello, erverybody! //邮件正文.
//利用“.”符号，表示输入结束
250 2.0.0 lBUIdPR9004080 Message accepted for delivery
quit//退出 telnet 命令
221 2.0.0CENTOS 7 closing connection
Connection closed by foreign host.
```

2. 利用 telnet 命令接收电子邮件

【例 10-8】利用 telnet 命令从 IP 地址为 192.168.1.2 的 POP3 服务器接收电子邮件。

```
[root@ CENTOS 7 RPMS] #  telnet 192.168.1.2 110//利用 telnet 命令连接邮件服务器的 110 端口
Trying 192.168.1.2...
Connected to smtp.jyg.com (192.168.1.2).
Escape character is'^] '.
+ OK dovecot ready.
user user//利用 user 命令输入用户的用户名为 user
+ OK
pass 123456//利用 pass 命令输入 user 账户的密码为 123456
+ OK Logged in.
list//利用 list 命令获得 user 账户邮箱中各邮件的编号
+ OK 1 messages:
1 543
.
1
-ERR Unknown command: 1
retr 1//利用 retr 命令收取邮件编号为 1 的邮件信息，下面各行为邮件信息
+ OK 543 octets
Return-Path: < user1@ jyg.com>
Received: from jyg.com (pop3.jyg.com [192.168.1.2] )
byCENTOS 7 (8.13.1/8.13.1) with SMTP id lBUIdPR9004080
for user@ jyg.com; Mon, 31 Dec 2007 02: 40: 23 + 0800
Date: Mon, 31 Dec 2007 02: 39: 25 + 0800
From: user1@ jyg.com
Message-Id: < 200712301840.lBUIdPR9004080@ CENTOS 7>
```

```
to: user@ jyg.com
subject: the first mail
X-IMAPbase: 1199018937 2
Status: O
X-UID: 2
Content-Length: 18
X-Keywords:
hello, erverybody!
.
quit//退出 telnet 命令
+ OK Logging out.
Connection closed by foreign host.
```

telnet 命令有以下命令可以使用，其命令格式及参数说明如下：

- stat 命令格式：stat 无需参数。
- list 命令格式：list [n] 参数 n 可选，n 为邮件编号。
- uidl 命令格式：uidl [n] 同上。
- retr 命令格式：retrn 参数 n 不可省，n 为邮件编号。
- dele 命令格式：delen 同上。
- top 命令格式：top n m 参数 n、m 不可省，n 为邮件编号，m 为行数。
- noop 命令格式：noop 无需参数。
- quit 命令格式：quit 无需参数。

各命令的详细功能见下面的说明：

- stat 命令不带参数，对于此命令，POP3 服务器会响应一个正确应答，此响应为一个单行的信息提示，它以“+OK”开头，接着是两个数字，第一个是邮件数目，第二个是邮件的大小，如：+OK 4 1603。
- list 命令的参数可选，该参数是一个数字，表示的是邮件在邮箱中的编号，可以利用不带参数的 list 命令，获得各邮件的编号，并且每一封邮件均占用一行显示，前面的数为邮件的编号，后面的数为邮件的大小。
- uidl 命令与 list 命令用途差不多，只不过 uidl 命令显示邮件的信息比 list 更详细，更具体。
- retr 命令是收邮件中最重要的一条命令，它的作用是查看邮件的内容，它必须带参数运行。该命令执行之后，服务器应答的信息比较长，其中包括发件人的电子邮箱地址、发件时间、邮件主题等，这些信息统称为邮件头，紧接在邮件头之后的信息便是邮件正文。
- dele 命令是用来删除指定的邮件（注意：dele n 命令只是给邮件做上删除标记，

只有在执行 quit 命令之后，邮件才会真正删除）。

- top 命令有两个参数，形如：top n m。其中 n 为邮件编号，m 是要读出邮件正文的行数，如果 m=0，则只读出邮件的邮件头部分。
- noop 命令，该命令发出后，POP3 服务器不作任何事，仅返回一个正确响应“+OK”。
- quit 命令，该命令发出后，telnet 断开与服务器的连接，系统进入更新状态。

任务八　以 Web 方式收发电子邮件

相信大多数人都在 Internet 上申请过免费的电子邮箱，体验过以 Web 方式撰写邮件、收发邮件、管理自己邮箱的过程。提供以 Web 方式收发邮件的服务被称为 Web 邮件服务，它是将电子邮件服务集成于 Web 来实现的。在 Internet 中，几乎所有的免费电子邮件服务都提供了 Web 邮件服务。在 Linux 中，虽然 sendmail 没有直接提供 Web 邮件服务功能，但是通常可通过将它与 Web 以及第三方的 Webmail 软件（如 openwebMail、Squirrelmail 等）集成在一起，提供 Web 邮件服务。本节主要介绍 Open webmail 的基本配置方法。

1. Open WebMail 的基本配置

Open WebMail 是一个基于 NeoMail 1.14 的 WebMail 系统。它的主要目的是通过 Web 界面提供友好的邮件服务器访问界面，并在内存中有效地管理邮件。如果要配置 Open WebMail 必须先安装 sendmail 服务器。Open WebMail 是利用 sendmail 服务器来收发邮件的。所以在安装 Open Webmail 服务器之前，必须选择安装好 sendmail 邮件服务器。Open Webmail 具有以下特点：

- 支持 20 多种语言。
- 简易的操作界面。
- 邮件过滤功能。
- 支持外部邮件的收发。
- 支持草稿邮件功能。
- 良好的运行效率。

（1）下载 Open Webmail

安装 Open Webmail 前必须保证 Web 服务、sendmail 服务和 perl 语言解释器正常工作。Open Webmail 的官方网站是 http：//www.openwebmail.org。用户可以从该网站下载最新的安装程序。

（2）更新 perl 语言解释器

在 Linux CentOS 7 中，为了保证 Open WebMail 正常工作需要重新安装 perl 解

释器。

需要到 http://www.openwebmail.org/openwebmail/download/redhat/rpm/packages/CentOS 7/下载并安装以下几个软件包。

- perl-Compress-Zlib-1.42-1.el4.rf.i386.rpm
- perl-Text-Iconv-1.4-1.2.el4.rf.i386.rpm
- perl-suidperl-5.8.5-36.CENTOS 7.i386.rpm

(3) 安装 Open WebMail 软件包

用户需要到 http://www.openwebmail.org/openwebmail/download/redhat/rpm/release/并安装下载 Open Webmail 的 RPM 格式的软件包。

- openwebmail-2.52-1.i386.rpm

利用 rpm 命令安装上述四个软件包的过程在此不再赘述。默认情况下，Open Webmail 安装在/var/www/cgi-bin/openwebmail 目录下。

(4) Open WebMail 的设置

- 执行 Open WebMail 的首次初始化操作。

```
[root@ CENTOS 7 cdrom] # /var/www/cgi-bin/openwebmail/openwebmail-tool.pl--init
Please change'/var/www/cgi-bin/openwebmail/etc/dbm.conf'from
dbm_ ext.db
dbmopen_ ext none
dbmopen_ haslock no
to
dbm_ ext.db
dbmopen_ ext.db
dbmopen_ haslock no
And execute '/var/www/cgi-bin/openwebmail/openwebmail-tool.pl--init'again!
ps: If you are running openwebmail in persistent mode,
don't forget to 'touch openwebmail* .pl', so speedycgi
will reload all scripts, modules and conf files in--init.
```

- 根据提示，修改/var/www/cgi-bin/openwebmail/etc/dbm.conf 文件的内容，但实际上该文件的存储路径为/var/www/cgi-bin/openwebmail/etc/defaults/dbm.conf。

```
[root@ CENTOS 7 openwebmail] # vi/var/www/cgi-bin/openwebmail/etc/defaults/dbm.conf
```

```
dbm_ ext.db
dbmopen_ ext.db//根据提示，将 none 改为 .db
dbmopen_ haslock no
```

·再次执行初始化程序。

```
[root@ CENTOS 7 openwebmail] # /var/www/cgi-bin/openwebmail/open-
webmail-tool.pl--init
creating db/var/www/cgi-bin/openwebmail/etc/maps/b2g... done.
creating db/var/www/cgi-bin/openwebmail/etc/maps/g2b... done.
creating db/var/www/cgi-bin/openwebmail/etc/maps/lunar... done.
Welcome to the Open WebMail!
This program is going to send a short message back to the developer,
so we could have the idea that who is installing and how many
sites are
using this software, the content to be sent is:
OS: Linux 2.6.9-5.EL i686
Perl: 5.008005
WebMail: OpenWebMail 2.52 20060502
Send the site report? (Y/n) n
Thank you.
```

(4) 使用下面的命令启动 Web 服务，以支持通过 Web 收发电子邮件。

```
[root@ CENTOS 7 openwebmail] #  service httpd start
启动 httpd: [确定]
```

2. Open WebMail 的使用

配置完 Open Webmail，在客户端的 Web 浏览器中输入下列地址即可通过 Web 方式收发电子邮件。登录界面如图 10-4 所示。

```
h ttp: //mail.jyg.com/cgi-bin/openwebmail/openwebmail.pl
```

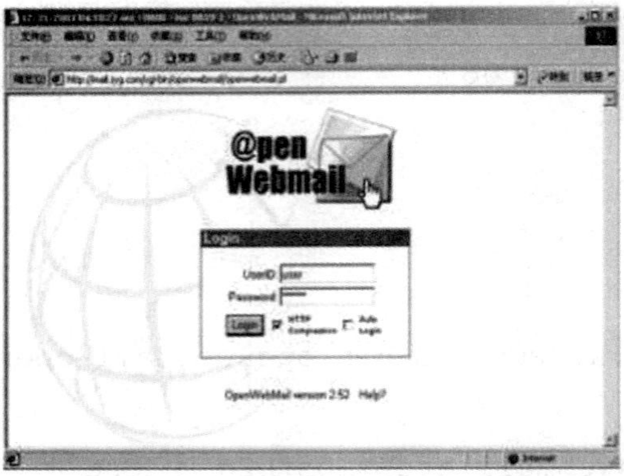

图 10-4　Open Webmail 的登录界面

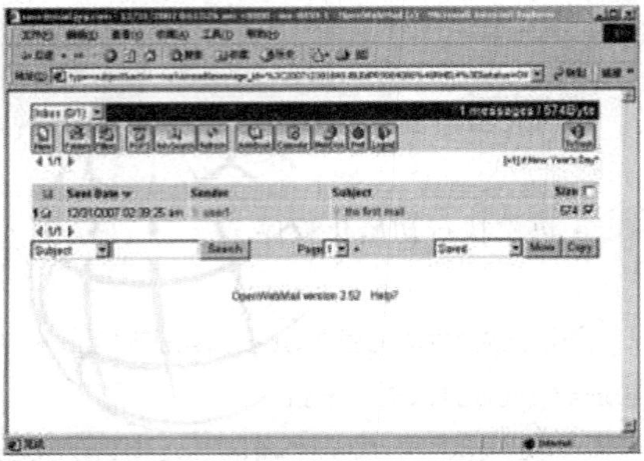

图 10-5　使用 Open Webmail

收发邮件时在 Open Webmail 的登录界面中输入 Linux 系统中的用户名和密码，系统验证无误后，即可进入 Open Webmail，如图 10-5 所示，用户就可以正常的收发电子邮件了。

三、sendmail 排错

sendmail 功能强大，但其程序代码非常庞大，配置也相对复杂，而且与 DNS 服务等组件有密切的关联，一旦某一环节出现问题，就可能导致邮件服务器的意外错误。

1. 无法定位邮件服务器

客户端使用 MUA 发送邮件时，如果收到无法找到邮件服务器的信息，表明客户端没有连接到邮件服务器，这很有可能是因为 DNS 解析失败造成的。

如果出现该问题，可以分别在客户端和 DNS 服务器分别寻找问题的原因。

（1）客户端

检查客户端配置的 DNS 服务器 IP 地址是否正确、可用，Linux 检查/etc/reslov. conf 文件，Linux 用户查看网卡的 TCP/IP 协议属性，再使用 host 命令尝试解析邮件服务器的域名。

（2）DNS 服务器

打开 DNS 服务器的 named. conf 文件，检查邮件服务器的区域配置是否完整，并查看其对应的区域文件 MX 记录。一切确认无误，重新进行测试。

2. 身份验证失败

对于开启了邮件认证的服务器，saslauthd 服务如果出现问题，未正常运行，会导致邮件服务器认证的失败，在收发邮件时，频繁提示输入用户名及密码，这时请检查 saslauthd 是否开启，排除该错误。

3. 邮箱配额限制

客户端使用 MUA 向其他用户发送邮件时，如果收到信息为“Disk quota exceeded”系统退信，则表明接受方的邮件空间已经达到磁盘配额限制。

这时，接收方必须删除垃圾邮件或者由管理员增加使用空间，才可以正常接收 E-mail。

企业实战与应用

一、企业环境

公司建立邮件服务器，统一为员工设置企业邮箱。公司业务以销售为主，员工数量为 300 人，并且办公地点不固定。员工收发邮件一般较小，大部分为产品信息及销售报表。为了减少邮件服务器负荷，提高邮件传输效率，需要有效拒绝垃圾邮件。

邮件服务器域名：mail. rainbow. com。

邮件服务器 IP 地址：192. 168. 0. 100。

二、需求分析

根据企业的情况，搭建邮件服务器的需求有以下两点。

1. 减少成本

公司员工数量较多，会占用邮件服务器大量的磁盘空间，如果不对用户邮箱容量加以限制，可能会随着邮件数据的增加，导致服务器存储空间不足，进而必须扩展磁盘容量，所以需要对邮箱进行磁盘配额限制。

2. 拒绝垃圾邮件

处理垃圾邮件会增加服务器的负担，占用邮件服务器的硬件资源，造成正常响应的延迟。而企业员工会经常出差，办公地点不固定，无法使用 access 数据库做相应的筛选，只能通过邮件的认证机制，防止垃圾邮件滥用服务器的资源。

三、解决方案

1. 配置 DNS 服务器

为了在网络中正确定位邮件服务器位置，首先为 rainbow. com 区域配置域名信息。

Step1：修改 named. conf。

添加 rainbow. com 域的相关字段，如下所示。

```
[root@ CENTOS 7~ ] # vi/etc/named.conf
Options {
Directory" /var/named";
};
zone" ." {
type hint;
file" named.ca";
```

```
};
zone" rainbow. com" {
type master;
file" rainbow. com. zone";
};
zone" 0. 168. 192. in-addr. arpa" {
type master;
file" named. 0. 168. 192";
};
```

Step2：添加区域文件

```
[root@ CENTOS 7~ ] #  vi/var/named/rainbow. com. zone
$ STTL 86400
@  IN SOA dns. rainbow. com. root {
20070928; serial
3H; refresh
15M; retry
1W; expiry
1D; minimum
IN NS dns. rainbow. com.
IN MX 10 mail. rainbow. com.
dns IN A 192. i68. 0. 100
mail IN A 192. 168. 0. 100
WWW IN A 192. 168. 1. 200
15M; retry
```

2. 修改 local-host-names 文件

```
[root@ CENTOS 7~ ] #  vi/etc/mail/local-host-names
#  local-host-names-include all aliases for your machine here.
rainbow. com
mail. rainbow. com
```

3. 设置 sendmail. cf 文件

Step1：编辑 sendmail. mc

```
divert (-1) dnl
```

```
include ('/usr/share/sendmail-cf/m4/ef.m4'') dnl
VERSIONID ('Setup for linux') dnl
OSTYPE ('linux') dnl
define ('confDEF_ USER_ ID'," 8: 12" ) dnl
define ('confDEF_ USER_ ID'," 8: 12" ) dnl
define ('confTO_ CONNECT', 'lm') dnl
define ('confTRY_ NULL_ MX_ LIST', 'True') dnl
define ('confDONT_ PROBE_ INTERFACES', 'True') dnl
define ('PROCMAIL_ MAILER_ PATH', '/usr/bin/procmail') dnl
define ('ALIAS_ FILE', '/etc/aliases') dnl
define ('STATUS_ FILE', '/var/log/mail/statistics') dnl
define ('UUCP_ MAILER_ MAX', '2000000') dnl
define ('confUSERDB_ SPEC', '/etc/mail/userdb.db') dnl
define ('confPRIVACY—FLAGS', 'authwarnings, novrfy, noexpn, re-
strictqrun') dnl
define ('confAUTH_ OPTIONS', 'A') dnl
TRUST_ AUTH_ MECH ('EXTERNAL DIGEST-MD5 CRAM-MD5 LOGIN PLAIN') dnl
define ('confAUTH_ MECHANISMS', 'EXTERNAL GSSAPI DIGEST-MD5 CRAM-
MD5 LOGIN
PLAIN')
define ('confTO_ IDENT', '0') dnl
dnl FEATURE (delay-checks) dnl
FEATURE ('no_ default_ msa', 'dnl') dnl
FEATURE ('msmrsh', '/usr/sbin/smrsh') dnl
FEATURE ('mailertable', 'hash-o/etc/mail/mailertable.db') dnl
FEATURE ( ' virtusertable ', ' hash-o/etc/mail/virtusertable.db
') dnl
FEATURE (redirect) dnl
FEATURE (always_ add_ domain) dnl,
FEATURE (use_ cw_ file) dnl
FEATURE (use_ ct_ file) dnl
FEATURE (local_ procmail, '', 'procmail-t-Y-a $ h-d $ u') dnl
FEATURE ('access_ db', hash-T< TMPF> -o/etc/mail/access.db') dnl
FEATURE ('blacklist_ recipients') dnl
EXPOSED_ USER ('root') dnl
DAEMON_ OPTIONS ('Port= smtp, Addr= 0.0.0.0, Name= MTA') dnl
DAEMON_ OPTIONS ('Port= submission, Name= MSA, M= Ea') dnl
```

```
FEATURE ('accept_ unresolvable domains') dnl
LOCAL DOMAIN ('localhost. localdomain') dnl
define ('CYRUSV2_ MAILER_ ARGS', 'FILE/var/lib/imap/socket/lmtp
')
define ('confLOCAL-MAILER', 'cyrusv2')
MAILER (smtp) dnl
```

Step2：生成 sendmail. cf

```
[root@ CENTOS 7 mail】# m4 sendmail. mc> sendmail. cf
```

4. 配置磁盘配额

Step1：修改 fstab 文件

为了方便管理，可将用户的邮件信息存放在/var/mail 目录中，建议将/Var 划分至独立的分区，然后对/var 文件系统添加磁盘配额功能。首先使用 vi 编辑器，修改/etc/fstab 文件，添加/var 的文件系统参数，如下所示。

```
/dev/VolGroup00/LogVol00/ext3 defaults  1  1
LABEL= /boot/boot ext3 defaults 1  2
devpts/dev/pts  devpts gid= 5, mode= 620  0  0
tmpfs/dev/shm tmpfs defaults  0  0
droc/proc proc defaults  0  0
sysfs/sys sysfs defaults  0  0
/dev/VolGroup00/LogVol01 swap swap defaults  0  0
LABEL= /var  /var ext 3
defaults, usrquota, grpquota 1 2
```

保存退出，重新启动机器，使操作系统按照新的参数挂载文件系统。

Step2：创建配额文件

因为存放邮件信息的/var 目录在独立的分区，所以，使用 quotacheck 命令在/var 目录下创建配额文件，如下所示。

```
[root@ CENTOS 7 maii] # cd/var
[root@ CENTOS 7 var] # quotacheck-cugm/var
[root@ CENTOS 7 varl# ls
account cache db games local mai l opt run www
aquota  group crash  empty gdm lock named  preserve spool YP
```

```
aquota.user cvs ftp  iib log nis raccoon tmp
```

Step3：设置磁盘配额

如果企业员工较多，为每个员工单独配置磁盘配额将会增加管理的难度，这里建立个简单的脚本，将所有用户的磁盘空间硬限制设置为 80MB。

```
[root@ CENTOS 7 mail] #  vi quota.sh
# ! /bin/bash
for  i  in user1 user2  user3  user4  user5  user6  user7  ①
do
setquota  -u  $ i  0 80000  0  0  /var ②
done
```

① for 循环语句 in 后面跟需要进行磁盘配额的用户名。

②setquota 能够在命令行下直接进行磁盘配额限制，格式如下所示。

Setquota -u 用户 block 软限制 block 硬限制 inode 软限制 inode 硬限制因为需要将用户使用的磁盘空间做限制为 80M，所以，只需要更改 block 硬限制即可。

5. 配置 dovecot

确认已经安装 dovecot RPM 包，为了保证客户端能够使用加密的形式接受邮件，还需要为 dovecot 添加相应的密钥和证书，启动 POP3s 或者 IMAPS 的支持。

Step1：生成私钥和自签名证书。

```
[root@ server Server] #  make-c/etc/pki/tls/certs/dovecot.pem
```

Step2：修改 dovecot.conf。

使用 vi 编辑器打开 dovecot.conf，查询 dovecot 使用的密钥和证书的位置。

```
[root@ server Server] #  vi/etc/dovecot.conf
ssl_ cert_ file= /etc/pki/tls/certs/dovecot.pem
ssl_ key_ file= /etc/pki/tls/certs/dovecot.pem
```

Step3：重启 dovecot 服务。

```
[root@ server Server] #  service dovecot restart
Stopping Dovecot  Imap：[OK]
Starting  Dovecot  Imap：[OK]
```

项目练习

1. 下列服务器软件中哪些不属于 MTA？（　　）

A. sendmail　　B. postfix

C. qmail　　D. imap

2. 下面关于邮件消息头的描述哪个是正确的？（　　）

A. 它必须包含邮件收件人地址。

B. 它由一连串的消息正文数据串组成。

C. 它包含这些信息："To""From""Subject"和"Cc"等。

D. 它包含信息，例如：宏定义和控制 sendmail 邮件收发后台程序的重写规则。

3. 下面哪个文件用于存储 sendmail 的配置？（　　）

A. mail. configuration　　B. sendmail. cf

C. sendmail. configuration　　D. CF

4. sendmail 中缺省的未发出信件的存放位置是：（　　）

A. /var/mail/　　B. /var/spool/mail/

C. /var/spool/mqueue/　　D. /var/mail/deliver/

5. 在哪个文件中保存了 sendmail 的别名？（　　）

A. /etc/aliases　　B. /etc/mailaliases

C. /etc/sendmail. aliases　　D. /etc/sendmail/aliases

6. 以下（　　）协议用来将电子邮件下载到客户机。

A. SMTP　　B. IMAP4

C. POP3　　D. MIME

7. 要转换宏文件 sendmail. mc 为 sendmail. cf，需要使用命令（　　）

A. makemap　　B. m4

C. access　　D. macro

8. 用来控制 sendmail 服务器邮件中继的文件是（　　）

A. sendmail. mc　　B. sendmail. cf

C. sendmail. conf　　D. access. db

9. 要使 Open Webmail 正常工作，需要以下（　　）服务的支持。

A. HTTP　　B. FTP

C. DHCP　　D. DNS

项目十一 配置防火墙与代理服务器

项目描述

某高校组建了学校的校园网，并且已经架设了 Web、FTP、DNS、DHCP、Mail 等功能的服务器来为校园网用户提供服务，现有如下问题需要解决：

（1）需要架设防火墙以实现校园网的安全。

（2）需要将子网连接在一起构成整个校园网。

（3）由于校园网使用的是私有地址，需要进行网络地址转换，使校园网中的用户能够访问互联网。该项目实际上是由 Linux 的防火墙与代理服务器 iptables 和 squid 来完成的，通过该角色部署 iptables、NAT 和代理服务器，能够解决上述问题。

能力目标

- 了解防火墙的分类及工作原理
- 了解 NAT
- 掌握 iptables 防火墙的配置
- 掌握利用 iptables 实现 NAT
- 掌握 squid 代理服务器的配置
- 实现透明代理

相关知识

一、防火墙的分类

防火墙一般分为两类，一类是包过滤型防火墙，一类是代理服务器型防火墙。

1. 包过滤型防火墙（packet filter）

包过滤型防火墙内置于 Linux 系统的内核。它和人们日常生活中门卫的作用有点类似。

门卫把守着企业大门，根据上级的指示允许或拒绝某些人员出入。包过滤型防火墙技术也是采用一个“门卫”（软件）查看所流经的数据包的包头，由此决定整个数据包的命运。包过滤型防火墙技术是在网络层或传输层对经过的数据包进行筛选，筛选的依据是系统内设置的过滤规则，被称为访问控制列表（ACL）。通过检查数据流中每个数据包的源地址、目的地址、所有的协议、端口号等元素，或它们的组合来决定是否允许该数据包通过。它可能会决定丢弃（drop）这个数据包，也可能会接受（accept）这个数据包。如图 11-1 所示是包过滤型防火墙常用的一种模式，主要用来阻隔来自外网对内部网络的威胁。

包过滤型防火墙有两种基本的默认访问控制策略：一种是先禁止所有的数据包通过，再根据需要允许满足匹配规则的数据包通过；一种是先允许所有的数据包通过，再根据要拒绝满足匹配规则的数据包通过。原则上，第一种方法比较简单，但是对于不熟悉 TCP/IP 的用户，可能会导致其他的一些困扰。

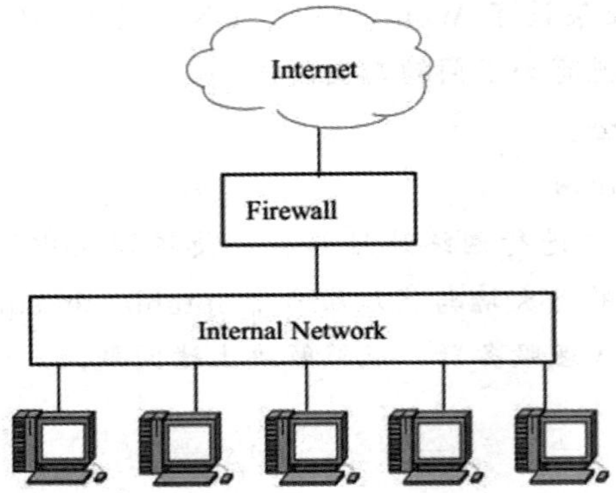

图 11-1　包过滤型防火墙示意图

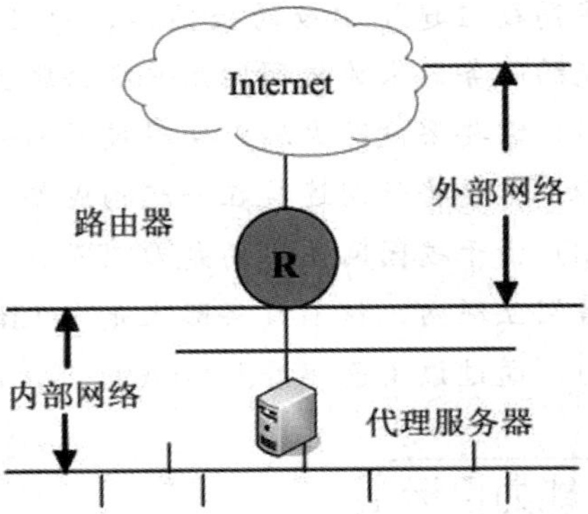

图 11-2　代理服务器型防火墙示意图

2. 代理服务器型防火墙

代理服务器实际上是运行在防火墙上的一种服务器程序，代理服务器型防火墙通常具备两个网络接口。服务器监听客户机的请求，如申请浏览网页等。当内网的客户机请求与外网的真实服务器连接时，客户端首先连接代理服务器，再由代理服务器与外网真实的服务器建立连接，获取客户想要的信息，代理服务器再把信息返回给客户。此处的代理服务器是一个中间点，类似于日常生活中的中介，内网的客户机并不直接和外网的主机建立连接，这是代理服务器型防火墙和包过滤型防火墙的本质差别。代理服务器型防火墙中数据的流通完全依赖于代理服务器所能代理的服务，因此透明性较差。

在使用代理服务器上网时需要在客户端做相应的设置，例如使用 Win Proxy 代理服务器时，需要在客户端的浏览器中进行相应的配置。一种代理服务器软件通常只能代理一种或几种服务，因此往往要在服务器上安装多个代理服务器软件。代理服务器型防火墙的优点是可以彻底地隔离内外部网络，安全性较好，但透明性较差。

二、防火墙的工作原理

1. 包过滤型防火墙工作原理

如图 11-3 所示，包过滤型防火墙都有一个包检查模块，该模块在操作系统或路由器转发包之前将拦截所有的数据包，并对其进行验证，查看是否满足过滤规则。它的具体工作过程如下：

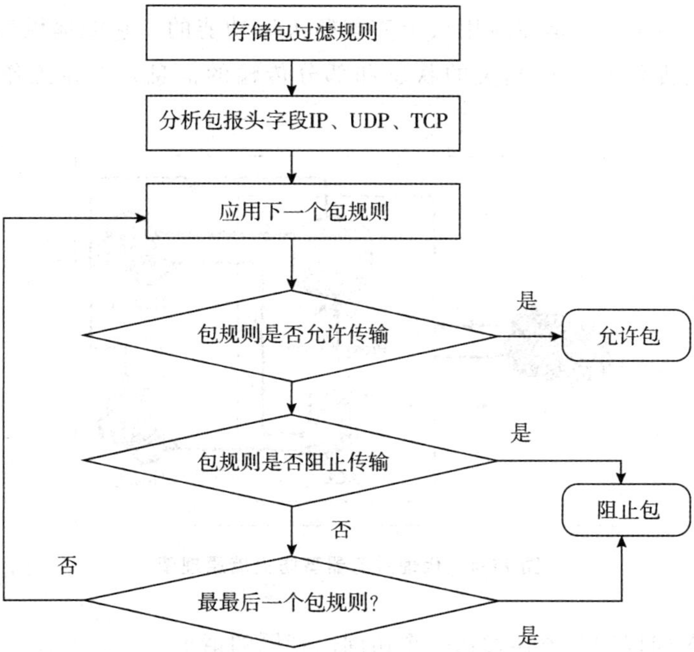

图 11-3　包过滤型防火墙原理图

（1）数据包从外网传送给防火墙后，防火墙在 IP 层向 TCP 层传输数据前，将数据包转发给包检查模块进行处理。

（2）首先与第一条过滤规则进行比较。

（3）如果与第一条规则匹配，则进行审核，判断是否允许传输该数据包，如果允许则传输，否则查看该规则是否阻止该数据包通过，如果阻止则将该数据包丢弃。

（4）如果与第一条过滤规则不同，则查看是否还有下一条规则。如果有，则与下一条规则匹配，如果匹配成功，则进行与（3）相同的审核过程。

（5）依此类推，一条一条规则匹配，直到最后一条过滤规则。如果该数据包与所有的过滤规则均不匹配，则采用防火墙的默认访问控制策略策略（丢掉该数据包，或允许该数据包通过）。

包过滤规则并不检查数据包中的所有内容，通常只检查下列几项：

- 源 IP 地址、目标 IP 地址

· TCP 和 UDP 的源端口号、目的端口号
· 协议类型
· ICMP 消息类型
· TCP 报头中的 ACK 位、序列号、确认号
· IP 校验和

2. 代理服务器型防火墙工作原理

代理服务器型防火墙是在应用层上实现防火墙功能的，它能提供部分与传输有关的状态，能完全提供与应用相关的状态和部分传输的信息，具体工作原理如图 11-4 所示。

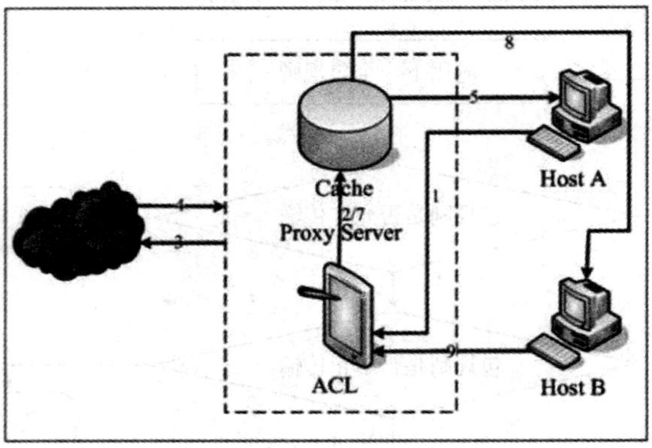

图 11-4 代理服务器型防火墙原理图

(1) 主机 A 向代理服务器发送一个访问因特网的请求。

(2) 代理服务器检测 ACL（访问列表）中的设置。

(3) 如果主机 A 所需要的信息已经存在，代理服务器直接将其发送给主机 A。否则，服务器代替主机 A 访问因特网。

(4) 因特网将主机 A 所需要的信息发送给代理服务器，这些信息被保存在缓存中。

(5) 代理服务器这些信息发送给主机 A。

(6) 主机 B 向代理服务器发送一个访问同样信息的请求。

(7) 代理服务器将检测 ACL（访问列表）中的设置。

(8) 服务器直接将已保存的信息发送给主机 B。

注意： 外部主机访问内部主机的过程是一样的。

三、netfilter/iptables 架构

从 1.1 内核开始，Linux 就已经具有包过滤功能了，随着 Linux 内核版本的不断升级，Linux 下的包过滤系统经历了如下 3 个阶段：

· 在 2.0 内核中，采用 ipfwadm 来操作内核包过滤规则。

· 在 2.2 内核中，采用 ipchains 来控制内核包过滤规则。

· 在 2.4 内核中，采用了一个全新的内核包过滤管理工具——iptables。

netfilter/iptables 最早是与 2.4 内核版本的 Linux 系统集成的 IP 信息包过滤系统。它与 ipfwadm 和 ipchains 相比，使用户更易于理解其工作原理，更容易使用，也具有更强大的功能。netfilter/iptables 由 netfilter 和 iptables 两个组件组成。

1. netfilter 组件（内核空间）

netfilter 组件称为内核空间，它集成在 Linux 的内核中。netfilter 是一种内核中用于扩展各种网络服务的结构化底层框架。netfilter 的设计思想是生成一个模块结构使之能够比较容易的扩展。新的特性加入到内核中并不需要重新启动内核。这样，可以通过简单地构造一个内核模块来实现网络新特性的扩展，给底层的网络特性扩展带来了极大的便利，使更多从事网络底层研发的开发人员能够集中精力实现新的网络特性。

netfilter 主要由信息包过滤表（tables）组成，包含了控制 IP 包处理的规则集(rules)。

根据规则所处理的 IP 包的类型，规则被分组放在链（chain）中，从而使内核对来自某些源、前往某些目的地或具有某些协议类型的信息包处置方法，如完成信息包的处理、控制和过滤等工作。图 11-5 显示了 netfilter 的总体结构。netfilter 中的表由若干个链组成，而每条链中可以由一条或者多条规则组成。可以这样理解，netfilter 是表的容器，表是链的容器，而链又是规则的容器。

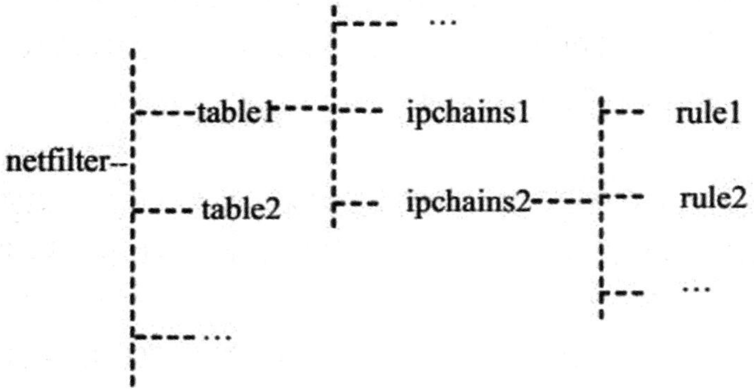

图 11-5　netfilter 的总体结构

(1) 规则（rules）

规则存储在内核空间的信息包过滤表中，这些规则分别指定了源 IP 地址、目的 IP 地址、传输协议、服务类型等。当数据包与规则匹配时，就根据规则所定义的方法来处理这些数据包，如接受（accept)、丢弃（drop）等。

（2）链（ipchans）

链是数据包传播的路径，每一条链其实就是众多规则中的一个检查清单，每一条链中可以有一条或数条规则。当数据包到达一条链时，会从链中第一条规则开始检查，看该数据包是否满足规则所定义的条件，如果满足，系统就会根据该条规则所定义的方法处理该数据包，否则将继续检查下一条规则。如果该数据包不符合链中任何一条规则，会根据该链预先定义的默认策略处理数据包。

（3）表（tables）

netfilter 中内置有 3 张表：filter 表，nat 表和 mangle 表。其中 filter 表用于实现数据包的过滤、nat 表用于网络地址转换、mangle 表用于包的重构。

- filter 表

filter 表主要用于数据包的过滤，该表根据系统管理员预定义的一组规则过滤符合条件的数据包。对于防火墙而言，主要利用在 filter 表中指定一系列规则来实现对数据包的过滤操作。filter 表是 iptables 默认的表，如果没有指定使用哪个表，iptables 就默认使用 filter 表来执行所有的命令。filter 表包含了 INPUT 链（处理进入的数据包）、FORWARD 链（处理转发的数据包）和 OUTPUT 链（处理本地生成的数据包）。在 filter 表中只允许对数据包进行接受、丢弃的操作，而无法对数据包进行更改。

- nat 表

nat 表主要用于网络地址转换，该表可以实现一对一、一对多和多对多的网络地址转换工作。iptables 使用该表实现共享上网功能。nat 表包含了 PREROUTIN 链（修改即将到来的数据包）、OUTPUT 链（修改在路由之前本地生成的数据包）和 POSTROUTING 链（修改即将出去的数据包）。

- mangle 表

mangle 表主要用于对指定的包进行修改，因为某些特殊应用可能需要修改数据包的传输特性，例如修改数据包的 TTL、TOS 和 MARK，不过在实际应用中该表的使用率不高。

在 Linux2.4.18 内核之前，mangle 表仅包含 PREROUTING 链和 OUTPUT 链。在 Linux2.4.18 内核之后，包括 PREROUTING、INPUT、FORWARD、OUTPUT 和 POSTROUTING 五个链。

2. iptables 组件（用户空间）

iptables 组件是一个简洁强大的工具，它也被称为用户空间，用户通过它来插入、删除和修改规则链中的规则，这些规则告诉内核中的 netfilter 组件如何去处理信息包。iptables 和 ipchains 非常相似，可以通过 iptables 控制防火墙和信息包过滤，根据自己的安全需要来定制各种规则。

3. iptables 传输数据包的过程

iptables 传输数据包的过程如图 11-6 所示。

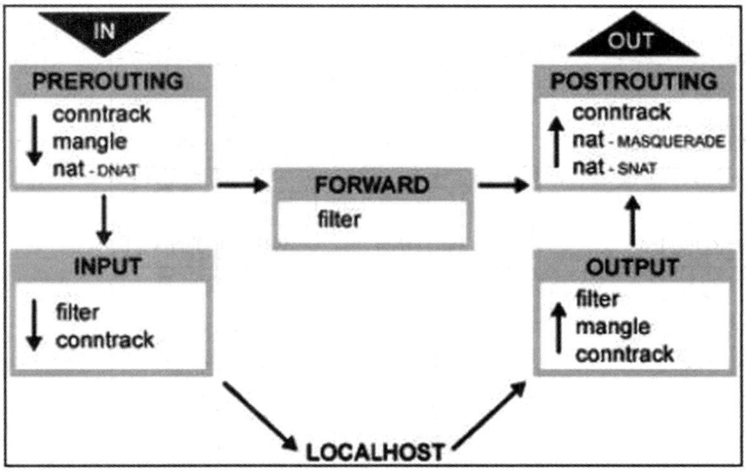

图 11-6　iptables 传输数据包的过程

（1）当数据包进入 iptables 服务器时，数据包首先进入 PREROUTING 链，内核根据数据包的源和目的 IP 地址进行路由选择。如果数据包的目的地址是本机则进入（2），如果数据包的源和目的 IP 都不是本机则进入（3）。

（2）如果数据包的目的 IP 地址是本机（即进入的数据包），则数据包就会沿着图 11-6 向下移动到达 INPUT 链。INPUT 链根据链中的规则对该数据包进行规则匹配并采取相应的动作。当 INPUT 链对数据包处理完成后，如果允许数据包通过，则本地进程就会收到它，本机进程将数据包的应答信息通过 OUTPUT 链处理之后，经 POSTROUTING 链输出。

（3）如果数据包的源和目的 IP 地址都不是本机，则数据包是要进行路由转发的。如果内核允许路由转发，数据包沿图 11-6 所示向右移动到达 FORWARD 链。FORWARD 链根据链中的规则对该数据包进行规则匹配并采取相应的动作。当 FORWARD 链允许对该数据包进行路由转发时，数据包会经 POSTROUTING 链输出。

数据包在各个表之间穿越的具体流程图如图 11-7 所示。

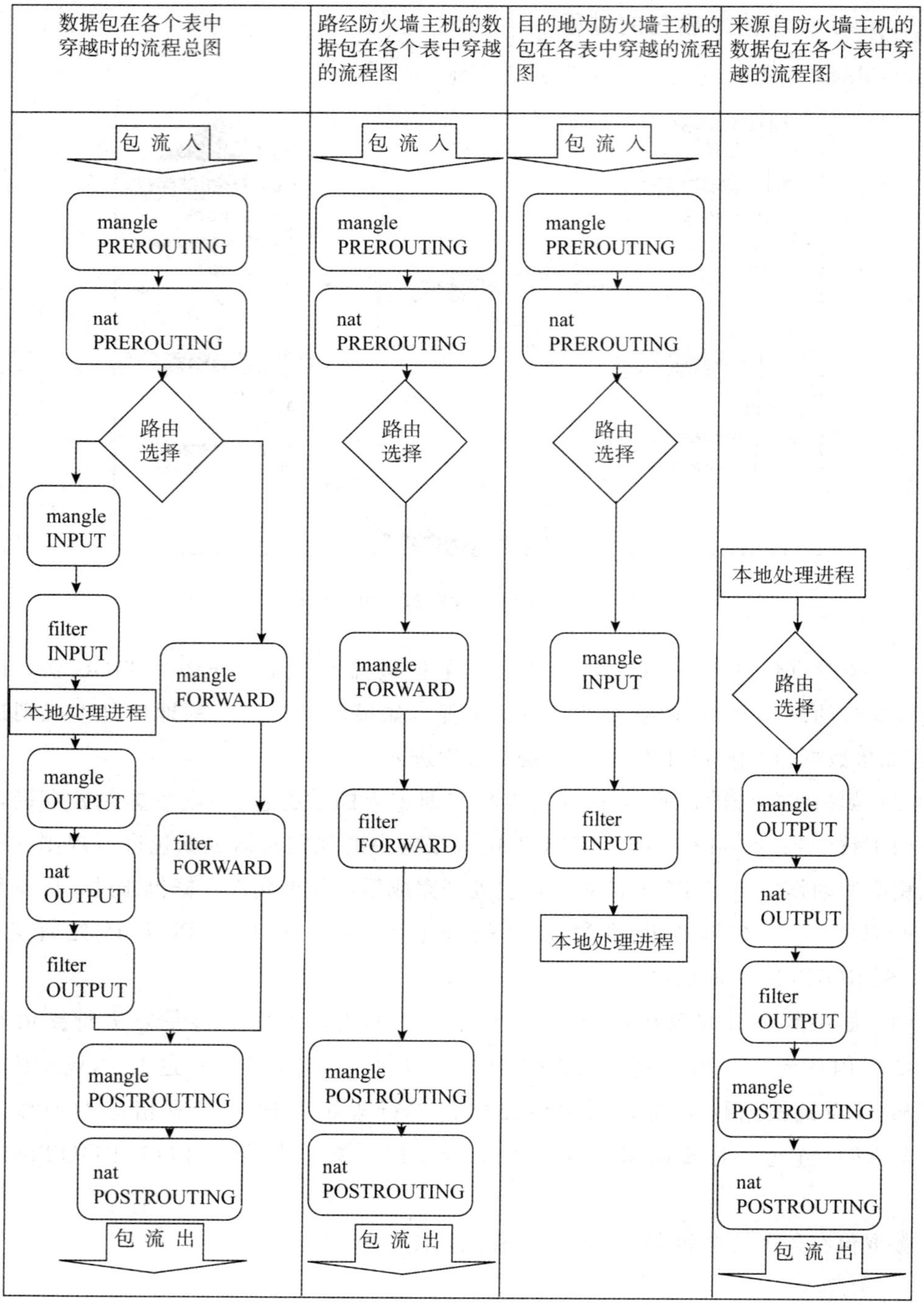

图 11-7 数据包在 iptables 各表中的穿越流程图

另外，为了完成转发功能，必须打开系统内核的路由转发功能，使 Linux 系统具备路由转发功能。可以使用下面两种方法：

1. 修改内核变量 ip _ forward

[root@CENTOS 7 ～] ＃echo" 1" >/proc/sys/net/ipv4/ip _ forward

2. 修改/etc/sysctl. conf 文件使" net. ipv4. ip _ forward" 的值设置为 1

四、NAT 的基本知识

网络地址转换器 NAT（network address translator）位于使用专用地址的 Intranet 和使用公用地址的 Internet 之间，主要具有以下几种功能。

（1）从 Intranet 传出的数据包由 NAT 将它们的专用地址转换为公用地址。

（2）从 Internet 传入的数据包由 NAT 将它们的公用地址转换为专用地址。

（3）支持多重服务器和负载均衡。

（4）实现透明代理

这样在内网中计算机使用未注册的专用 IP 地址，而在与外部网络通信时使用注册的公用 IP 地址，大大降低了连接成本。同时 NAT 也起到将内部网络隐藏起来，保护内部网络的作用，因为对外部用户来说只有使用公用 IP 地址的 NAT 是可见的，类似于防火墙的安全措施。

1. NAT 的工作过程

（1）客户机将数据包发给运行 NAT 的计算机。

（2）NAT 将数据包中的端口号和专用的 IP 地址换成它自己的端口号和公用的 IP 地址，然后将数据包发给外部网络的目的主机，同时记录一个跟踪信息在映像表中，以便向客户机发送回答信息。

（3）外部网络发送回答信息给 NAT。

（4）NAT 将所收到的数据包的端口号和公用 IP 地址转换为客户机的端口号和内部网络使用的专用 IP 地址并转发给客户机。

以上步骤对于网络内部的主机和网络外部的主机都是透明的，对他们来讲就如同直接通信一样。如图 11-8 所示。

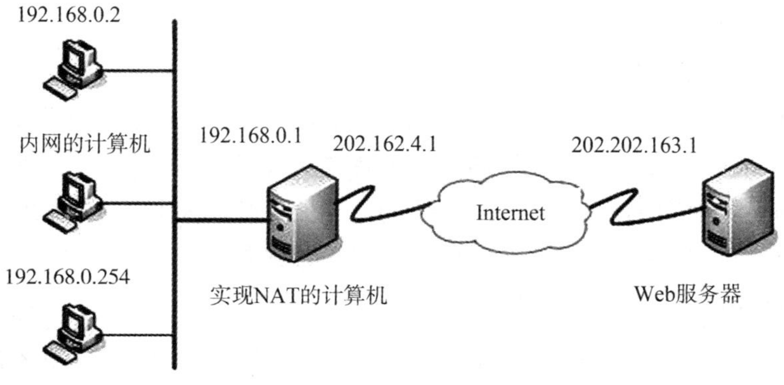

图 11-8　NAT 的工作过程

工程案例：

（1）192.168.0.2用户使用 Web 浏览器连接到位于 202.202.163.1 的 Web 服务器，则用户计算机将创建带有下列信息的 IP 数据包：

目标 IP 地址：202.202.163.1

源 IP 地址：192.168.0.2

目标端口：TCP 端口 80

源端口：TCP 端口 1350

（2）IP 数据包转发到运行 NAT 的计算机上，它将传出的数据包地址转换成下面的形式：

目标 IP 地址：202.202.163.1

源 IP 地址：202.162.4.1

目标端口：TCP 端口 80

源端口：TCP 端口 2500

（3）NAT 协议在表中保留了｛192.168.0.2，TCP 1350｝到｛202.162.4.1，TCP 2500｝的映射，以便回传。

（4）转发的 IP 数据包是通过 Internet 发送的。Web 服务器响应通过 NAT 协议发回和接收。当接收时，数据包包含下面的公用地址信息：

目标 IP 地址：202.162.4.1

源 IP 地址：202.202.163.1

目标端口：TCP 端口 2500

源端口：TCP 端口 80

（5）NAT 协议检查转换表，将公用地址映射到专用地址，并将数据包转发给位于 192.168.0.2 的计算机。转发的数据包包含以下地址信息：

目标 IP 地址：192.168.0.2

源 IP 地址：202.202.163.1

目标端口：TCP 端口 1350

源端口：TCP 端口 80

对于来自 NAT 协议的传出数据包，源 IP 地址（专用地址）被映射到 ISP 分配的地址（公用地址），并且 TCP/UDP 端口号也会被映射到不同的 TCP/UDP 端口号。

对于到 NAT 协议的传入数据包，目标 IP 地址（公用地址）被映射到源 Internet 地址（专用地址），并且 TCP/UDP 端口号被重新映射回源 TCP/UDP 端口号。

2. NAT 的分类

（1）源 NAT（Source NAT，SNAT）。SNAT 指修改第一个包的源 IP 地址。SNAT 会在包送出之前的最后一刻做好 Post-Routing 的动作。Linux 中的 IP 伪装（MASQUERADE）就是 SNAT 的一种特殊形式。

（2）目的 NAT（Destination NAT，DNAT）。DNAT 是指修改第一个包的目的 IP

地址。

DNAT 总是在包进入后立刻进行 Pre-Routing 动作。端口转发、负载均衡和透明代理均属于 DNAT。

项目设计与准备

一、项目设计

网络建立初期，人们只考虑如何实现通信而忽略了网络的安全。而防火墙可以使企业内部局域网与 Internet 之间或者与其他外部网络互相隔离、限制网络互访来保护内部网络。

大量拥有内部地址的机器组成了企业内部网，那么如何连接内部网与 Internet？代理服务器将是很好的选择，它能够解决内部网访问 Internet 的问题并提供访问的优化和控制功能。

本项目设计在安装有企业版 Linux 网络操作系统的服务器上安装 iptabels 和 squid。

二、项目准备

部署电子邮件服务应满足下列需求：

(1) 安装好的企业版 Linux 网络操作系统，并且必须保证常用服务正常工作。客户端使用 Linux 或 Linux 网络操作系统。服务器和客户端能够通过网络进行通信。

(2) 或者利用虚拟机进行网络环境的设置。

项目实施

任务一　认识 iptables 命令

一个 iptables 命令基本包含五个部分。

(1) 希望工作在哪张表上。

(2) 希望使用该表的哪个链。

(3) 进行的操作（插入、添加、删除、修改等）。

(4) 匹配数据报的条件。

(5) 对特定规则的目标动作。

例如，希望在 filter 表中的 INPUT 链中添加一条规则，允许所有的主机连接本地 SMTP 端口的命令为：

```
[root@ CENTOS 7~ ] # iptables-t filter-A INPUT-p tcp--dport 25-j AC-
CEPT
```

iptables 命令格式为：

```
iptables [-t 表名] -命令 [链名] 匹配条件目标动作
```

注意： iptables 命令的所有参数和选项都区分大小写。例如-I 代表插入，而-i 代表网络接口。

表名用于指定应用于哪个 iptables 表，iptables 内置了 filter、nat 和 mangle 三张表，用户也可以自定义表名。如果没有用-t 参数指定表名，则默认为 filter 表。

一、iptables 命令中的常用操作命令

表 11-1 列出了 iptables 的常用操作命令。

表 11-1 iptables 的常用操作命令

命令	说明
-p 或--policy＜链名＞	定义默认策略
-L 或--list [链名]	查看 iptables 规则列表，如果不指定链，则列出所有链中的所有规则
-A 或--appeng＜链名＞	在规则列表的最后增加一条规则
-I 或--insert＜链名＞	在指定的链中插入一条规则
-D 或--delete＜链名＞	从规则列表中删除一条规则
-R 或--replace＜链名＞	替换规则列表中的某条规则
-F 或--flush [链名]	清除指定链和表中的所有规则。如果不指定链，则所有链都被清空
—Z 或--zero [链名]	将表中数据包计数器和流量计数器归零
-N 或--new-chain＜链名＞	创建一个用户自定义的链
-X 或--delete-chaing [链名]	删除链
-C 或--check＜链名＞	检查给定的包是否与指定链的规则相匹配
-E 或--rename-chain＜旧链名＞＜新链名＞	更改用户自定义的链的名称
-h	显示帮助信息。

二、iptables 命令中的常见规则匹配

表 11-2 列出了 iptables 命令中的常见规则匹配。

表 11-2　iptabl es 的常见规则匹配

匹配条件	说明
-i 或--in-interface＜网络接口＞	指定数据包从哪个网络接口进入，如 eth.，eth1 或 ppp0 等
-o 或--out-interface＜网络接口＞	指定数据包从哪个网络接口输出，如 etho，eth1 或 ppp0 等
-p 或--protocol [!] ＜协议类型＞	指定数据包匹配的协议，如 tep、udp 和 icmp 等。! 表示除去该协议之外的其他协议
-s 或--source [!] address [/mask]	指定数据包匹配的源 IP 地址或子网。! 表示除去该 IP 地址或子网
—d 或--destination [!] address [/mask]	指定数据包匹配的目的 IP 地址或子网。! 表示除去该 IP 地址或子网
--sport [!] port [：port]	指定匹配的源端口或端口范围
--dport [!] port [：port]	指定匹配的目标端口或端口范围

更多的匹配条件可以利用 man 命令列出 iptables 命令的使用说明手册进行查看。命令如下所示：

```
[root@ CENTOS 7~ ] # man iptables
```

三、目标动作选项

目标动作用于指定数据包与规则匹配时，应该做什么操作，如接受、丢弃等。如表 11-3 所示。

表 11-3　目标动作选项

匹配条件	说明
ACCEPT	接受数据包
DROP	丢弃数据包
REDIRECT	将数据包重定向到本机或另一台主机的某个端口，通常用于实现透明代理或对外开放内网的某些服务
SNAT	源地址转换，即改变数据包的源 IP 地址

续表

匹配条件	说明
DNAT	目标地址转换，即改变数据包的目的 IP 地址
MASQUERADE	IP 伪装，即 NAT。MASQUERADE 只用于 ADSL 拨号上网的 IP 伪装。如果主机的 IP 地址静态的，则应使用 SNAT
LOG	日志功能。将符合规则的数据包的相关信息记录在日志中以便管理员进行分析和排错

四、制定永久性规则

利用 iptables 配置的规则集只对本次登录有效。iptables 提供了两个命令分别用于保存和恢复规则集。可以使用下面的命令转储在内存中的规则集。

```
[root@ CENTOS 7~ ] # iptables-save> /etc/sysconfig/iptables
```

这样在下次启动机器时，直接利用下面的命令恢复规则库就可以了。

```
[root@ CENTOS 7~ ] # iptables-restore< /etc/sysconfig/iptables
```

其中，/etc/sysconfig/iptables 是 iptables 守护进程调用的默认规则集文件。

五、iptables 命令使用举例

【例 11-1】清除所有链中的规则。

```
[root@ CENTOS 7~ ] # iptables-F
```

【例 11-2】设置 filter 表中 3 个链的默认配置策略为拒绝。

```
[root@ CENTOS 7~ ] # iptables-P INPUT DROP
[root@ CENTOS 7~ ] # iptables-P OUTPUT DROP
[root@ CENTOS 7~ ] # iptables-P FORWARD DROP
```

【例 11-3】查看所有链的规则列表。

```
[root@ CENTOS 7~ ] # iptables-L
```

【例 11-4】添加一个用户自定义的链 custom。

```
[root@ CENTOS 7~ ] # iptables-N custom
```

【例 11-5】向 filter 表的 INPUT 链的最后添加一条规则，对来自 192.168.1.1 这台主机的数据包丢弃。

```
[root@ CENTOS 7~ ] # iptables-A INPUT-s 192.168.1.1-j DROP
```

【例 11-6】向 filter 表中的 INPUT 链的第 3 条规则前面插入一条规则，允许来自于非 192.168.3.0/24 网段的主机对本机的 25 端口的访问。

```
[root@ CENTOS 7~ ] # iptables-I INPUT 3-s! 192.168.3.0/24-p tcp--dport 25-j ACCEPT
```

【例 11-7】向 filter 表的 INPUT 链中添加一条规则，拒绝外界主机访问本机 tcp 协议的 100 至 1024 端口。

```
[root@ CENTOS 7~ ] # iptables-A INPUT-p tcp--dport 100: 1024-j DROP
```

【例 11-8】向 filter 表的 INPUT 链中添加一条规则，拒绝来自其他主机的 ping 请求。

```
[root@ CENTOS 7~ ] # iptables-A INPUT-p icmp--icmp-type 8-j DROP
```

【例 11-9】假设某单位租用 DDN 专线上网。网络拓扑如图 11-9 所示。iptables 防火墙的 eth0 接口连接外网，IP 地址为 222.206.160.100；eth1 接口连接内网，IP 地址为 192.168.1.1。

假设在内网中存在 WEB、DNS 和 E-mail 三台服务器，这三台服务器都有公有 IP 地址，其 IP 地址如图所示。设置防火墙规则加强对内网服务器的保护，并允许外网的用户可以访问此三台服务器。

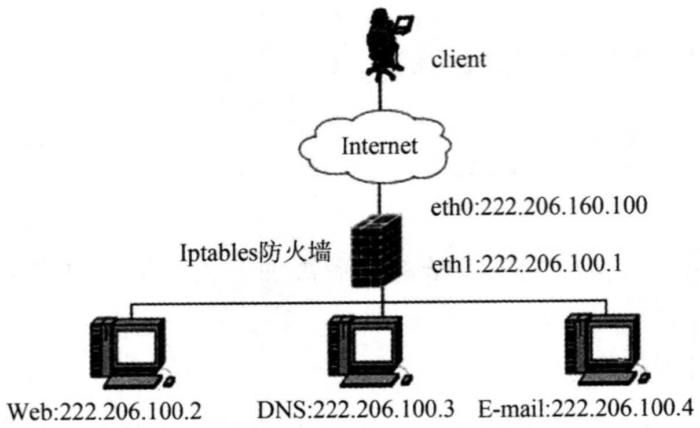

图 11-9　iptables 实例图示

下面的实施方案主要是对内网的服务器进行保护，步骤如下：

1. 清空所有的链规则

```
[root@ CENTOS 7~ ] # iptables-F
```

2. 禁止 iptables 防火墙转发任何数据包

```
[root@ CENTOS 7~ ] # iptables-P FORWARD DROP
```

3. 建立来自 Internet 网络的数据包的过滤规则

```
# iptables-A FORWARD-p tcp-d 222.206.100.2-p tcp--dport 80-i eth0-j ACCEPT
# iptables-A FORWARD-p tcp-d 222.206.100.3-p tcp--dport 53-i eth0-j ACCEPT
# iptables-A FORWARD-p tcp-d 222.206.100.4-p tcp--dport 25-i eth0-j ACCEPT
# iptables -A FORWARD-p tcp-d 222.206.100.4 -p tcp--dport 110-i eth0-j ACCEPT
```

4. 接受来自内网的数据包通过

```
[root@ CENTOS 7~ ] # iptables-A FORWARD-s 222.206.100.0/24-j ACCEPT
```

5. 对于所有的 ICMP 数据包进行限制，允许每秒通过一个数据包，该限制的触发

条件是 10 个包

```
[root@ CENTOS 7~ ] # iptables-A FORWARD-p icmp-m limit--limit 1/s--limit-burst 10-j ACCEPT
```

任务二　使用 iptables 实现 NAT

一、认识 iptables 中的 NAT 工作过程

用户使用 iptables 命令设置 NAT 规则，这些规则都存储在 nat 表中。设置的这些规则都具有目标动作，它们告诉内核对特定的数据包做什么操作。根据规则所处理的信息包类型，可以将规则分组存放在链中。

- 要做源 IP 地址转换的数据包的规则被添加到 POSTROUTING 链中。
- 要做目的 IP 地址转换的数据包的规则被添加到 PREROUTING 链中。
- 直接从本地出去的数据包的规则被添加到 OUTPUT 链中。

NAT 工作要经过以下的步骤，如图 11-10 所示。

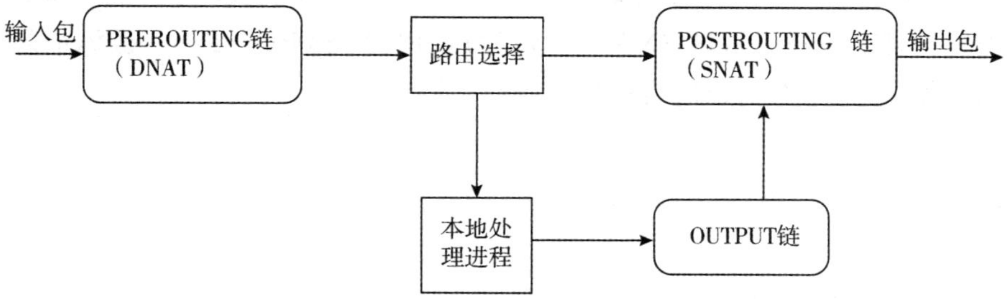

图 11-10　数据包穿越 NAT 的流程图

- DNAT。若包是被送往 PREROUTING 链的，并且匹配了规则，则执行 DNAT 或 REDIRECT 目标。为了使数据包得到正确的路由，必须在路由之前进行 DNAT。
- 路由。内核检查信息包的头信息，尤其是信息包的目的地。
- 处理本地进程产生的包。对 nat 表 OUTPUT 链中的规则进行规则匹配，对匹配的包执行目标动作。
- SNAT。若包是被送往 POSTROUTING 链的，并且匹配了规则，则执行 SNAT（公网 IP 地址为静态获得的）或 MASQUERADE（公网 IP 地址为从 ISP 处动态分配）目标。系统在决定了数据包的路由之后才执行该链中的规则。

二、使用 iptables 实现 NAT

下面的设置过程将结合具体的实例进行讲解。

【例 11-10】假设某企业网中 NAT 服务器安装了双网卡，eth0 连接外网，eth1 连接内网，IP 地址为 192.168.0.1。企业内部网络的客户机都只有私有 IP 地址。利用 NAT 服务使企业内部网络的计算机能够连接 Internet 网络。

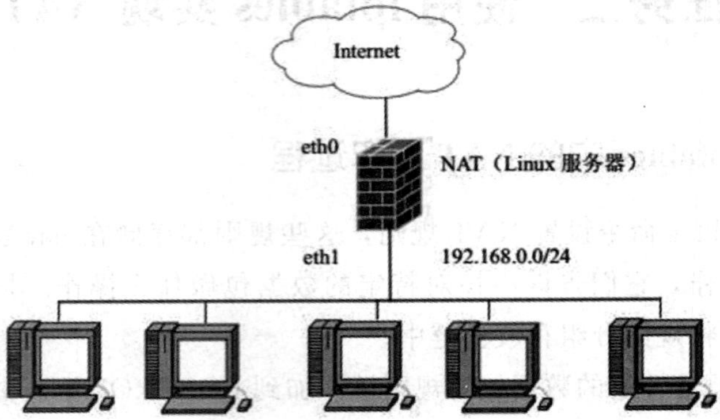

图 11-11　例 11-10NAT 服务网络拓扑图

（1）假设 eth0 的 IP 地址是静分的。公网 IP 地址为 222.206.160.100-222.206.160.150。

根据题目要求可知应该做 SNAT。所以应该向 POSTROUTING 链添加规则。此时 iptables 命令的-j 参数的语法格式为：

```
-jSNAT--to-source/--toIP1 [-IP2]: [port1] [-port2] ]
```

NAT 的配置步骤如下：

打开 Linux 的内核转发功能。

```
[root@ CENTOS7~ ] # echo" 1" > /proc/sys/net/ipv4/ip_ forward
```

实现 SNAT。

```
[root@ CENTOS7~ ] # iptables-t nat-A POSTROUTING-p tcp-o eth0-j SNAT
--to 222.206.160.100-222.206.160.150: 1025: 30000
```

上述命令中的--to 参数用于指定一个可用的公网 IP 地址或 IP 地址池及端口号（只能用于 TCP 和 UDP 协议）。--to 参数选项和--to-source 参数选项的作用一样。

（2）假设连接外网的接口是利用 ADSL 拨号连接的 ppp0。

根据题目要求可知应该做 IP 伪装。所以应该向 POSTROUTING 链添加规则。此时 iptables 命令的-j 参数的语法格式为：

```
-jMASQUERADE
```

NAT 的配置步骤如下：

打开 Linux 的内核转发功能。

```
[root@ CENTOS 7~ ] # echo "1" > /proc/sys/net/ipv4/ip_ forward
```

实现 IP 伪装。在 nat 表的 POSTROUTING 链中添加一条规则，用于实现 NAT 。

```
[root@ CENTOS 7~ ] # iptables-t nat-A POSTROUTING-o ppp0-j MASQUER-
ADE
```

在利用 IP 伪装实现 NAT 服务时，如果内网中的两个主机使用相同的端口号访问外网的同一个 Web 服务器时，NAT 服务器在将两个内网 IP 地址转换为 ppp0 处的 IP 地址后，会自动将两个主机的端口号映射为不同的端口号加以区分。

【例 11-11】假设某企业网中 NAT 服务器安装了双网卡，eth0 连接外网，IP 地址为 222.206.160.100。eth1 连接内网，IP 地址为 192.168.0.1，企业内部网络 Web 服务器的 IP 地址为 192.168.1.2。要求当 Internet 网络中的用户在浏览器中输入 http：//222.206.160.100 时可以访问到内网的 Web 服务器。

根据题目要求可知应该做 DNAT，所以应该向 PREROUTING 链添加规则。此时 iptables 命令的-j 参数的语法格式为：

```
-jDNAT--to-destination/--toIP1 [-IP2]: [port1] [-port2] ]
```

实现 DNAT 的配置语句为：

```
[root @ CENTOS 7 ~ ] # iptables-t nat-A PREROUTING-p tcp-d
222.206.160.100--dport 80-j DNAT
--to 192.168.1.2: 80
```

或者：

```
[root@ CENTOS 7~ ] # iptables-t nat-A PREROUTING-p tcp-i eth0--dport
80-j DNAT
--to 192.168.1.2: 80
```

任务三　认识 squid 代理服务器

代理服务是指由一台拥有公有 IP 地址的机器代替若干没有公有 IP 地址的机器和 Internet 上的其他主机打交道，提供代理服务的这台机器称为代理服务器。拥有私有 IP 地址的机器想连接到 Internet 上时，先把这个请求发给拥有公有 IP 地址的代理服务器，由代理服务器把这个请求通过它的标准 IP 地址发到请求的目的地址。然后目标地址的服务器把返回的结果发回给代理服务器，代理服务器再原封不动的把资料发给内部主机。若干拥有内部地址的机器就组成了内部网，代理服务器的作用就是沟通内部网和 Internet，解决内部网访问 Internet 的问题。这种代理是不可逆的，Internet 上的主机不能访问任何一台拥有内部地址的机器，这样又可以保障内部资料的安全性。

代理软件的一个优点是它能够检验除了数据包之外的许多东西。Squid 对数据包的有效载荷进行检验，也就是穿越防火墙的数据包中 TCP（或者 UDP）部分所占分量。根据数据包报头（数据包中的 IP 部分）和数据包有效载荷（TCP 部分）的信息，代理防火墙能够决定数据包将发往何处，数据包请求什么，以及根据数据包所必须提供的这些信息决定采取什么样的行动。

对于 Web 用户来说，squid 是一个高性能的代理缓存服务器，可以加快内部网浏览 Internet 的速度，提高客户机的访问命中率。squid 不仅支持 HTTP 协议，还支持 FTP、gopher、SSL 和 WAIS 等协议。和一般的代理缓存软件不同，squid 用一个单独的、非模块化的、I/O 驱动的进程来处理所有的客户端请求。

squid 由一个主要的服务程序 squid，一个 DNS 查询程序 dnsserver，几个重写请求和执行认证的程序以及几个管理工具组成。当 squid 启动以后，它可以派生出指定数目的 dnsserver 进程，而每一个 dnsserver 进程都可以执行单独的 DNS 查询，这样一来就大大减少了服务器等待 DNS 查询的时间。squid 的另一个优越性在于它使用访问控制清单（ACL）和访问权限清单（ARL）。访问控制清单和访问权限清单通过阻止特定的网络连接来减少潜在的 Internet 非法连接，可以使用这些清单来确保内部网的主机无法访问有威胁的或不适宜的站点。可以登录 squid 的官方网站 http：//www. squid-cache. org 获得 Squid 软件的最新版本。

注意：由于代理服务器中需要一块单独的缓存空间存储经常访问的信息，所以 squid 服务器对于硬盘和内存的要求比较高。另外 squid 使用硬盘作为缓存 cache，所以对硬盘的存取速度要求也比较高。

任务四　安装、启动与停止 squid 服务

一、安装 Squid 服务

默认情况下，Linux CentOS 7.4 安装程序会将 squid 服务装上，可以使用下面的命令检查系统是否已经安装了 squid 服务：

```
[root@ CENTOS 7~ ] # rpm-q squid
squid-2.5.STABLE6-3
```

这表明系统已经安装了 squid 服务。如果系统没有安装 squid 服务，也可以在系统安装过后单独安装。squid 服务的软件包在 Linux CentOS 7.4 的第 2 张安装盘上。软件包的名字为“squid-2.5.STABLE6-3.i386.rpm”。插入第 2 张安装盘，挂载。然后输入下面的命令完成安装。

//挂载光盘

```
[root@ CENTOS 7~ ] # mount/media/cdrom
```

//进入安装文件所在目录

```
[root@ CENTOS 7~ ] # cd/media/cdrom/RedHat/RPMS
```

//安装相应的软件包

```
[root@ CENTOS 7 RPMS] # rpm-ivh squid-2.5.STABLE6-3.i386.rpm
```

二、启动 squid 服务

启动和重新启动 squid 服务的命令和界面如下所示：

//启动 squid 服务

```
[root@ CENTOS 7~ ] # service squid start
```

启动 squid：[确定]

//重新启动 squid 服务

```
[root@ CENTOS 7~ ] #  service squid restart
停止 squid：[确定]
启动 squid：[确定]
```

三、停止 squid 服务

停止 squid 服务的命令和界面如下所示：

```
[root@ CENTOS 7~ ] #  service squid stop
停止 squid：[确定]
```

任务五　配置 squid 服务器

squid 服务的主配置文件是/etc/squid/squid. conf，用户可以根据自己的实际情况修改相应的选项。下面介绍几个常用的选项。

（1）http _ port 3128

定义 squid 监听 HTTP 客户连接请求的端口。缺省是 3128，如果使用 HTTPD 加速模式则为 80。可以指定多个端口，但是所有指定的端口都必须在一条命令行上，各端口间用空格分开。

（2）cache _ mem 128 MB

指定 squid 可以使用的内存理想值，建议设为物理内存的 1/3。

（3）cache _ dir ufs/var/spool/squid 4096 16 256

用于指定硬盘缓冲区的大小。其中“ufs”是指缓冲的存储类型，一般为 ufs；“/var/spool/squid”是指硬盘缓冲存放的目录；4096 指缓存空间的最大大小为 4096MB；“16”代表在硬盘缓存目录下建立的第一级子目录的个数，缺省为 16；“256”代表可以建立的二级子目录的个数，缺省为 256。

（4）cache _ effective _ user squid//设置使用缓存的有效用户。

在利用 RPM 格式的软件包安装服务时，安装程序会自动建立一个名为 squid 的用户供 squid 服务使用。如果系统没有该用户，管理员可以自行添加。

（5）cache _ effective _ group squid//设置使用缓存的有效用户组。

（6）dns _ nameservers 220. 206. 160. 100

设置有效的 DNS 服务器的地址。为了能使 squid 代理服务器能正确地解析出域名必须指定可用的 DNS 服务器。

（7）cache _ access _ log/var/log/squid/access. log

设置访问记录的日志文件。该日志文件主要记录用户访问 Internet 的详细信息。

（8）cache _ log/var/log/squid/cache. log

设置缓存日志文件。该文件记录缓存的相关信息。

（9）cache _ store _ log/var/log/squid/store. log

设置网页缓存日志文件。该文件记录网页在缓存中的调用情况等信息。

（10）visible _ hostname 192. 168. 1. 2

设置运行 squid 代理服务的主机的名称。当访问发生错误时，该选项的值会出现在客户端错误提示网页中。

（11）cache _ mgrmlx _ teaching@163. com//设置管理员的邮件地址。

（12）设置访问控制列表

squid 代理服务器是 Web 客户机与 Web 服务器之间的中介，它实现访问控制，决定哪一台客户机可以访问 Web 服务器以及如何访问。squid 服务器通过检查具有控制信息的主机和域的访问控制列表（ACL）来决定是否允许某客户机进行访问。ACL 是要控制客户的主机和域的列表。使用 acl 命令可以定义 ACL，该命令在控制项中创建标签。用户可以使用 http _ access 等命令定义这些控制功能，可以基于多种 acl 选项，如源 IP 地址、域名、甚至时间和日期等来使用 acl 命令定义系统或者系统组。acl 命令的格式如下：

```
acl 列表名称列表类型 [-i] 列表值
```

表 11-4　ACL 列表类型选项

ACL 列表类型	说明
src ip-address/netmask	客户端源 IP 地址和子网掩码
src addr 1-addr4/netmask	客户端源 IP 地址范围
dst ip-address/netmask	客户端目标 IP 地址和子网掩码
myip ip-address/netmask	本地套接字 IP 地址
srcdomain domain	源域名（客户机所属的域）
dstdomain domain	目的域名（Internet 中的服务器所属的域）
srcdom _ regex expression	对来源的 URL 做正则匹配表达式
dstdom _ regex expression	对目的 URL 做正则匹配表达式
time	指定时间。用法：acl aclname time [day-abbrevs] [h1：m1-h2：m2] day-abbrevs 可以为：S（Sunday）、M（Monday）、T（Tuesday）、W（Wednesday）、H（Thursday）、F（Friday）、A（Saturday） 注意：h1：m1 一定要比 h2：m2 小

续表

ACL 列表类型	说明
port	指定连接端口，如：acl SSL _ ports port 443
proto	指定所使用的通讯协议，如：acl allowprotolist proto HTTP
url _ regex	设置 URL 规则匹配表达式
urlpath _ regex：URL-path	设置略去协议和主机名的 URL 规则匹配表达式

其中，列表名称用于区分 squid 的各个访问控制列表，任何两个访问控制列表不能用相同的列表名。一般来说，为了便于区分列表的含义应尽量使用意义明确的列表名称。

列表类型用于定义可被 squid 识别的类别。例如，可以通过 IP 地址、主机名、域名、日期和时间等。常见的列表类型如表 11-4 所示。

更多的 ACL 类型表达式可以查看 squid. conf 文件。

（13） http _ access [allow | deny] 访问控制列表的名称

设置允许或拒绝某个访问控制列表的访问请求。squid 服务器在定义了访问控制列表后，会根据 http _ access 选项的规则允许或禁止满足一定条件的客户端的访问请求。

【例 11-12】 拒绝所有的客户端的请求。

```
acl all src 0.0.0.0/0.0.0.0
http_ access deny all
```

【例 11-13】 禁止 192.168.2.0/24 网段的客户机上网。

```
acl client1 src 192.168.1.0/255.255.255.0
http_ access deny client1
```

【例 11-14】 禁止用户访问域名为 www. playboy. com 的网站。

```
acl baddomain dstdomain www.playboy.com
http_ access deny baddomain
```

【例 11-15】 禁止 192.168.1.0/24 网络的用户在周一到周五的上班时间上网。

```
acl client1 src 192.168.1.0/255.255.255.0
acl badtime time MTWHF 9: 00-18: 00
```

```
http_ access deny client1 badtime
```

【例 11-16】禁止用户下载 *.mp3、*.exe、*.zip 和 *.rar 类型的文件。

```
acl badfile urlpath_ regex -i \.mp3$ \.exe$ \.zip$ \.rar$
http_ access deny badfile
```

注意： 由于 squid 是按照顺序读取访问控制列表的，所以合理地安排各个访问控制列表的顺序至关重要。

任务六　squid 服务器配置实例

【例 11-17】某公司用 squid 作代理服务器（内网 IP 地址为 192.168.1.2），该代理服务器配置为奔腾 1.6G/512M/80G，公司所用 IP 地址段为 192.168.1.0/24，并且想用 8080 作为代理端口。具体配置为：

（1）设置/etc/squid/squid.conf 文件，添加如下内容：

```
http_ port 8080
cache_ mem 256MB//该服务器只做代理，所以可以设置的稍微大一点
cache_ dir ufs/var/spool/squid 4096 16 256
cache_ effective_ user squid
cache_ effective_ group squid
dns_ nameservers 192.168.0.9
cache_ access_ log/var/log/squid/access.log
cache_ log/var/log/squid/cache.log
cache_ store_ log/var/log/squid/store.log
visible_ hostname 192.168.1.2
cache_ mgr mlx_ teaching@ 163.com
acl allow_ ip src 192.168.1.0/255.255.255.0
http_ access allow allow_ ip
```

（2）配置好/etc/squid/squid.conf 文件后，利用下面的命令启动 squid 服务：

```
[root@ CENTOS 7~ ] #  service squid start
```

（3）客户端的配置

在客户端的浏览器（IE等均可以）中，找到设置代理服务器的地方，添加代理服务器的地址为192.168.1.2，监听端口为8080即可。

任务七　配置透明代理

利用Squid和NAT功能可以实现透明代理。透明代理的意思是客户端根本不需要知道有代理服务器的存在，客户端不需要在浏览器或其他的客户端工作中做任何设置，只需要将默认网关设置为Linux服务器的IP地址即可。

1. 配置squid服务器

为了使Squid支持透明代理，必须设置以下四项。

```
httpd_accel_host virtual
httpd_accel_port 80
httpd_accel_with_proxy on
httpd_accel_uses_host_header on
```

（1）httpd_accel_host virtual

httpd_accel_port 80

这两个选项本来是用来定义squid加速模式的。在这里用virtual来指定为虚拟主机模式。80端口为要加速的请求端口。采用这种模式时，squid就取消了缓存功能，假如需要这些功能，必须设置httpd_accel_with_proxy选项。

（2）httpd_accel_with_proxy on

该选项在透明代理模式下必须设置成on。在该模式下，squid既是Web请求的加速器，又是缓存代理服务器。

（3）httpd_accel_uses_host_header on

在透明代理模式下，如果想让代理服务器的缓存功能正确工作，必须将该选项设为on。设为on时，squid会把存储的对象加上主机名而不是IP地址作为索引。

2. iptables的配置

打开防火墙的路由转发功能。

利用iptables的端口重定向功能，将所有客户端发出的对80端口的请求，都重定向到代理服务器所监听的3128端口即可。其实现语句为：

```
iptables-tnat-A PREROUTING-i eth0-p tcp--dport 80-j REDIRECT-to-
ports 3128
```

提示： 如果用户使用的是私有地址，那么，如果在设置了透明代理的同时设置了 iptables 的 IP 欺骗功能，则可以让用户获得对 Internet 的透明访问，同时也没有支持协议的限制。

企业实战与应用

一、企业环境及需求

1. 企业环境

200 台客户机，IP 地址范围为 192.168.1.1 ~ 192.168.1.1.254，掩码为 255.255.255.255.0。

Mail 服务器：IP 地址为 192.168.1.254，掩码为 255.255.255.0。

FTP 服务器：IP 地址为 192.168.1.253，掩码为 255.255.255.0。

Web 服务器：IP 地址为 192.168.1.252，掩码为 255.255.255.0。

公司网络拓扑图如图 11-12 所示。

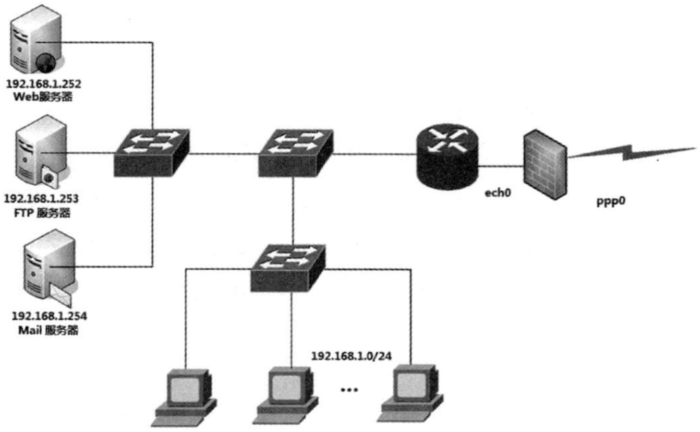

图 11-12　企业网络拓扑图

2. 配置默认策略

所有内网计算机需要经常访问互联网，并且员工会随时使用即时通信工具与客户进行沟通，企业网络 DMZ 隔离区搭建有 Mail、FTP 和 Web 服务器，其中 Mail 和 FTP 服务器对内部员工开放，仅需要发布 Web 站点，并且管理员会通过外网进行远程管理。为了保证整个网络的安全性，现在需要添加 iptables 防火墙，配置相应的策略。

二、需求分析

企业的内部网络为了保证安全性，需要首先删除所有规则设置，并将默认规则设置为 DROP，然后开启防火墙对于客户机的访问限制，打开 Web、QQ 以及 mail 的相应端口，并允许外部客户端登录 Web 服务器的 80、22 端口。

三、解决方案

1. 配置默认策略

Step1：删除策略。

```
[root@ iptables~ ] #  iptables-F
[root@ iptables~ ] # iptables-X
[root@ iptables~ } # iptables-Z
[root@ iptables~ ] # iptables-F-t nat
[root@ iptables~ ] # iptables-X-t nat
[root@ iptables~ ] # iptables-Z-t nat
```

Step2：设置默认策略。

```
[root@ iptables~ ] #   iptables-P INPUT DROP
[root@ iptables~ ] #   iptables-P FORWARD DROP
[root@ iptables~ ] #   iptables-P OUTPUT ACCEPT
[root@ iptables~ ] #   iptables-t nat-P PREROUTING ACCEPT
[root@ iptables~ ] #   iptables-t nat-P OUTPUT ACCEPT
[root@ iptables~ ] #   iptables-t nat-P POSTROUTING ACCEPT
```

2. 回环地址

有些服务的测试需要使用回环地址，为了保证各服务的正常工作，需要允许回环地址的通信，如下所示。

```
[root@ iptables~ ] #   iptables-A INPUT-i lo-j ACCEPT
```

3. 连接状态设置

为了简化防火墙的配置操作，并提高检查的效率，需要添加连接状态设置，如下所示。

```
[root@ iptables~ ] #  iptables-A INPUT-m state--state
ESTABLISHED, RELATED-j ACCEPT
```

4. 设置 80 端口转发

```
[root@ iptables~ ] #   iptables-A FORWARD-p tcp--dport 80-j ACCEPT
```

5. DNS 相关设置

为了客户机能够正常使用域名访问 Internet，还需要允许内网计算机与外部 DNS 服务器的数据转发。开启 DNS 使用 UDP、TCP 的 53 端口，如下所示。

```
[root@ iptables~ ] #   iptables-A FORWARD-p udp--dport 53-j ACCEPT
[root@ iptables~ ] #   iptables-A FORWARD-p tcp--dport 53-j ACCEPT
```

6. 允许访问服务器的 SSH

SSH 使用 TCP 协议端口 22，如下所示。

```
[root@ iptables~ ] #   iptables-A INPUT-p tcp--dport 22-j ACCEPT
```

7. 允许内网主机登录 QQ

QQ 能够使用 TCP 80、8000、443 及 UDP 8000、4000 登录。因此，只需要允许这些端口的 FORWARD 转发（拒绝则相反），即可以正常登录，如下所示。

```
[root@ iptables~ ] #   iptables-A FORWARD-p tcp--dport 8000-j ACCEPT
[root@ iptables~ ] #   iptables-A FORWARD-p udp--dport 8000-j ACCEPT
[root@ iptables~ ] #   iptables-A FORWARD-p udp--dport 4000-j ACCEPT
```

8. 允许内网主机收发邮件

客户端发送邮件时访问邮件服务器的 TCP 25 端口，接收邮件时访问，可以使用的端口则较多，UDP 协议以及 TCP 协议的端口：110、143、993 以及 995，如下所示。

```
[root@ iptables~ ] #   iptables-A FORWARD-p tcp--dport 25-j ACCEPT
[root@ iptables~ ] #   iptables-A FORWARD-p tcp--dport 110-j ACCEPT
```

```
[root@ iptables~ ] #   iptables-A FORWARD-p udp--dport 110-j ACCEPT
[root@ iptables~ ] #   iptables-A FORWARD-p tcp--dport 143-j ACCEPT
[root@ iptables~ ] #   iptables-A FORWARD-p udp--dport 143-j ACCEPT
[root@ iptables~ ] #   iptables-A FORWARD-p tcp--dport 993-j ACCEPT
[root@ iptables~ ] #   iptables-A FORWARD-p udp--dport 993-j ACCEPT
[root@ iptables~ ] #   iptables-A FORWARD-p tcp--dport 995-j ACCEPT
[root@ iptables~ ] #   iptables-A FORWARD-p udp--dport 995-j ACCEPT
```

9. NAT 设置

由于局域网的地址为私网地址，在公网上是不合法的，所以必须将私网地址转为服务器的外部地址进行伪装，连接外部接口为 ppp0，具体配置如下所示。

```
[root @ iptables ~ ] #  iptables-t nat-A POSTROUTING-o ppp0-s 192.168.1.0/24
-j MASQUERADE
```

10. 内部机器对外发布 WEB

内网 Web 服务器 IP 地址为 192.168.1.252，通过设置，当公网客户端访问服务器时，防火墙将请求映射到内网的 192.168.1.252 的 80 端口，如下所示。

```
[root@ iptables~ ] #  iptables-A PREROUTING-i ppp0-p tcp--dport 80-j DNAT
--to-destination 192.168.1.252: 80
```

项目练习

1. 在 Linux 2.4 以后的内核中，提供 TCP/IP 包过滤功能的软件叫什么？（　　）

   A. rarp　　B. route　　C. iptables　　D. filter

2. 在 Linux 操作系统中，可以通过 iptables 命令来配置内核中集成的防火墙，若在配置脚本中添加 iptables 命令：# iptables-t nat-A PREROUTING-p tcp-s 0/0-d 61.129.3.88--dport 80-j DNAT--to-destination 192.168.0.18 其作用是：

   A. 将对 192.168.0.18 的 80 端口的访问转发到内网的 61.129.3.88 主机上

   B. 将对 61.129.3.88 的 80 端口的访问转发到内网的 192.168.0.18 主机上

   C. 将对 192.168.0.18 的 80 端口映射到内网的 61.129.3.88 的 80 端口

   D. 禁止对 61.129.3.88 的 80 端口的访问

3. 下面哪个配置选项在 squid 的配置文件中用于设置管理员的 E-mail 地址：(　　)

A. cache _ effective _ user　　B. cache _ mem

C. cache _ effective _ group　　D. cache _ mgr

4. John 计划在他的局域网建立防火墙，防止 Internet 直接进入局域网，反之亦然。在防火墙上他不能用包过滤或 SOCKS 程序，而且他想要提供给局域网用户的仅有几个 Internet 服务和协议。John 应该使用的防火墙类型下面哪个描述是最好的？(　　)

A. 使用 squid 代理服务器　　B. NAT

C. IP 转发　　D. IP 伪装

5. 从下面选择关于 IP 伪装的适当描述。(　　)

A. 它是一个转化包的数据的工具

B. 它的功能就像 NAT 系统：转换内部 IP 地址到外部 IP 地址

C. 它是一个自动分配 IP 地址的程序

D. 它是一个连接内部网到 Internet 的工具

6. 不属于 iptables 操作的是：(　　)

A. ACCEPT　　B. DROP 或 REJECT

C. LOG　　D. KILL

7. 假设要控制来自 IP 地址 199. 88. 77. 66 的 ping 命令，可用的 iptables 命令如下：(　　)

A. iptables-a INPUT-s 199. 88. 77. 66-p icmp-j DROP

B. iptables-A INPUT-s 199. 88. 77. 66-p icmp-j DROP

C. iptables-A input-s 199. 88. 77. 66-p icmp-j drop

D. iptables-A input-S 199. 88. 77. 66-P icmp-J DROP

8. 如果想要防止 199. 88. 77. 0/24 网络用 TCP 分组连接端口 21，iptables 命令（　　）：

A. iptables-A FORWARD-s 199. 88. 77. 0/24-p tcp--dport 21-j REJECT

B. iptables-A FORWARD-s 199. 88. 77. 0/24-p tcp-dport 21-j REJECT

C. iptables-a forward-s 199. 88. 77. 0/24-p tcp--dport 21-j reject

D. iptables-A FORWARD-s 199. 88. 77. 0/24-p tcp-dport 21-j DROP

项目十二　配置与管理 VPN 服务器

项目描述

某高校组建了学校的校园网，并且已经架设了包含 Web、FTP、DNS、DHCP、Mail 等功能的服务器来为校园网用户提供服务，现有如下问题需要解决：

只要能够访问互联网，不论是在家中、还是出差在外，都可以轻松访问未对外开放的校园网内部资源（文件和打印共享、Web 服务、FTP 服务、OA 系统等）。

要解决这个问题需要开通校园网远程访问功能，既在 Linux 服务器上安装与配置 VPN 服务器。

能力目标

- 理解远程访问 VPN 的构成和连接过程
- 掌握配置并测试远程访问 VPN 的方法

相关知识

一、VPN 工作原理

VPN（virtual private network，虚拟专用网络）是专用网络的延伸，它模拟点对点专用连接的方式通过 Internet 或 Intranet 在两台计算机之间传送数据，是“线路中的线路”，具有良好的保密性和抗干扰能力。虚拟专用网提供了通过公用网络安全地对企业内部专用网络远程访问的连接方式。虚拟专用网是对企业内部网的扩展，虚拟专用网可以帮助远程用户、公司分支机构、商业伙伴及供应商同公司的内部网建立可靠的安全连接，并保证数据安全传输。

虚拟专用网是使用 Internet 或其他公共网络，来连接分散在各个不同地理位置的本地网络，在效果上和真正的专用网一样。如图 12-1 所示，说明了如何通过隧道技术实现 VPN。

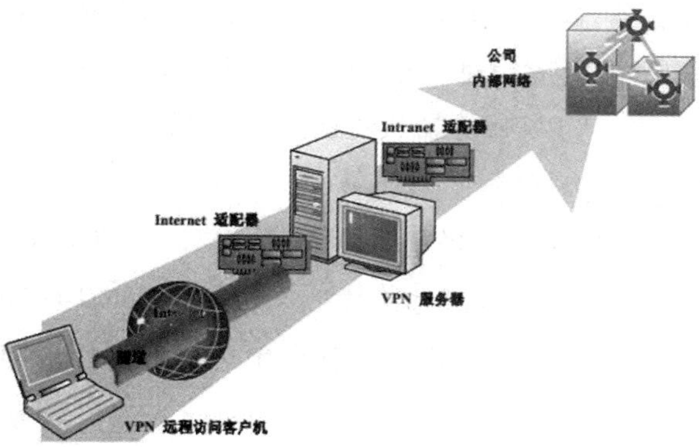

图 12-1　VPN 工作原理图

假设现在有一台主机想要通过 Internet 网络连入公司的内部网，首先该主机通过拨号等方式连接到 Internet 网络，然后再通过 VPN 拨号方式与公司的 VPN 服务器建立一条虚拟连接，在建立连接的过程中，双方必须确定采用何种 VPN 协议和链接线路的路由路径。当隧道建立完成后，用户与公司内部网之间要利用该虚拟专用网进行通信时，发送方会根据所使用的 VPN 协议，对所有的通信信息进行加密，并重新添加上数据报的报头封装成为在公共网络上发送的外部数据报，然后通过公共网络将数据发送至接收方。接收方在接收到该信息后也根据所使用的 VPN 协议，对数据进行解密。由于在隧道中传送的外部数据报的数据部分（即内部数据报）是加密的，因此在公共网络上所经过的路由器都不知道内部数据报的内容，确保了通信数据的安全。同时也因为会对数据报进行重新封装，所以可以实现其他通信协议数据报在 TCP/IP 网络中传输。

二、VPN 的特点和应用

1. VPN 的特点

要实现 VPN 连接，局域网内就必须先建立一个 VPN 服务器。VPN 服务器必须拥有一个公共 IP 地址，一方面连接企业内部的专用网络，另一方面用来连接到 Internet。当客户机通过 VPN 连接与专用网络中的计算机进行通信时，先由 ISP 将所有的数据传送到 VPN 服务器，然后再由 VPN 服务器负责将所有的数据传送到目的计算机。

VPN 具有以下特点：

（1）费用低廉

远程用户登录到 Internet 后，以 Internet 作为通道与企业内部专用网络连接，大大降低了通信费用，企业还可以节省购买和维护通信设备的费用。

（2）安全性高

VPN 使用三方面的技术（通信协议、身份认证和数据加密）保证了通信的安全性。当客户机向 VPN 服务器发出请求时，VPN 服务器响应请求并向客户机发出身份质询，然后客户机将加密的响应信息发送到 VPN 服务器，VPN 服务器根据数据库检查该响应，如果账户有效，VPN 服务器接受此连接。

（3）支持最常用的网络协议

由于 VPN 支持最常用的网络协议，所以诸如以太网、TCP/IP 和 IPX 网络上的客户机可以很容易地使用 VPN。不仅如此，任何支持远程访问的网络协议在 VPN 中也同样支持，这意味着可以远程运行依赖于特殊网络协议的程序，因此可以减少安装和维护 VPN 连接的费用。

（4）有利于 IP 地址安全

VPN 在 Internet 中传输数据时是加密的，Internet 上的用户只能看到公有 IP 地址，而看不到数据包内包含的专用 IP 地址，因此保护了 IP 地址安全。

（5）管理方便灵活

构架 VPN 只需较少的网络设备和物理线路，无论分公司或远程访问用户，均只需通过一个公用网络接口或因特网的路径即可进入企业内部网络。公用网承担了网络管理的重要工作，关键任务可获得所必须的带宽。

（6）完全控制主动权

VPN 使企业可以使用 ISP 的设施和服务，同时又完全掌握着自己网络的控制权。比如说，企业可以把拨号访问交给 ISP 去做，而自己负责用户的查验、访问权、网络地址、安全性和网络变化管理等重要工作。

2. VPN 的应用场合

VPN 的实现可以分为软件和硬件两种方式。Linux 服务器版的操作系统以完全基于软件的方式实现了虚拟专用网，成本非常低廉。无论身处何地，只要能连接到 Internet，就可以与企业网在 Internet 上的虚拟专用网相关联，登录到内部网络浏览或交换信息。

一般来说，VPN 使用在以下两种场合：

（1）远程客户端通过 VPN 连接到局域网

总公司（局域网）的网络已经连接到 Internet，而用户在远程拨号连接 ISP 连上 Internet 后，就可以通过 Internet 来与总公司（局域网）的 VPN 服务器建立 PPTP 或 L2TP 的 VPN，并通过 VPN 来安全地传送信息。

（2）两个局域网通过 VPN 互联

两个局域网的 VPN 服务器都连接到 nternet，并且通过 Internet 建立 PPTP 或 L2TP 的 VPN，它可以让两个网络之间安全地传送信息，不用担心在 lnternet 上传送时泄密。

除了使用软件方式实现外，VPN 的实现需要建立在交换机、路由器等硬件设备上。目前，在 VPN 技术和产品方面，最具有代表性的当数 Cisco 和华为 3Com。

三、VPN 协议

隧道技术是 VPN 技术的基础，在创建隧道过程中，隧道的客户机和服务器双方必须使用相同的隧道协议。按照开放系统互联参考模型（OSI）的划分，隧道技术可以分为第 2 层和第 3 层隧道协议。第 2 层隧道协议使用帧作为数据交换单位。PPTP、L2TP 都属于第 2 层隧道协议，它们都是将数据封装在点对点协议（PPP）帧中通过互联网发送的。第 3 层隧道协议使用包作为数据交换单位。IPoverIP 和 IPSec 隧道模式都属于第 3 层隧道协议，它们都是将 IP 包封装在附加的 IP 包头中通过 IP 网络传送。下面介绍几种常见的隧道协议。

1. PPTP 协议

PPTP（point-to-point tunneling protocol，点对点隧道协议）是 PPP（点对点）协议的扩展，并协调使用 PPP 的身份验证、压缩和加密机制。它允许对 IP、IPX 或 NETBEUI 数据流进行加密，然后封装在 IP 包头中通过诸如 Internet 这样的公共网络发送，从而实现多功能通信。

只有 IP 网络才可以建立 PPTP 的 VPN。两个局域网之间若通过 PPTP 来连接，则两端直接连接到 Internet 的 VPN 服务器必须要执行 TCP/IP 通信协议，但网络中的其他计算机不一定需要执行 TCP/IP 协议，它们可以执行 TCP/IP、IPX 或 NetBEUI 通信协议。因为当它们通过 VPN 服务器与远程计算机通信时，这些不同通信协议的数据包会被封装到 PPP 的数据包内，然后经过 Internet 传送，信息到达目的地后，再由远程的 VPN 服务器将其还原为 TCP/IP、IPX 或 NetBEUI 数据包。但需要注意的是 PPTP 会话不能通过代理服务器进行。

2. L2TP 协议

L2TP（layer two runneling protocol，第二层隧道协议）是基于 RFC 的隧道协议，该协议依赖于加密服务的 Internet 安全性（IPSec）。该协议允许客户通过其间的网络建立隧道，L2TP 还支持信道认证，但它没有规定信道保护的方法。

3. IPSec 协议

IPSec 是由 IETF（internet engineering task force）定义的一套在网络层提供 IP 安全性的协议。它主要用于确保网络层之间的安全通信。该协议使用 IPSec 协议集保护 IP 网和非 IP 网上的 L2TP 业务。在 IPSec 协议中，一旦 IPSec 通道建立，在通信双方网络层之上的所有协议（如 TCP、UDP、SNMP、HTTP、POP 等）就要经过加密，而不管这些通道构建时所采用的安全和加密方法为何。

项目设计与准备

1. 项目设计

在 Linux 服务器上配置 VPN 服务，另一台计算机作 VPN 客户端（Windows 或 Linux）。或者利用 VMware 虚拟机实现该网络环境。

2. 项目准备

部署远程访问 VPN 服务之前，应做如下准备：

（1）使用提供远程访问 VPN 服务的企业服务器版 Linux 网络操作系统。

（2）VPN 服务器至少要有两个网络连接。

（3）VPN 服务器必须与内部网络相连，因此需要配置与内部网络连接所需要的 TCP/IP 参数（私有 IP 地址），该参数可以手工指定，也可以通过内部网络中的 DHCP 服务器自动分配。

（4）VPN 服务器必须同时与 Internet 相连，因此需要建立和配置与 Internet 的连接。VPN 服务器与 Internet 的连接通常采用较快的连接方式，如专线连接。

（5）合理规划分配给 VPN 客户端的 IP 地址。VPN 客户端在请求建立 VPN 连接时，

VPN 服务器需要为其分配内部网络的 IP 地址。配置的 IP 地址也必须是内部网络中不使用的 IP 地址，地址的数量根据同时建立 VPN 连接的客户端数量来确定。在本任务中部署远程访问 VPN 时，使用静态 IP 地址池为远程访问客户端分配 IP 地址，地址范围采用 192.168.0.11～20。

（6）客户端在请求 VPN 连接时，服务器要对其进行身份验证，因此应合理规划需要建立 VPN 连接的用户账户。

项目实施

任务一　安装 VPN 服务

Linux 系统中有多种 VPN 服务软件可供使用，例如 PPTP、CIPE、FreeS/WAN 等。本章将讲解在 Linux CentOS 7.4 中利用 PPTP 服务配置 VPN 服务器。

一、下载所需的软件包

为了让 Linux CentOS 7.4 支持 PPTP 协议和微软点对点加密 MPPE，还要对其内

核打补丁、升级自带的 PPP 程序、安装 PPTP 和 MPPE 的软件包。可以到 http：//sourceforge. net/project/showfiles. php? group _ id=44827，下载下面 4 个软件包。

d kms-2. 0. 10-1. noarch. rpm

DKMS（dynamic kernel module support）是 Dell 公司开发的一个动态模组支持包。旨在创建一个内核相关模块源可驻留的框架，以便在升级内核时可以很容易地重建模块。这将允许 Linux 供应商提供较低版本的驱动程序，而无需等待新内核版本发行，同时还可以省去尝试重新编译新内核模块的客户预计要完成的工作。DKMS 以文件的形式存储并能在系统运行过程中动态地加载和卸载。DKMS 由一个用户层的 DKM 服务器来管理，并非由内核来管理。当内核需要某模块时，由 DKM 服务器负责把相应的 DKM 加载；当核心的内存资源紧缺时，由 DKM 服务器负责卸载一个没有被使用的 DKM。缺点是所有的 DKM 是存储在本地系统上的，占用了大量宝贵的存储空间。

k ernel_ ppp_ mppe-1. 0. 2-3dkms. noarch. rpm

由于 Linux 操作系统的客户端在连接 VPN 服务器时，使用 MPPE（Microsoft point to point encryption，微软公司点到点加密协议）协议，但 Linux 系统的 2. 6 内核版本默认并不支持 MPPE，因此需要在内核中加入 MPPE 的支持。该软件包使 Linux 系统内核版本 2. 6 的操作系统下的 PPTP 协议支持 MPPE 加密。

p pp-2. 4. 3-5. CentOS 7. i386. rpm

升级 PPP 到 2. 4. 3 版本，使其支持 MPPE 加密。

p ptpd-1. 3. 3-1. CentOS 7. i386. rpm

PPTP 点对点隧道协议的 RPM 安装包。

二、安装所需的软件包

可以使用下面的命令安装或升级相应的软件包

```
[root@ CENTOS 7 cdrom] #  rpm-ivh dkms-2. 0. 10-1. noarch. rpm
[root @ CENTOS 7 cdrom] #  rpm-ivh kernel _ ppp _ mppe-1. 0. 2-3dkms. noarch. rpm
[root@ CENTOS 7 cdrom] #  rpm-Uvh ppp-2. 4. 3-5. CentOS 7. i386. rpm
```

```
[root@ CENTOS 7 cdrom] # rpm-ivh pptpd-1.3.3-1.CentOS 7.i386.rpm
```

安装完成之后可以使用下面的命令查看系统的 ppp 是否支持 MPPE 加密。

```
[root@ CENTOS 7 cdrom] # strings '/usr/sbin/pppd'| grep-i mppe|
wc--lines
```

如果以上命令输出为“0”则表示不支持；输出为“30”或更大的数字就表示支持。

任务二 配置 VPN 服务器

安装好 VPN 服务后，接下来要做的是对 VPN 服务器进行配置。

一、网络环境配置

为了能够正常监听 VPN 客户端的连接请求，VPN 服务器需要配置两个网络接口。一个和内网连接，另外一个和外网连接。此外为 VPN 服务器配置了 eth0 和 eth1 两个网络接口。其中 eth0 接口用于连接内网，IP 地址为 192.168.1.2；eth1 接口用于连接外网，IP 地址为 222.206.160.1。

二、修改配置文件

配置 VPN 服务器，需要修改/etc/pptpd.conf、/etc/ppp/chap-secrets 和/etc/ppp/options.pptpd 三个文件。/etc/pptpd.conf 文件是 VPN 服务器的主配置文件，在该文件中需要设置 VPN 服务器的本地地址和分配给客户端的地址段。/etc/ppp/chap-secrets 是 VPN 用户帐号文件，该帐号文件保存 VPN 客户端拨入时所需要的验证信息。/etc/ppp/options.pptpd 用于设置在建立连接时的加密、身份验证方式和其他的一些参数设置。

(1) /etc/pptpd.conf

要使 VPN 服务器能正常工作需要设置 localip 和 remoteip 两个参数的值。

· localip

localip 参数用于设置在建立 VPN 连接后，VPN 服务器本地的地址。VPN 客户端在拨号后 VPN 服务器会自动建立一个 ppp0 网络接口供访问客户机使用，这里定义的就是 ppp0 的 IP 地址。

• remoteip

remoteip 参数用于设置在建立 VPN 连接后，VPN 服务器分配给 VPN 客户端的可用地址段，当 VPN 客户端拨号到 VPN 服务器后，服务器会从这个地址段中分配一个 IP 地址给 VPN 客户端，以便 VPN 客户端能访问内部网络。可以使用“-”符号表示连续的地址，使用“,”符号隔开不连续的地址。下面是一个具体的配置实例：

```
[root@ CENTOS 7~ ] #  vi/etc/pptpd.conf
```

修改/etc/pptpd.conf 文件，添加如下两行

localip 192.168.1.100//在建立 VPN 连接后，分配给 VPN 服务器的 IP 地址

remoteip 192.168.1.200-220, 192.168.1.230-240//在建立 VPN 连接后，分配给客户端的可用 IP 地址池

注意：为了安全性起见，localip 和 remoteip 尽量不要在同一个网段。

在上面的配置中一共指定了 32 个 IP 地址，如果有超过 32 个客户同时进行连接时，超额的客户将无法连接成功。

(2) /etc/ppp/chap-secrets

/etc/ppp/chap-secrets 帐号文件保存了 VPN 客户端拨入时所使用的用户名、密码和分配给该用户的 IP 地址，该文件中每个用户的信息为一行。格式为：

用户名服务密码分配给该用户的 IP 地址

配置文件中的用户名、密码、分配给该用户的 IP 地址要用双引号括起来，“服务”一般是 pptpd。下面是一个具体的配置实例：

```
[root@ CENTOS 7~ ] #  cat/etc/ppp/chap-secrets
```

下面一行的 IP 地址部分表示以 king 用户连接成功后，获得的 IP 地址为 192.168.1.201

```
" king" pptpd" 123456" " 192.168.1.221"
```

下面一行的 IP 地址部分表示 mlx 用户连接成功后，获得的 IP 地址从可用 IP 地址池中随机分配

```
" mlx" pptpd" 123456" " * "
```

(3) /etc/ppp/options-pptpd

该文件各项参数及具体含义如下所示：

```
[root@ CENTOS7~ ] # grep-v" # " /etc/ppp/options. pptpd
```

name pptpd//相当于身份验证时的域，一定要和/etc/ppp/chap-secrets 中的内容对应

refuse-pap//拒绝 pap 身份验证

refuse-chap//拒绝 chap 身份验证

refuse-mschap//拒绝 mschap 身份验证

require-mschap-v2//采用 mschap-v2 身份验证方式

require-mppe-128//在采用 mschap-v2 身份验证方式时要使用 MPPE 进行加密

ms-dns 192. 168. 0. 9//给客户端分配 DNS 服务器地址

ms-wins 192. 168. 1. 1//给客户端分配 WINS 服务器地址

proxyarp//启动 ARP 代理

可以根据自己网络的具体环境设置该文件。

三、启动 Linux 路由转发功能

为了能让 VPN 客户端与内网互连，还应打开 Linux 系统的路由转发功能，否则 VPN 客户端只能访问 VPN 服务器的内部网卡 eth0。执行下面的命令可以打开 Linux 路由转发功能。

```
[root@ CENTOS 7~ ] # echo" 1" > /proc/sys/net/ipv4/ip_ forward
```

也可以将/etc/sysctl. conf 中 net. ipv4. ip _ forward 的值设置为 1，启动路由转发功能。

四、启动 VPN 服务

可以使用下面的命令启动 VPN 服务。

```
[root@ CENTOS 7~ ] # [root@ CENTOS 7~ ] # service pptpd start
```

Starting pptpd：[确定]

可以使用下面的命令停止 VPN 服务。

```
[root@ CENTOS 7~ ] # service pptpd stop
Shutting down pptpd: [确定]
```

可以使用下面的命令重新启动 VPN 服务。

```
[root@ CENTOS 7~ ] # service pptpd restart
Shutting down pptpd: [确定]
Starting pptpd: [确定]
Warning: a pptpd restart does not terminate existing
connections, so new connections may be assigned the same IP
address and cause unexpected results. Use restart-kill to
destroy existing connections during a restart.
```

注意：从上面的提示信息可知，在重新启动 VPN 服务时，不能终止已经存在的 VPN 连接，所以可能会造成重新启动 VPN 服务后，分配相同的 IP 地址给后来连接的 VPN 客户端。为了避免这种情况，可以使用“service pptpd restart-kill”命令在停止 VPN 服务时，断开所有已经存在的 VPN 连接，然后再启动 VPN 服务。

五、设置 VPN 服务可以穿透 Linux 防火墙

VPN 服务使用 TCP 协议的 1723 端口和编号为 47 的 IP 协议（GRE 常规路由封装）。如果 LINUX 服务器开启了防火墙功能，就需关闭防火墙功能或设置允许 TCP 协议的 1723 端口和编号为 47 的 IP 协议通过。可以使用下面的命令开放 TCP 协议的 1723 端口和编号为 47 的 IP 协议。

```
[root@ CENTOS 7~ ] # iptables-A INPUT-p tcp--dport 1723-j ACCEPT
[root@ CENTOS 7~ ] # iptables-A INPUT-p gre-j ACCEPT
```

任务三　配置 VPN 客户端

要使 VPN 客户端能够正常的连接到 VPN 服务器，VPN 客户端首先必须能够接入 Internet。VPN 客户端可以通过局域网或 ADSL 等方式接入 Internet，在此就不再赘述。

VPN 客户端在接入 Internet 后，还必须建立一个 VPN 连接，以便与 VPN 服务器建立 VPN 连接。下面以客户端操作系统为 Linux2000 为例讲解 VPN 客户端的连接过

程（此 VPN 客户端通过局域网接入 Internet）。

（1）在桌面上右击【网上邻居】并在弹出的快捷菜单中点击【属性】，接着在弹出的窗口中点击【新建连接】，打开【网络连接向导】对话框，如图 2-2 所示。

（2）单击“下一步”，在该对话框中选择网络的连接类型为“通过 Internet 连接到专用网络”，如图 12-3 所示。

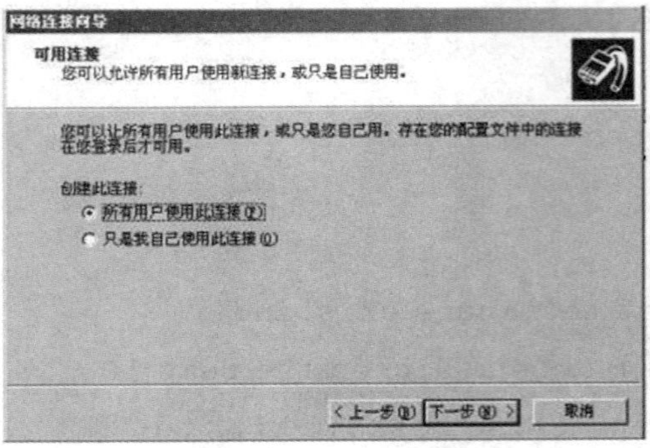

图 12-2　网络连接向导对话框

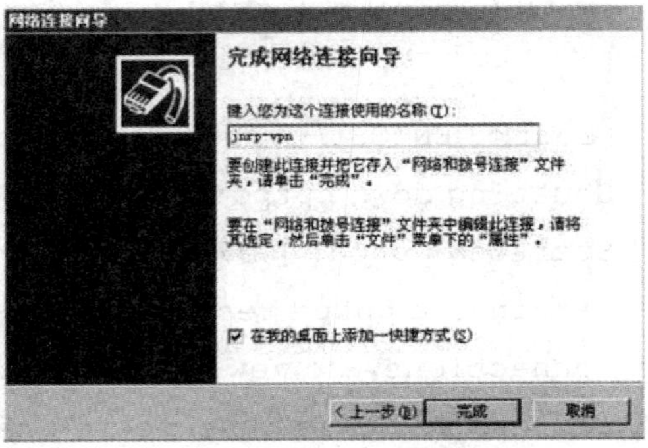

图 12-3　选择网络连接类型

（3）单击“下一步”，选择 VPN 客户端接入 Internet 网络的连接方式。在此选择“不拨初始连接”，如图 12-4 所示。

（4）单击“下一步”，设置 VPN 服务器的地址，在此输入 VPN 服务器的 IP 地址或主机名，然后单击“下一步”，如图 12-5 所示。

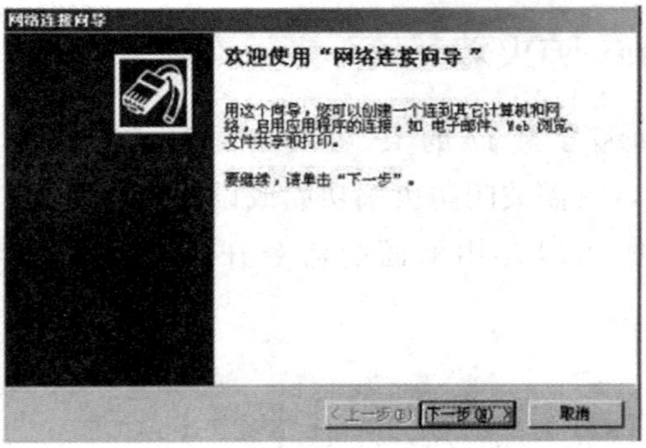

图 12-4 选择公用网络

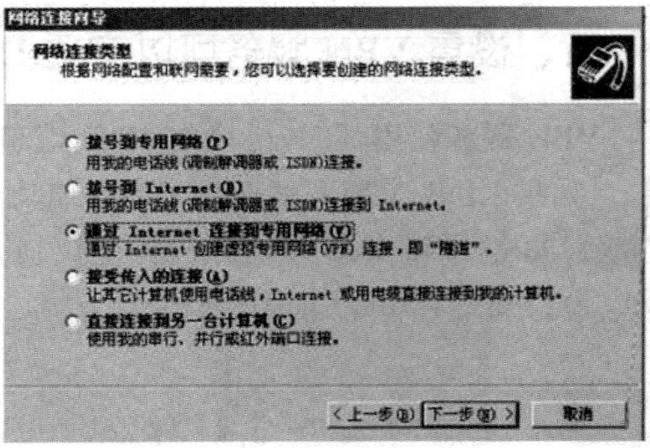

图 12-5　输入 VPN 服务器的公网 IP 地址

（5）单击“下一步”，设置是否允许所有用户使用此连接，在此选择“所有用户使用此连接”，如图 12-6 所示。

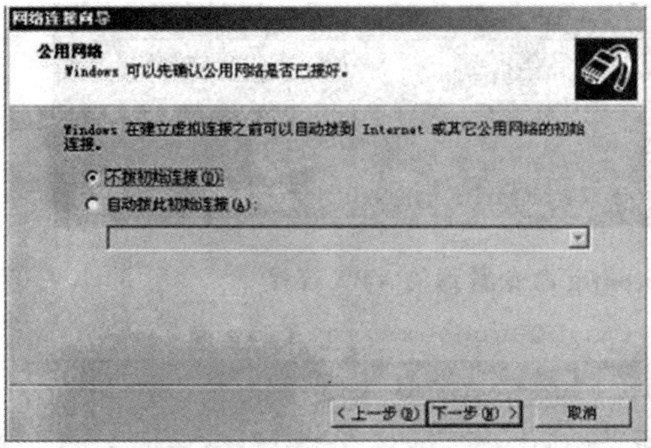

图 12-6　选择可用连接

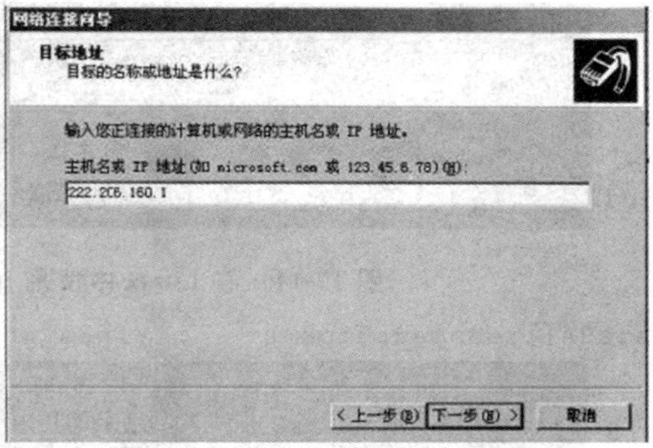

图 12-7　完成网络连接向导

(6) 单击“下一步”，打开“完成网络连接向导”设置此虚拟连接的名称，在此输入“jnrp-vpn”，如图 12-7 所示。单击完成按钮，即可完成该向导。

(7) 在图 12-8 所示的对话框中输入登录 VPN 服务器的用户名和密码，单击“连接按钮”，这时客户端就开始与 VPN 服务器建立连接，完成用户名和密码的核对，网络注册等工作。分别如图 12-9 和图 12-10 所示。

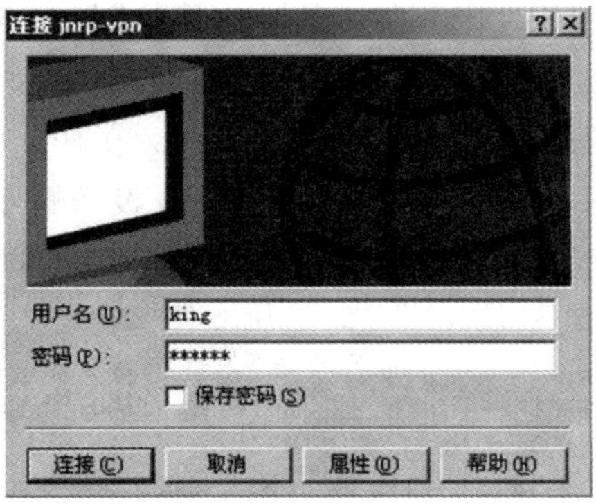

图 12-8　连接 VPN 服务器对话框

图 12-9　核对用户名和密码

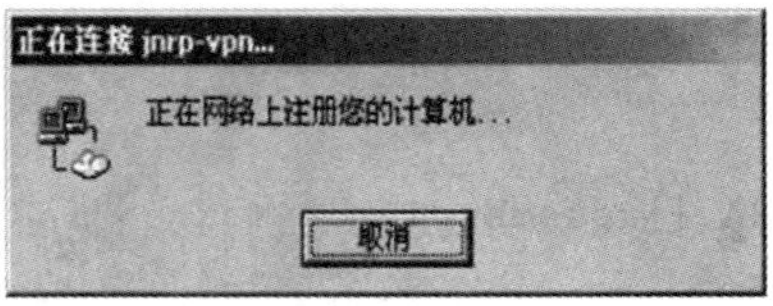

图 12-10　网络注册

(8) 连接成功之后在 VPN 客户端连用 ipconfig 命令可以看到多了一个 ppp 连接，如图 12-11 所示。在 VPN 服务器端使用 ifconfig 命令可以看到多了一个 ppp0 连接，如图 12-12 所示。

图 12-11　在 Linux 中使用 ipconfig 命令看到的 VPN 连接

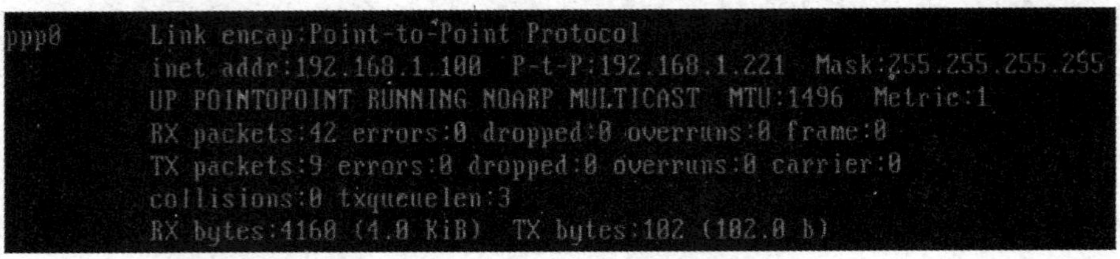

图 12-12　在 Linux 中使用 ifconfig 命令看到的 VPN 连接

项目练习

1. 练习基于 PPTP 的 VPN 服务器，根据以下要求配置 VPN 服务器：

· VPN 服务器的本地 IP 地址为 192.168.203.1。

· 分配给 VPN 客户机的地址段为 192.168.203.60-192.168.203.150。

· 建立一个名为 user1，口令为 123456 的 VPN 拨号帐号。

2. 在 Linux 系统中建立 VPN 连接，测试 VPN 服务器的配置。

综合实训一　Linux 系统故障排除

一、实训场景

假如你是 A 公司的 Linux 系统管理员，公司有几台 Linux 服务器。现在这几台服务器分别发生了不同的故障，需要进行必要的故障排除。

Server A：由实训指导教师修改 Linux 系统的/etc/inittab 文件，将 Linux 的 init 级别设置为 6。

Server B：由实训指导教师将 Linux 系统的/etc/fstab 文件删除。

Server C：root 账户的密码已经忘记，无法使用 root 账户登录系统并进行必要的管理。为便于日后进行类似的故障排除，建议在故障排除完成后，对/etc 目录进行备份。

二、实训要求

1. 参加实训的学生启动相应的服务器，观察服务器的启动情况和可能的故障信息。
2. 根据观察到的故障信息，分析服务器的故障原因
3. 制定故障排除方案
4. 实施故障排除方案
5. 进行/etc 目录的备份

三、实训前的准备

进行实训之前，完成以下任务：

1. 熟悉 Linux 系统的重要配置文件，如/etc/inittab、/etc/fstab、/boot/grub/grub. conf 等。

2. 了解 Linux CentOS 7 的常用故障排除工具，如 GRUB 引导管理程序、Red Hat 救援模式等，并了解各个工具适合的故障排除类型。

四、实训后的总结

完成实训后，进行以下工作：

1. 在故障排除过程中，观察服务器的启动情况，记录其中的关键故障信息，并将这些信息记录在实训报告中。

2. 根据故障排除的过程，修改或完善故障排除方案。

3. 写出实训心得和体会。

综合实训二 企业综合应用

一、实训场景

B公司包括一个园区网络和两个分支机构。在园区网络中，大约有500名员工，每个分支机构大约有50名员工，此外还有一些SOHO员工。

假定你是该公司园区网络的网络管理员，现在公司的园区网络要进行规划和实施，现有条件如下：公司已租借了一个公网的IP地址100.100.100.10，和ISP提供的一个公网DNS服务器的IP地址100.100.100.200。园区网络和分支机构使用172.16.0.0网络，并进行必要的子网划分。

二、实训基本要求

1. 在园区网络中搭建一台squid服务器，使公司的园区网络能够通过该代理服务器访问Internet。要求进行Internet访问性能的优化，并提供必要的安全特性。

2. 搭建一台VPN服务器，使公司的分支机构以及SOHO员工可以从Internet访问内部网络资源（访问时间：09：00～17：00）。

3. 在公司内部搭建DHCP和DNS服务器，使网络中的计算机可以自动获得IP地址，并使用公司内部的DNS服务器完成内部主机名以及Internet域名的解析。

4. 搭建FTP服务器，使分支机构和SOHO用户可以上传和下载文件。要求每个员工都可以匿名访问FTP服务器，进行公共文档的下载；另外还可以使用自己的账户登录FTP服务器，进行个人文档的管理。

5. 搭建Samba服务器，并使用Samba充当域控制器，实现园区网络中员工账户的集中管理。使用Samba实现文件服务器，共享每个员工的主目录给该员工，并提供写入权限。

三、实训前的准备

进行实训之前，完成以下任务：

1. 熟悉实训项目中涉及的各项网络服务。
2. 写出具体的综合实施方案。
3. 根据要实施的方案画出园区网络拓扑图。

四、实训后的总结

完成实训后，进行以下工作：

1. 完善拓扑图。
2. 根据实施情况修改实施方案。
3. 写出实训心得和体会。

参考文献

[1] 黄贯伟 . Linux 服务器管理与配置 [M] . 北京：机械工业出版社，2015.

[2] 刘学普 . Linux 服务器配置与管理实训教程 [M] . 北京：电子工业出版社，2014.

[3] 张栋 . Linux 服务器配置与管理 [M] . 北京：电子工业出版社，2015.

[4] 王海宾 . 手把手学习 Linux 服务器配置与管理 [M] . 北京：电子工业出版社，2016.

[5] 闫新惠 . Linux 服务器的配置与管理项目实施 [M] . 北京：清华大学出版社，2013.

[6] 王健 . Linux 服务器配置与管理完全学习手册 [M] . 北京：清华大学出版社，2016.

[7] 丛佩丽，卢晓丽 . LINUX 网络服务器配置与管理项目教程 [M] . 北京：中国铁道出版社，2016.

[8] 张敬东 . Linux 服务器配置与管理 [M] . 北京：清华大学出版社，2014.

[9] 伍技祥 . LINUX 服务器配置与管理实训教程 [M] . 北京：中国水利水电出版社，2014.

[10] 杨云 . 网络服务器搭建、配置与管理——Linux 版 [M] . 北京：人民邮电出版社，2011.